应用数学

王金夫　主编
李家根　主审

人民交通出版社

内 容 提 要

本书是交通职业素质教育教材，由浙江省交通教育研究会组织编写。

本书主要内容包括：集合与不等式，函数，三角函数，复数，直线、平面、简单几何体，直线与圆的方程，圆锥曲线方程等。本书力求内容浅显，文字通俗易懂，注重联系交通实际和用数学知识解决工程实际问题。每章前有教学要求，章后有阅读材料、小结、复习题，每节后有练习与习题，以方便教师教学与学生掌握。

本书可作为全国交通中等职业学校、技工学校、技师学院教学参考书，也可作为职工培训和自学参考使用。

图书在版编目（CIP）数据

应用数学/王金夫主编.—北京：人民交通出版社，2007.8

ISBN 978-7-114-06778-5

Ⅰ.应… Ⅱ.王… Ⅲ.应用数学—职业教育—教材 Ⅳ.O29

中国版本图书馆 CIP 数据核字（2007）第 133211 号

书　　名：应用数学
著 作 者：王金夫
责任编辑：吴有铭　韩亚楠
出版发行：人民交通出版社股份有限公司
地　　址：（100011）北京市朝阳区安定门外外馆斜街 3 号
网　　址：http://www.ccpress.com.cn
销售电话：（010）59757969，59757973
总 经 销：人民交通出版社股份有限公司发行部
经　　销：各地新华书店
印　　刷：北京市密东印刷有限公司
开　　本：720×960　1/16
印　　张：19
字　　数：335 千
版　　次：2007 年 8 月　第 1 版
印　　次：2020 年 8 月　第 7 次印刷
书　　号：ISBN　978-7-114-06778-5
定　　价：29.00 元
（有印刷、装订质量问题的图书，由本社负责调换）

前言

QIANYAN

为贯彻落实《国务院关于大力发展职业教育的决定》的精神，近年来，各地教育部门认真调整高中阶段教育结构，重点发展中等职业教育，不断扩大中等职业学校招生规模，2006年招生总量达到近750万人，2007年将达到800万人。交通职业教育也呈现出前所未有的发展势头，布局结构日趋合理：办学规模进一步扩大，办学条件普遍改善，教育质量不断提高，已基本形成了每个省、自治区、直辖市有一所交通高等职业院校、若干所交通中等职业院校的合理布局，在校生人数和毕业生人数持续增长，为交通事业培养了一大批应用型技术技能型人才。

中等职业院校、技工学校的学生，经历了九年制义务教育。在时代呼唤素质教育的今天，他们或者因为找不到学习的目的所在，或者因为所学习的内容过于繁杂，对语文、数学、物理这些基础课总是提不起兴趣，对法律、体育卫生、就业指导、生产生活安全这些必备知识，又止步于浩繁书海前，望而生畏、望洋兴叹。

让学生能从自身的实际出发，确立明确的学习目的；让学生在打开教材时就觉得它通俗易懂，甚至没有教师的指点也能知晓教材中蕴藏的是什么宝藏；让学生在学习的成功中提起学习兴趣，从而不再厌学……。抱着这样的想法，浙江省交通教育研究会于2007年初组织浙江交通技师学院、山西交通技师学院等6所院校一线教师编写了交通职业素质教育系列教材。

本套教材贯彻“以服务为宗旨，以就业为导向，以能力为本位”的职教理念，从适应性方面充分考虑学生原有知识基础，降低理论知识难度，强化技能培养。内容上力求贴近行业、贴近专业、贴近学生，追求学生“想学、能学、乐学、会学”的教学效果；突出知识应用的教学，并融入专业案例，创造文化基础课的吸引性；注重与后续专业课程进行有序衔接，强调教学内容的实用性和针对性，主动配合专业技术教学，努力满足专业技术教学的需要，渗透专业气氛。无论是范文、案例、习题等都尽可能与专业相关，让学生在文化课学习中，受到专业熏陶，开阔专业视野，增进专业感性认识，热爱专业，学好专业，以至开拓专业，创新专业，从而达到为交通行业培养专业人才的目标。

《应用数学》是交通职业素质教育教材之一，编写分工为：浙江省交通干部学校黄蓬（第一章）；山西交通技师学院薛俊清（第二章）；杭州技师学院贺燕（第三章）、王金夫（第四章，第五章第二节）；杭州市汽车驾驶技工学校张晓飞（第五章第一节）；浙江交通技师学院楼芝芳（第六章）、徐志坚（第七章）。教材由杭州技师学院王金夫主编，湖州交通学校李家根主审。

限于编者的编写时间与水平，教材内容肯定存在不完善的地方，希望交通类相关院校师生在使用过程中多提宝贵意见，便于再版时修改完善。

浙江省交通教育研究会

2007 年 7 月 15 日

目录

MULU

第一章　集合与不等式 ········ 1

第一节　集合 ········ 1

第二节　不等式 ········ 10

第二章　函数 ········ 27

第一节　函数 ········ 27

第二节　指数与指数函数 ········ 37

第三节　对数与对数函数 ········ 47

第三章　三角函数 ········ 60

第一节　任意角的三角函数 ········ 60

第二节　两角和与差的三角函数 ········ 84

第三节　三角函数的图像和性质 ········ 95

第四节　解三角形 ········ 122

第四章　复数 ········ 144

第一节　复数的概念 ········ 144

第二节　复数的运算 ········ 149

第三节　复数的三角形式 ········ 154

第四节　复数的应用 ········ 162

第五章　直线、平面、简单几何体 ········ 168

第一节　空间的直线与平面 ········ 168

第二节　简单几何体 ········ 204

第六章　直线和圆的方程 ········ 227

第一节　有向线段、定比分点 ········ 227

第二节　直线的方程 ········ 233

第三节　两条直线的位置关系 ········ 243

第四节　曲线和方程 ········ 251

第五节　圆 …………………………………… 255
第七章　圆锥曲线方程 …………………… 265
第一节　椭圆 ………………………………… 265
第二节　双曲线 ……………………………… 274
第三节　抛物线 ……………………………… 283
参考文献 …………………………………… 294

第一章　集合与不等式

1. 理解集合的概念，掌握集合的表示方法；理解集合之间的关系，掌握交集和并集的概念及其运算，了解集合的简单应用.

2. 了解不等式的性质，掌握算术平均数和几何平均数，熟练掌握一元一次不等式(组)的解法，掌握含绝对值不等式的解法，掌握一元二次不等式的解法.

第一节　集　　合

一、集合

1. 集合的概念

你能发现它们的共同特点吗？

(1)某学校一年级汽修班的所有学生组成一个班集体.

(2)如下几个交通指示标志构成的一个整体.

直行

向右转弯

人行横道

最低限速

步行

(3)某时刻某路段高速公路上汽车的车速：最高车速不得超过120km/h，最低车速不得低于60km/h.

(4)平面上与定点 O 的距离为1cm的所有点.

(5)全部自然数.

从上述例子我们看到，它们分别是由确定的人、图标、车速、点和自然数组成的，而且都具有某种特定属性. 一般地说，我们把具有某种特定属性的事物的全体叫做**集合**，简称集. 集合中的每个事物称为该集合的**元素**.

例如,在上述(1)中,某学校一年级汽修班是一个集合,这个班的每个学生是该集合的元素;在(3)中,某时刻某路段高速公路上汽车的车速是一个集合,其每辆汽车行驶的车速是该集合的元素.

在上述(2)、(4)、(5)中的集合各是什么?集合的元素又各是什么?

你能举出集合的一个例子,并说出它的元素吗?

集合通常用大写字母 A、B、C…来表示,集合的元素用小写字母 a、b、c…来表示.

如果 a 是集合 A 的元素,记作"$a\in A$",读作"a 属于 A";如果 a 不是集合 A 的元素,记作"$a\notin A$",读作"a 不属于 A".

例如,在上述(5)中,用 $\mathbf{N}$ 表示所有自然数组成的集合,则 $3\in\mathbf{N}$, $-2\notin\mathbf{N}$.

由数组成的集合称为**数集**,一些常用的数集都有特定的记法,如表 1-1 所示.

表 1-1

集合表述	集合名称	集合符号
自然数(即非负整数)的全体	自然数集(非负整数集)	$\mathbf{N}$
正整数的全体	正整数集	$\mathbf{N}^*$ 或 $\mathbf{N}_+$
整数的全体	整数集	$\mathbf{Z}$
有理数的全体	有理数集	$\mathbf{Q}$
实数的全体	实数集	$\mathbf{R}$
正实数的全体	正实数集	$\mathbf{R}_+$
负实数的全体	负实数集	$\mathbf{R}_-$

如果集合所含元素的个数为有限个,该集合称为**有限集**;如果集合所含元素的个数为无限个,该集合称为**无限集**.

例如,上述(1)、(2)、(3)是有限集,(4)、(5)是无限集.

只含有一个元素的集合称为**单元素集**.如方程 $x-2=0$ 的解构成的集合(简称解集)就是一个单元素集,其只含一个元素 2.

不含有任何元素的集合称为**空集**,记作 $\varnothing$.如方程 $x^2+1=0$ 在实数集内的解集是空集 $\varnothing$.

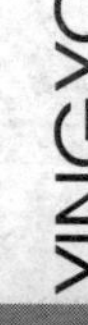

集合主要特征

(1)**确定性** 对于一个给定的集合,集合中的元素是确定的.这就是说,不能确定的对象,就不能构成集合.例如,某汽修班动手能力强的同学全体,就不能构成集合,这是因为没有规定动手能力怎样算作强,因而其不能构成集合.

(2)**互异性** 对于一个给定的集合,集合中的元素是互异的.这就是说,集合中的任何两个元素都是不同的对象,相同的对象归入同一个集合时,只能算作集合中的一个元素.因此,集合中的元素是没有重复的.例如,上面例(3)中,相同的车速只能计为一个元素.

(3)**无序性** 集合中的元素没有顺序的限制.例如集合$\{1,2,3\}$与$\{2,3,1\}$是同一个集合.

2.集合的表示方法

常用的集合表示方法有列举法和描述法两种.

(1)列举法 把集合中的元素一一列举出来,写在大括号内,元素之间用逗号分开,这种表示集合的方法叫做**列举法**.

例如,上述例(2)中,由直行标志、向右转弯标志、人行横道标志、最低限速标志、步行标志构成的集合,可表示为{直行标志,向右转弯标志,人行横道标志,最低限速标志,步行标志}.

当元素很多,不可能或不需要全部列出时,可以按规律写出几个元素,其他的用省略号表示.如上述例(5)中,自然数集可表示为$\{0,1,2,3,4,\cdots,n,\cdots\}$,其中$n$是自然数.

你能区别0与$\{0\}$吗?

比1大的实数组成的集合如何表示?用列举法表示行吗?如果不行,又该如何表示?

(2)描述法　把集合中元素的共同属性描述出来,写在大括号内,这种表示集合的方法叫**描述法**.如上述大于1的全体实数构成的集合,用描述法可表示为{大于1的实数}或$\{x|x>1,x\in\mathbf{R}\}$,其中大括号内,竖线左边表示集合所含元素的一般形式,竖线右边表示集合中元素所具有的共同属性.

例1　用列举法表示下列集合:

(1)大于1小于10的奇数全体;

(2)方程$x^2-2x+1=0$的解集.

解:(1)$\{3,5,7,9\}$;

(2)$\{1\}$.

例2　用描述法表示下列集合:

(1)某班全体男同学所组成的集合;

(2)不等式$x>1$的解集;

(3)大于或等于5的整数组成的集合.

解:(1){某班全体男同学};

(2)$\{x|x>1\}$;

(3)$\{x|x\geqslant5,x\in\mathbf{Z}\}$.

练　　习

1.用符号"$\in$"或"$\notin$"填空:

(1)c __ $\{a,b,c\}$;　(2)0 __ $\{1,2,3\}$;　(3)π __ $\mathbf{N}$;　(4)$\sqrt{2}$ __ $\mathbf{Q}$;

(5)0 __ $\{0\}$;　(6)0 __ $\varnothing$;　(7)0.1 __ $\mathbf{Q}$;　(8)$\frac{1}{3}$ __ $\mathbf{Z}$.

2.用列举法表示下列集合:

(1)组成交通指挥信号灯颜色的全体;

(2)方程$x^2-7x+12=0$的解集;

(3)大于3小于9的偶数全体;

(4)汽油机的五大系统(燃料供给系、润滑系、冷却系、点火系、起动系)构成的全体.

3.用描述法表示下列集合:

(1)道路交通标志构成的集合;

(2)方程$x^2+3x+2=0$的解集;

(3)小于100的所有自然数组成的集合.

二、集合之间的关系

1. 子集

下面两个集合有什么关系?

(1)道路交通标志构成的集合;

(2)警告标志构成的集合.

我们知道,每个警告标志也都属于道路交通标志.一般地,如果集合 A 的任何一个元素都是集合 B 的元素,那么集合 A 叫做集合 B 的**子集**,记作 $A\subseteq B$ 或 $B\supseteq A$,读作"A 包含于 B"或"B 包含 A".

例如:$\{1,2,3\}\subseteq\{1,2,3,4,5\}$ 或 $\{1,2,3,4,5\}\supseteq\{1,2,3\}$.

依上述定义,任何一个集合 A 都是它本身的子集,即 $A\subseteq A$.

我们规定:空集 $\varnothing$ 是任何集合的子集,也就是说对任何集合 A,都有 $\varnothing\subseteq A$.

当集合 A 不包含于集合 B,或集合 B 不包含集合 A 时,则记作 $A\nsubseteq B$,$B\nsupseteq A$.

如果集合 A 是集合 B 的子集,且集合 B 中至少有一个元素不属于集合 A,则集合 A 叫做集合 B 的**真子集**,记作:$A\subsetneqq B$ 或 $B\supsetneqq A$,读作"A 真包含于 B"或"B 真包含 A",如图 1-1 所示.

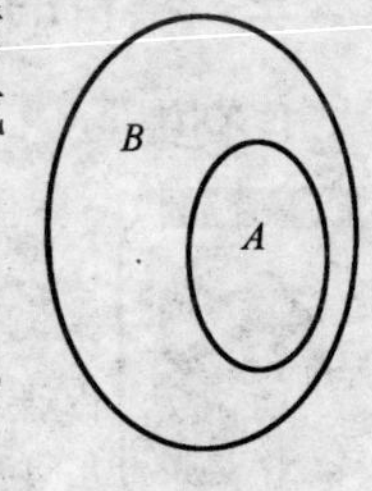

图 1-1

例 3 写出 $\{1,2,3\}$ 的所有子集和真子集.

解:子集为:$\varnothing$,$\{1\}$,$\{2\}$,$\{3\}$,$\{1,2\}$,$\{2,3\}$,$\{1,3\}$,$\{1,2,3\}$.在上述子集中,除去 $\{1,2,3\}$ 外,其余都是真子集.

2. 集合相等

集合 $A=\{x|(x+1)(x+2)=0\}$ 与集合 $B=\{-1,-2\}$ 之间有什么关系?

容易知道,集合 A 含两个元素 -1,-2;而集合 $B=\{-1,-2\}$.因此,集合 A 与集合 B 的元素完全一样.一般地,如果两个集合的元素完全相同,我们就说这两个**集合相等**.集合 A 等于集合 B,记作 $A=B$.

集合相等也可以这样理解，如果 $A\subseteq B$ 且 $B\subseteq A$，则 $A=B$.

例4 用符号表示以下两个集合间的关系：

(1) $A=\{3,5,7\}$，$B=\{1,3,5,7,9,11\}$；

(2) $A=\{x|x^2=1\}$，$B=\{-1,1\}$；

(3) $A=\{$整数$\}$，$B=\{$奇数$\}$.

解：(1) $A\subsetneqq B$；

(2) $A=B$；

(3) $A\supsetneqq B$.

练　习

用适当的符号，表示下列集合与集合之间的关系：

(1) $\{1,2,3,4\}$____$\{2,3\}$；　(2) $\{a\}$____$\{a,b,c\}$；　(3) $\varnothing$____$\{0\}$；

(4) $\{3,5,7\}$____$\{7,3,5\}$；　(5) $\{$正方形$\}$____$\{$平行四边形$\}$；

(6) $\{x|x^2-5x+6=0\}$____$\{2,3\}$；(7) Z____**N**；　(8) Z____**Q**.

三、集合的运算

1. 交集

说一说

用 A 表示某汽车商务班本学期开设课程：汽车英语、汽车营销、政治、汽车底盘、体育的集合；用 B 表示某汽车维修班本学期开设课程：汽车底盘、发动机构造、汽车电器、政治、体育的集合，请说出本学期这两个专业都开设的课程有哪些？

显然，这两个专业都开设的课程用集合表示为$\{$政治，体育，汽车底盘$\}$，此集合中的每一个元素既属于集合 A，又属于集合 B.

一般地，由属于集合 A 且属于集合 B 的所有元素组成的集合，叫做 A 与 B 的**交集**，记作 $A\cap B$，读作"A 交 B"，即 $A\cap B=\{x|x\in A,且\ x\in B\}$，集合 A、B 的交集可用图1-2中的阴影部分表示.

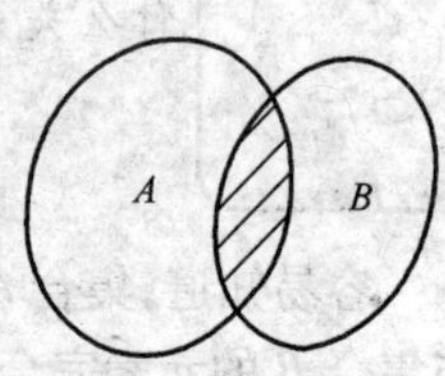

图 1-2

例如：$\{1,2,3,4\}\cap\{2,4,6,8\}=\{2,4\}$.

当集合 B 是集合 A 的真子集时，你能用图表示集合 $A\cap B$ 吗？当集合 $A\cap B=\varnothing$ 时，你能用图表示吗？

由交集的定义可知，对于任意集合 A、B，有 $A\cap B=B\cap A$，$A\cap A=A$，$A\cap\varnothing=\varnothing$.

例5 设 $A=\{$奇数$\}$，$B=\{$偶数$\}$，$Z=\{$整数$\}$. 求：$A\cap Z$，$B\cap Z$，$A\cap B$.

解：$A\cap Z=\{$奇数$\}\cap\{$整数$\}=\{$奇数$\}$，

$B\cap Z=\{$偶数$\}\cap\{$整数$\}=\{$偶数$\}$，

$A\cap B=\{$奇数$\}\cap\{$偶数$\}=\varnothing$.

偶数集：全体偶数组成的集合称为偶数集，可表示为 $\{m\mid m=2n,n\in\mathbf{Z}\}$；

奇数集：全体奇数组成的集合称为奇数集，可表示为 $\{m\mid m=2n+1,n\in\mathbf{Z}\}$.

例6 设 $A=\{x\mid x>1\}$，$B=\{x\mid x<3\}$，求 $A\cap B$.

解：$A\cap B=\{x\mid x>1$ 且 $x<3\}=\{x\mid 1<x<3\}$.

例7 设 $A=\{(x,y)\mid x+y=6\}$，$B=\{(x,y)\mid x-y=2\}$，求 $A\cap B$.

解：$A\cap B=\{(x,y)\mid x+y=6$ 且 $x-y=2\}$

$$=\left\{(x,y)\,\middle|\,\begin{cases}x+y=6\\x-y=2\end{cases}\right\}=\{(4,2)\}.$$

你能区别 $\{4,2\}$ 与 $\{(4,2)\}$ 吗？

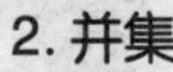

2. 并集

在前面例子中，说出汽车商务班和汽车维修班本学期开设的所有课程？

显然，这两个专业本学期开设的所有课程的集合为{汽车英语，汽车营销，政治，汽车底盘，体育，发动机构造，汽车电器}，我们把这个集合称为 A 与 B 的并集.

一般地，对于两个给定的集合A、B，由属于集合A或属于集合B的所有元素合并在一起组成的集合，叫做A与B的**并集**，记作$A\cup B$，读作“A并B”，即$A\cup B=\{x|x\in A,或x\in B\}$，集合$A$、$B$的并集可用图1-3中的阴影部分表示.

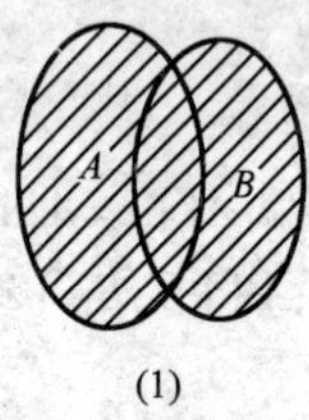

(1)

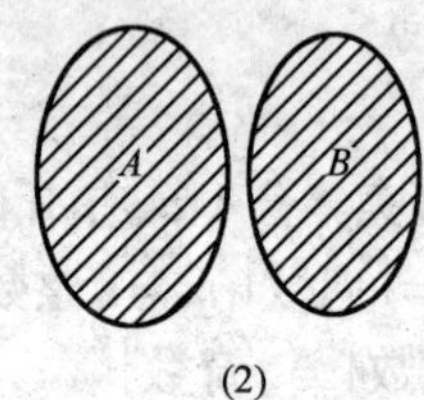

(2)

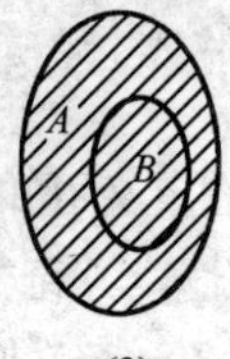

(3)

图 1-3

求集合的并集时，同时属于集合A和集合B的公共元素，不得重复列举.

由并集的定义可知，对于任意两个集合A,B,有

$A\cup B=B\cup A$;$A\cup A=A$;$A\cup\varnothing=A$;

如果$A\subseteq B$，则$A\cup B=B$.

例8 设$A=\{-1,0,2,5,7\}$，$B=\{-1,1,3,5\}$，求$A\cup B$.

解:$A\cup B=\{-1,0,2,5,7\}\cup\{-1,1,3,5\}$

$=\{-1,0,1,2,3,5,7\}$.

例9 设$A=\{x|x+3<0\}$，$B=\{x|x-1>0\}$，求$A\cup B$.

解:容易得出

$$A=\{x|x<-3\},B=\{x|x>1\},$$

因此$A\cup B=\{x|x<-3,或x>1\}$.

练　习

1. 在空格上填写适当的集合：

(1) $\{1,2,3,4\}\cap\{2,4,6,8\}=$________;

(2) $\mathbf{Z}\cap\mathbf{Q}=$________;

(3) $\{a,c,d\}\cap\{b,e,f\}=$________;

(4) $\mathbf{Q}\cup\mathbf{R}=$________;

(5) $\{2,5,8\}\cup\{1,3,5,7\}=$________________;

(6) $\{x,y,z\}\cap\{y,z\}=$________________.

2. 设 $A=\{x|x\geq -1\}$, $B=\{x|x\leq 2\}$, 求 $A\cap B$.

3. 设 $A=\{x|x+5\leq 0\}$, $B=\{x|x-5>0\}$, 求 $A\cup B$.

4. 设 $A=\{x|x-2=0\}$, $B=\{x|x^2-2x=0\}$, 求 $A\cap B, A\cup B$.

习　　题

1. 用适当的方法表示下列集合:

(1)下面汽车标志的集合:

别克

大众

菲亚特

丰田

福特

奔驰

(2)所有的直角三角形构成的集合;

(3)绝对值等于 5 的实数全体构成的集合;

(4)方程 $x^2=1$ 的解集;

(5)偶数的全体构成的集合;

(6)大于 1 且小于 3 的实数全体.

2. 比较空集 $\varnothing$ 与单元素集 $\{0\}$, 说说它们的区别.

3. 写出 $A=\{a,b\}$ 的所有子集, 并指出哪些是真子集.

4. 指出下列各对集合之间的关系:

(1) $A=\{$矩形$\}$, $B=\{$正方形$\}$;

(2) $E=\{$整数$\}$, $F=\{$奇数$\}$;

(3) $G=\{$锐角三角形$\}$, $H=\{$钝角三角形$\}$;

(4) $C=\{2,3\}$, $D=\{x|x^2-5x+6=0\}$.

5. 用适当的集合填空:

设集合 A 为有理数集, 集合 B 为无理数集.

$\cap$	$\varnothing$	A	B
$\varnothing$	—	—	—
A	—	—	—
B	—	—	—

$\cup$	$\varnothing$	A	B
$\varnothing$	—	—	—
A	—	—	—
B	—	—	—

6. 设 $A=\{-1,0,1,2,3\}$, $B=\{-3,-1,0,3,5\}$, $C=\{-2,1,2,3,5\}$, 求:

(1) $A\cap B, B\cap C, A\cap C$;

(2) $A\cup B, B\cup C, A\cup C$.

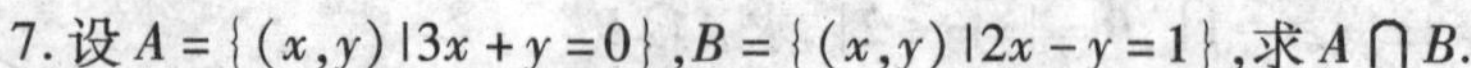

7. 设 $A=\{(x,y)|3x+y=0\}$，$B=\{(x,y)|2x-y=1\}$，求 $A\cap B$.

8. 已知 $A=\{x|x+3=0\}$，$B=\{x|x^2=9\}$，求 $A\cap B$，$A\cup B$.

9. 设 $A=\{x|x<4$，且 $x\in\mathbf{N}\}$，$B=\{x|x-4=0\}$，求 $A\cap B$，$A\cup B$.

第二节　不　等　式

一、不等式的性质

(1) 小张驾车在高速公路上比在一般公路上行驶得快，在一般公路上比在城市道路上行驶得快，小张在高速公路上与在城市道路上行驶哪个快？

(2) 小王比小李大 2 岁，5 年后，小王与小李谁大？

(1) 我们知道，等式有一些基本性质，如“等式两边加(减)同一个实数，结果仍相等”，不等式是否也有类似的性质呢？

(2) 不等式两边同乘以一个大于零(或小于零)的数时，不等号是否改变方向？

利用比较实数大小的方法，可以推出下列不等式的性质.

性质 1　如果 $a>b$，$b>c$，则 $a>c$.

证明　$\because a>b$，$b>c$，

$\therefore a-b>0$，$b-c>0$.

$\because a-c=(a-b)+(b-c)>0$，

$\therefore a<c$.

性质 1 通常叫做不等式的**传递性**.

性质 2　如果 $a>b$，则 $a+c>b+c$.

证明　$\because a>b$，

$\therefore a-b>0$.

$\because (a+c)-(b+c)=a-b>0$，

$\therefore a+c>b+c$.

性质 2 表明，**不等式两边同时加上(或减去)同一个实数，不等号的方向不变**.

推论　如果 $a>b$，$c>d$，则 $a+c>b+d$.

性质 3　如果 $a>b$，$c>0$，则 $ac>bc$；如果 $a>b$，$c<0$，则 $ac<bc$.

证明 $\because a>b$,

$\therefore a-b>0$.

根据同号相乘得正,异号相乘得负,得

当 $c>0$ 时,$ac-bc=(a-b)c>0$,即 $ac>bc$.

当 $c<0$ 时,$ac-bc=(a-b)c<0$,即 $ac<bc$.

性质 3 表明,**不等式两边乘以同一个正数,不等号的方向不变;而乘以同一个负数,不等号的方向改变**.

推论 如果 $a>b>0,c>d>0$,则 $ac>bc$.

练　习

选用适当符号(>,<)填入空格:

(1)如果 $a>b$,则

$a+\sqrt{3}$___ $b+\sqrt{3}$; $a-\sqrt{3}$___ $b-\sqrt{3}$; $3a$___ $3b$; $-3a$___ $-3b$.

(2)如果 $a>b>0$,则

a^2___ b^2; a^3___ b^3; $\frac{1}{a}$___ $\frac{1}{b}$; $\frac{1}{a^2}$___ $\frac{1}{b^2}$.

(3)如果 $a>b>0$,则 $\sqrt{a}$___ $\sqrt{b}$.

二、算术平均数与几何平均数

如图 1-4 所示。

(1)一个矩形的长为 a,宽为 b,画一个正方形,使它的面积与这个矩形的面积相等,那么正方形的边长应是多少?

(2)再画一个正方形,它的边长为 $\frac{a+b}{2}$,则它的面积与上述矩形的面积哪个大?

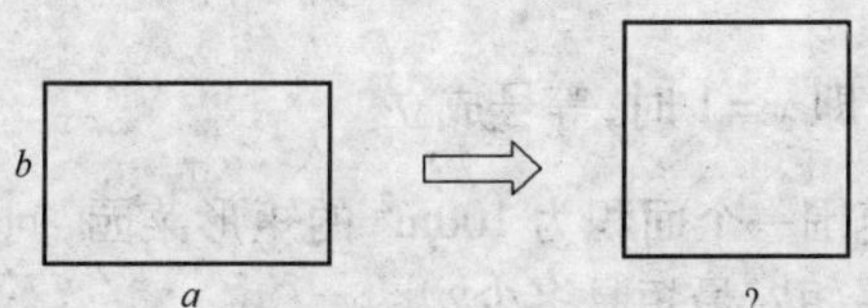

图 1-4

我们知道,上述(1)中,矩形的面积为 ab,那么所要画的正方形的边长应为 $\sqrt{ab}$.

一般地,对于任意两个正实数 a、b, $\sqrt{ab}$ 叫做 a、b 的**几何平均数**;对于任意

两个实数 a、b，$\frac{a+b}{2}$叫做 a、b 的**算术平均数**.

小提示 为了比较(2)中正方形的面积与(1)中矩形的面积哪个大，只要比较(2)中正方形的边长$\frac{a+b}{2}$与(1)中正方形的边长 $\sqrt{ab}$ 哪个长.

对于任意正实数 a、b，有

$$\frac{a+b}{2}-\sqrt{ab}=\frac{a+b-2\sqrt{ab}}{2}=\frac{(\sqrt{a}-\sqrt{b})^2}{2}\geqslant 0,$$

因此$\frac{a+b}{2}\geqslant\sqrt{ab}$.

在上式中当且仅当 $a=b$ 时，等号成立.

定理　两个正实数的算术平均数大于或等于它的几何平均数.

即　$\frac{a+b}{2}\geqslant\sqrt{ab}(a>0,b>0)$，

当且仅当 $a=b$ 时，等号成立.

上述定理通常称为**均值定理**.

例1　已知：$x>0$，求证：$x+\frac{1}{x}\geqslant 2$，并指出等号成立的条件.

证明　$\because x>0$，

$\therefore \frac{1}{x}>0$.

由均值定理得$\frac{1}{2}\left(x+\frac{1}{x}\right)\geqslant\sqrt{x\frac{1}{x}}=1$，

故　$x+\frac{1}{x}\geqslant 2$.

当且仅当 $x=\frac{1}{x}$，即 $x=1$ 时，等号成立.

例2　(1)用篱笆围一个面积为 100m^2 的矩形菜园，问这个矩形的长、宽各为多少时，所用篱笆最短？最短是多少？

(2)一段长为32m 的篱笆围成一个矩形菜园，问这个矩形的长、宽各为多少时，菜园的面积最大？最大面积是多少？

解：(1)设矩形菜园的长为 xm、宽为 ym，则篱笆的面积为 $xy=100\text{m}^2$，篱笆的长为 $2(x+y)$m.

此问题转化为当 $xy=100$ 时，求 $2(x+y)$ 的最小值.

根据均值定理得 $\frac{x+y}{2} \geqslant \sqrt{xy}=\sqrt{100}=10$.

即　$2(x+y) \geqslant 40$.

当且仅当 $x=y=10$ 时，$2(x+y)$ 有最小值 40.

因此，这个矩形篱笆的长、宽都为 10m 时，所用篱笆最短，最短是 40m.

(2)设矩形菜园的长为 xm、宽为 ym，则篱笆的长为 $2(x+y)=32$，即 $x+y=16$，矩形菜园的面积为 $xy\text{m}^2$.

此问题转化为当 $x+y=16$ 时，求 xy 的最大值.

根据均值定理得 $\sqrt{xy} \leqslant \frac{x+y}{2}=\frac{16}{2}=8$，

即　$xy \leqslant 64$.

当且仅当 $x=y=8$ 时，xy 有最大值 64.

因此，这个矩形的长、宽都为 8m 时，菜园的面积最大，最大面积为 64m^2.

练　　习

1. 已知 $a>0, b>0$，求证：(1) $a+\frac{9}{a} \geqslant 6$；　(2) $\frac{b}{a}+\frac{a}{b} \geqslant 2$.

2. 已知 $a>0, b>0$ 且 $a+b=10$，求 ab 的最大值.

3. 已知 $a>0, b>0$，且 $ab=9$，求 $a+b$ 的最小值.

三、不等式的解集与区间

在含有未知数的不等式中，能使不等式成立的未知数值的全体所构成的集合，叫做**不等式的解集**. 不等式的解集，一般可用集合的描述法来表示.

例如，不等式 $x^2+2x-3>0$ 的解集可表示为 $\{x \mid x^2+2x-3>0\}$.

不等式的解集也可用**区间**来表示. 下面我们介绍区间的有关概念.

设 $a, b \in \mathbf{R}$，且 $a<b$，规定如表 1-2 所示.

表 1-2

不等式	集合	区间	图示
$a<x<b$	$\{x\|a<x<b\}$	(a,b) 开区间	
$a\leqslant x\leqslant b$	$\{x\|a\leqslant x\leqslant b\}$	$[a,b]$ 闭区间	
$a<x\leqslant b$	$\{x\|a<x\leqslant b\}$	$(a,b]$ 左开右闭区间	
$a\leqslant x<b$	$\{x\|a\leqslant x<b\}$	$[a,b)$ 左闭右开区间	
$x\geqslant a$	$\{x\|x\geqslant a\}$ 或 $\{x\|a\leqslant x<+\infty\}$	$[a,+\infty)$	
$x>a$	$\{x\|x>a\}$ 或 $\{x\|a<x<+\infty\}$	$(a,+\infty)$	
$x\leqslant a$	$\{x\|x\leqslant a\}$ 或 $\{x\|-\infty<x\leqslant a\}$	$(-\infty,a]$	
$x<a$	$\{x\|x<a\}$ 或 $\{x\|-\infty<x<a\}$	$(-\infty,a)$	

例如，大桥多孔跨径总长在 100～1000m 之间，用区间表示为[100,1000].

实数集 **R** 也可用区间$(-\infty,+\infty)$表示，符号“$+\infty$”读作“正无穷大”，符号“$-\infty$”读作“负无穷大”.

a 与 b 叫做区间的**端点**. 在数轴上表示区间时，属于这个区间的实数所对应的端点，用实心点表示，不属于这个区间的实数所对应的端点，用空心点表示.

左开右闭区间与左闭右开区间统称为**半开半闭区间**.

例 3 用区间表示不等式的解集：$3(x+1)-\frac{x-1}{2}>\frac{10x}{3}+1$.

解：原不等式两边同乘以 6，得

$$18(x+1)-3(x-1)>20x+6$$

移项整理，得 $-5x>-15$，

两边同乘以 $-\frac{1}{5}$，得 $x<3$.

所以，原不等式的解集为 $(-\infty,3)$.

小提示　解不等式实际上就是利用不等式的运算法则，以及不等式的性质，对所给的不等式进行变形，并要求变形后的不等式与变形前的不等式解集相等，直到能表明未知数的取值范围为止.

解集相等的不等式叫做**同解不等式**. 一个不等式变为它的同解不等式的过程，叫做不等式的**同解变形**.

例 4　解不等式组 $\begin{cases}4x+7\leqslant 5x+9 & (1)\\ 3x+10>4x+9 & (2)\end{cases}$

分析：求这个不等式组的解集，实际上就是求这两个不等式解集的交集.

解：原不等式组中，(1)、(2)不等式的解集分别为

$$\{x|x\geqslant -2\}、\{x|x<1\},$$

所以，原不等式组的解集为 $\{x|x\geqslant -2\}\cap\{x|x<1\}=[-2,1)$.

上述交集运算在数轴上表示，如图 1-5 所示.

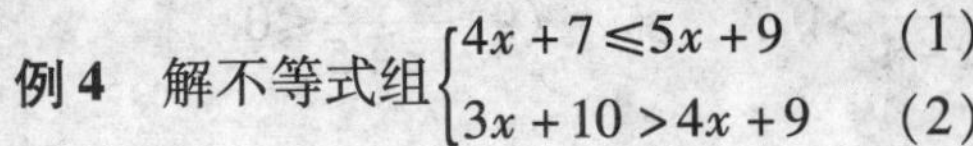
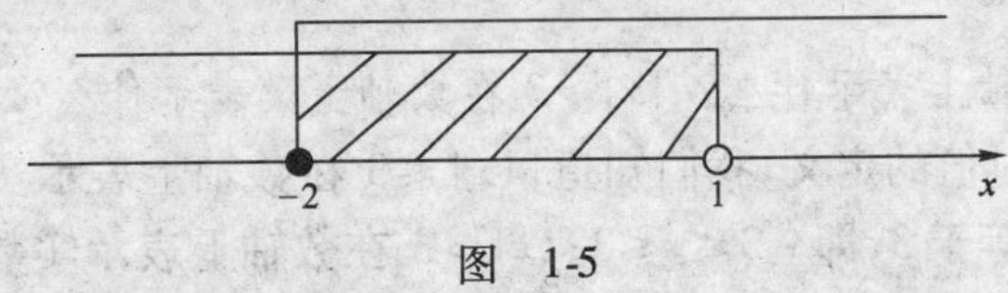

图 1-5

例 5　解不等式 $\frac{2x+1}{x-2}\geqslant 1$.

解：移项，得 $\frac{2x+1}{x-2}-1\geqslant 0$，

通分整理，得 $\frac{x+3}{x-2}\geqslant 0$.

此不等式等价于下列两个不等式组：

$$\begin{cases}x+3\geqslant 0\\ x-2>0\end{cases} \text{ 或 } \begin{cases}x+3\leqslant 0\\ x-2<0\end{cases}$$

解得　　$x>2$ 或 $x\leqslant -3$.

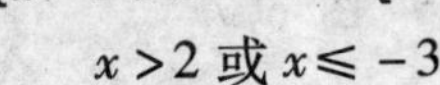

所以,原不等式的解集为$(-\infty,-3]\cup(2,+\infty)$.

此题能不能先去分母？为什么？

练　　习

解下列不等式(组)：

(1)$15-8x>14-3x$；　(2)$1-5x<1+3x$；　(3)$2(x+3)-\frac{1}{3}\geqslant 5x-\frac{1}{2}$；

(4)$\begin{cases}x<-3\\x<0\end{cases}$；　(5)$\begin{cases}x+3\geqslant -1\\x+3\leqslant 5\end{cases}$；　(6)$\begin{cases}5x+1\geqslant 3x-1\\3x-1>2x+1\end{cases}$；

(7)$\frac{x-1}{x+5}<0$；　(8)$\frac{x+2}{x-1}>0$；　(9)$\frac{4x-3}{2x+5}\leqslant 0$.

四、含有绝对值不等式的解法

如图 1-6 所示,

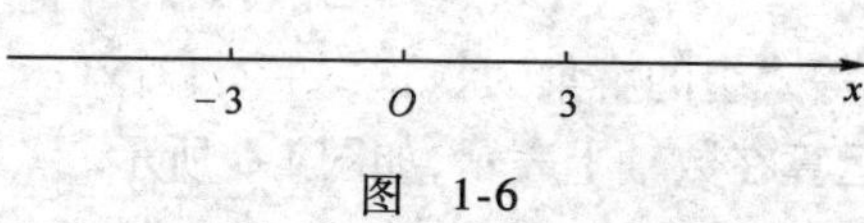

图　1-6

$|x|\leqslant 3$ 在数轴上表示什么？$|x|>3$ 在数轴上又表示什么？

根据实数绝对值的定义,我们知道,$|x|\leqslant 3$ 在数轴上表示实数 x 的点与原点 O 的距离小于等于3,即 $-3\leqslant x\leqslant 3$；$|x|>3$ 在数轴上表示实数 x 的点与原点 O 的距离大于3,即 $x<-3$ 或 $x>3$.

一般地,如果 $a>0$,则

$$|x|\leqslant a\Leftrightarrow -a\leqslant x\leqslant a$$
$$|x|>a\Leftrightarrow x<-a \text{ 或 } x>a \qquad (1\text{-}1)$$

此结果在数轴上表示,如图 1-7 所示.

$-a$　O　a　x　　$-a$　O　a　x

$|x|\leqslant a$　　$|x|>a$

图　1-7

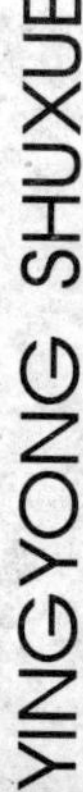

在绝对值符号内含有未知数的不等式,称为**绝对值不等式**. 例如,$|x+3|\geqslant 1$、$|2x-5|<9$等都是绝对值不等式. 解这种不等式的根据是公式(1-1)及不等式的性质.

例 6 解不等式$|x+3|\geqslant 1$.

解:原不等式等价于

$$x+3\leqslant -1 \text{ 或 } x+3\geqslant 1,$$

即 $$x\leqslant -4 \text{ 或 } x\geqslant -2,$$

所以,原不等式的解集为$(-\infty,-4]\cup[-2,+\infty)$.

例 7 解不等式$|2x-5|<9$.

解:原不等式等价于

$$-9<2x-5<9,$$

即 $$-2<x<7,$$

所以,原不等式的解集为$(-2,7)$.

练 习

解下列不等式:

(1) $|x|<6$; (2) $|x-5|\geqslant 2$;

(3) $|3x+2|\leqslant 1$ (4) $|2x+5|>1$.

五、一元二次不等式的解法

含有一个未知数,并且未知数的最高次数是二次的不等式叫做**一元二次不等式**. 它的一般形式为$ax^2+bx+c>0$或$ax^2+bx+c<0(a\neq 0)$.

上述不等式中的“$<$”或“$>$”可换成“$\leqslant$”或“$\geqslant$”.

一元二次不等式有以下两种常用的解法:

1. 利用因式分解化为一元一次不等式组求解

例 8 解不等式$(x-3)^2>25$.

解:移项,得$(x-3)^2-25>0$,

因式分解,得$(x+2)(x-8)>0$,

此不等式等价于下列两个不等式组:

$$\begin{cases}x+2>0\\x-8>0\end{cases} \text{ 或 } \begin{cases}x+2<0\\x-8<0\end{cases}$$

解得$x>8$或$x<-2$.

所以,原不等式的解集为$(-\infty,-2)\cup(8,+\infty)$.

例 9 解不等式 $x^2-7x+12\leqslant 0$.

解:原不等式可化为 $(x-3)(x-4)\leqslant 0$,

此不等式等价于下列两个不等式组:

$$\begin{cases}x-3\geqslant 0\\x-4\leqslant 0\end{cases}\text{或}\begin{cases}x-3\leqslant 0\\x-4\geqslant 0\end{cases}$$

解得 $3\leqslant x\leqslant 4$ 或 $\varnothing$.

所以,原不等式的解集为 $[3,4]$.

2. 利用二次函数 $y=ax^2+bx+c$ 的图像求解

从二次函数的图像来看,一元二次不等式 $ax^2+bx+c>0(a\neq 0)$ 的解集,就是二次函数 $y=ax^2+bx+c(a\neq 0)$ 在 x 轴上方部分点的横坐标 x 的集合.

由此可见,利用二次函数的图像可以解一元二次不等式,具体关系如表1-3所示.

表 1-3

$\Delta=b^2-4ac$	$\Delta>0$	$\Delta=0$	$\Delta<0$
二次函数 $y=ax^2+bx+c$ $(a>0)$的图像	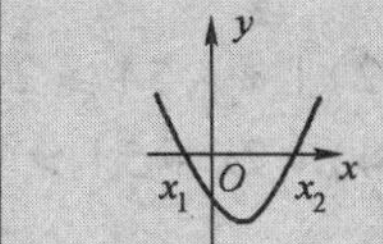	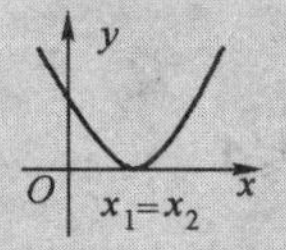	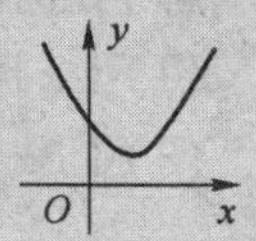
一元二次方程 $ax^2+bx+c>0$ $(a>0)$的根	有两个相异实根 $x_{1,2}=\dfrac{-b\pm\sqrt{b^2-4ac}}{2a}$ (取 $x_1<x_2$)	有两个相等实根 $x_1=x_2=-\dfrac{b}{2a}$	没有实根
一元二次不等式的解集: $ax^2+bx+c>0$ $(a>0)$	$(-\infty,x_1)\cup(x_2,+\infty)$	$\left(-\infty,-\dfrac{b}{2a}\right)\cup\left(-\dfrac{b}{2a},+\infty\right)$	**R**
一元二次不等式的解集: $ax^2+bx+c<0$ $(a>0)$	(x_1,x_2)	$\varnothing$	$\varnothing$

例 10 解下列不等式:

(1) $x^2-11x+18\geqslant 0$; (2) $-2x^2+3x+2>0$;

(3) $5x^2+4x+6>0$.

解:(1)$\because \Delta = (-11)^2 - 4\times 1\times 18 = 49 > 0$,

方程 $x^2-11x+18=0$ 有两相异实根 $x_1=2, x_2=9$,

$\therefore$ 原不等式的解集为 $(-\infty, 2]\cup[9, +\infty)$.

其二次函数的图像如图 1-8 所示.

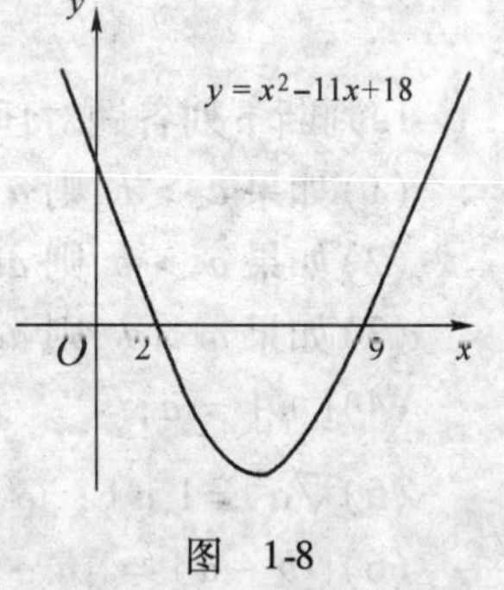

图 1-8

(2) 原不等式两边同乘以 -1,得 $2x^2-3x-2<0$,

$\because \Delta = (-3)^2 - 4\times 2\times(-2) = 25 > 0$,

方程 $2x^2-3x-2=0$ 有两相异实根 $x_1=-\frac{1}{2}$,$x_2=2$.

$\therefore$ 原不等式的解集为 $\left(-\frac{1}{2}, 2\right)$.

(3)$\because \Delta = 4^2 - 4\times 5\times 6 = -104 < 0$,

$\therefore$ 原不等式的解集为 **R**.

例 11 某种汽车在水泥路面上的制动距离 s(m) 和汽车车速 x(km/h) 之间有如下关系:

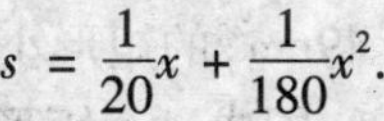

$$s=\frac{1}{20}x+\frac{1}{180}x^2.$$

图 1-9

在一次交通事故中,测得这种车的制动距离大于 40m(图 1-9),那么这辆汽车制动前的车速至少为多少(精确到 0.1km/h)?

解:设这辆汽车制动前的车速至少为 x(km/h),

根据题意,得 $\frac{1}{20}x+\frac{1}{180}x^2>40$.

移项整理,得 $x^2+9x-7\,200>0$.

因为 $\Delta>0$,方程 $x^2+9x-7\,200=0$ 有两相异实根 $x_1\approx-89.5, x_2\approx80.5$.

所以不等式的解集为 $(-\infty, -89.5)\cup(80.5, +\infty)$.

考虑在实际问题中 $x>0$,

故这辆汽车制动前的车速至少为 80.5km/h.

练　　习

解下列不等式:

注:制动距离是指汽车制动后由于惯性往前滑行的距离.

(1) $x^2-3x+2>0$;　　(2) $x^2+4x+4\geqslant 0$;

(3) $x^2+x-6\geqslant 0$;　　(4) $12x^2-5x-3<0$;

(5) $4x^2-12x+9>0$;　　(6) $2x^2-3x+4<0$;

(7) $-x^2-6x+7\geqslant 0$;　　(8) $3x^2+7x+12>0$.

习　题

1. 判断下列各题对任意实数是否都成立？如果不成立，举反例说明.

(1) 如果 $a>b$，则 $a-c>b-c$；

(2) 如果 $a>b$，则 $ac>bc$；

(3) 如果 $a>b$，则 $ac^2>bc^2$；

(4) $|a|=a$；

(5) $\sqrt{a^2}=|a|$；

(6) $|b-a|=|a-b|$.

2. $x\neq 0$，当 x 取何值时，$x^2+\dfrac{1}{x^2}$ 的值最小?最小值是多少?

3. (1) 为了围成一个面积为 49cm^2 的矩形小框，至少要用多长的铁丝?

(2) 用一根长为 36cm 的铁丝，围成一个矩形小框，长和宽各为多少时，面积最大?最大面积是多少?

4. 求下列不等式(组)的解集：

(1) $5x-3\leqslant 6x+7$;　　(2) $1+\dfrac{x}{5}\geqslant 3-\dfrac{x+8}{5}$;

(3) $2(x+1)+\dfrac{x-2}{3}<\dfrac{7x}{2}-1$;　　(4) $\dfrac{3}{2}x+1>3-\dfrac{x}{4}$;

(5) $\begin{cases}x>-5\\x>0\end{cases}$;　　(6) $\begin{cases}x+5<0\\2x-6>0\end{cases}$;

(7) $\begin{cases}4x-5\leqslant 3x+1\\3x+1>2x-1\end{cases}$;　　(8) $\begin{cases}x+3<4\\2x-3\leqslant 0\end{cases}$;

(9) $\dfrac{x+3}{2x}\geqslant 0$;　　(10) $\dfrac{5x+10}{6x-2}>0$;

(11) $\dfrac{2x+6}{x-3}<1$;　　(12) $|5x|<1$;

(13) $|x-5|\leqslant 9$;　　(14) $|3x+4|\geqslant 5$;

(15) $|1-3x|>2$.

5. 解下列不等式,并在数轴上表示它的解集:

(1) $\frac{4x-3}{2x-3} \leqslant 0$;　　(2) $|x-2| \geqslant 7$;

(3) $|5x+1| < 6$.

6. 解下列不等式:

(1) $x^2-8x+12>0$;　　(2) $3-x \geqslant 2x^2$;

(3) $-x^2+5x+6 \leqslant 0$;　　(4) $5x^2-6x+1<0$;

(5) $\frac{1}{2}x^2+4x+6>0$;　　(6) $7x^2-3x+2<0$;

(7) $4x^2-4x+1<0$;　　(8) $6x^2-5x+2>0$;

(9) $4x^2+7x+3 \geqslant 0$.

7. m 为何值时,方程 $x^2-2(m+3)x+(3m+7)=0$ 有两个相异实根?

8. 某车辆制造厂有一条摩托车整车装配流水线,这条流水线生产的摩托车数量 x(辆)与创造的价值 y(元)之间关系如下:$y=-2x^2+280x$. 现这家工厂希望在一个星期内利用这条流水线创收8 000元以上,那么它在一个星期内大约应该生产多少辆摩托车?

初识数学之美

当我们聆听一首优美的乐曲,观看一幅精美的图画,或置身于美丽的大自然中,我们便会全身心地感到愉悦,受到一种美的陶冶. 可是,除了艺术的美、大自然的美外,人们是否想到科学也有美,数学也有美呢? 有些同学认为学习数学很艰苦、枯燥无味,不存在什么美感的问题. 数学果真无美感可言吗? 英国哲学家、数学家罗素认为:"数学,如果正确地看它,不但拥有真理,而且也具有至高的美,是一种冷峻而严肃的美. 这种美不是投合我们天性脆弱的方面,这种美没有绘画或者音乐那样华丽的装饰,它可以纯净到崇高的地步,能够达到只有伟大的艺术才能谱写的那种完满的境地."数学的美,质朴、深沉、令人赏心悦目;数学的妙,鬼斧神工、令人拍案叫绝! 数学的趣,醇浓如酒、令人神魂颠倒. 因为它美,才更有趣,因为它趣,才更显得美. 美与趣和谐地结合,便出现了种种奇妙.

一、数学的趣味美

数学是思维的体操,思维触角的每一次延伸,都开辟了一个新天地. 数学的趣味美,体现于它奇妙无穷的变幻,而这种变幻是其他学科望尘莫及的.

揭开了隐藏于数学迷宫的奇异数、对称数、完全数、魔术数……的面纱,令人惊诧;观看了数字波涛、数字漩涡……令人感叹!一个个数字,非但毫不枯燥,而且生机勃勃、鲜活亮丽!

根据法则、规律,运用严密的逻辑推理演化出的各种神机妙算、数学游戏,是数学趣味性的集中体现,显示了数学思维的出神入化!

各种变化多端的奇妙图形,赏心悦目;各种扑朔迷离的符形数谜,牵魂系梦;图形式题的巧解妙算,启人心扉、令人赞叹!

二、数学的形象美

谈到形象美,人们会联想到文学、艺术,如影视、雕塑、绘画等.似乎数学只是抽象的孪生兄弟,其实不然,数学是研究数与形的科学,数形的有机结合,组成了万事万物的绚丽画面.

数字美:阿拉伯数字本身便有着极美的形象,"1"字像小棒、"2"字像小鸭、"3"字像耳朵、"4"字像小旗……瞧!多么生动.

符号美:"="(等于号)两条同样长短的平行线,表达了运算结果的唯一性,体现了数学科学的清晰与精确;"≈"(约等于号)是等于号的变形,表达了两种量间的联系性,体现了数学科学的模糊与朦胧;">"(大于号)、"<"(小于号),一个一端收紧,一个一端张开,形象地表明了两数量间的大小关系;"{[(　)]}"(大、中、小括号)形象地表明了内外,先后的区别,体现对称、收放的内涵特征.

线条美:看到"⊥"(垂直线条)我们想起屹立街头的十层高楼,给我们的是挺拔感;看到"—"(水平线条),我们想起了无风的湖面,给我们的是沉静感;看到"~"(曲线线条),我们想起了波涛滚滚的河水,给我们的是流动感.几何图形中那些优美的图案更是令人赏心悦目,三角形的稳定性、圆蕴涵的广阔性……都给人以无限遐想.我国古代的太极图,把平面与立体、静止与旋转、数字与图形,更做了高度的概括!

三、数学的简洁美

数学科学的严谨性,决定它必须精练、准确,因而简洁美是数学的又一特色.

数学的简洁美表现在:定义、规律叙述语言的高度浓缩性,使它的语言精练到"一字千金"的程度;公式、法则的高度概括性,一道公式可以解无数道题目,一条法则囊括了万千事例;符号语言的广泛适用性,数学符号是最简洁的文字,表达的内容却极其广泛而丰富,它是数学科学抽象化程度的高度体现,也正是数学美的一个方面.

四、数学的对称美

对称是美学的基本法则之一,数学中众多的轴对称、中心对称图形、矩阵以及等量关系等都赋予了平衡、协调的对称美.数学概念竟然也是一分为二地成对出现的:整一分、奇一偶、和一差、曲一直、方一圆、分解一组合、平行一交叉、正比例一反比例……显得稳定、和谐、协调、平衡,真是奇妙动人.

数学中蕴涵美的因素是深广博大的,数学之美还不仅于此,它贯穿于数学的方方面面.数学的研究对象是数、形、式,数的美、形的美、式的美随处可见,它的表现形式,不仅有对称美,还有比例美、和谐美,甚至数学的本身也存在着题目美、解法美和结论美等.

如今,数学不仅为自然科学服务,在社会科学领域中也离不开数学:经济学家发现,没有精确的计算,就弄不清经济的规律;语言学家发现,有了数学才能精确地描述语言的构造;历史学家发现,古物的鉴定、史料的整理,数学都可以帮得上大忙;甚至文学和艺术家发现,数学也可以帮助他们解决某些难题;至于军事学家更不用说了,离开了数学他们就根本无法指挥现代的战争.马克思有句名言:“一门科学,只有成功地运用数学时,才算是达到了真正完善的地步”.难怪20世纪最伟大的数学家希尔伯特把数学比喻为“一座鲜花盛开的园林”.他鼓励我们去寻幽探胜,去向人们介绍这些奇景秀色,去共同赞美它!

本章小结

1. 集合概念

具有某种特定属性的事物的全体叫做集合,简称集.集合中的每个事物称为该集合的元素.

2. 集合表示方法

列举法:把集合中的元素一一列举出来,写在大括号内,元素之间用逗号分开.

描述法:把集合中元素的共同属性描述出来,写在大括号内.

3. 集合之间关系

子集:设 x 是 A 中的任一元素,若 $x\in B$,则 $A\subseteq B$.

真子集:设 $A\subseteq B$,若至少有一个元素 $x\in B$ 且 $x\notin A$,则 $A\subsetneqq B$.

集合相等:若 $A\subseteq B$ 且 $B\supseteq A$,则 $A=B$.

4. 集合的运算

交集:$A\cap B=\{x\mid x\in A$ 且 $x\in B\}$.

并集:$A\cup B=\{x\mid x\in A$ 或 $x\in B\}$.

5. 不等式的基本性质

(1)$a>b,b>c\Rightarrow a>c$(不等式传递性);

(2) $a > b \Rightarrow a + c > b + c$;

推论: $a > b, c > d \Rightarrow a + c > b + d$.

(3) $a > b, c > 0 \Rightarrow ac > bc$; $a > b, c < 0 \Rightarrow ac < bc$;

推论: $a > b > 0, c > d > 0 \Rightarrow ac > bd$.

6. 重要不等式

(1) $a^2 \geqslant 0$;

(2) $(a - b)^2 \geqslant 0$,当且仅当 $a = b$ 时,等号成立;

(3) $\dfrac{a + b}{2} \geqslant \sqrt{ab}(a > 0, b > 0)$,当且仅当 $a = b$ 时,等号成立.

7. 区间

(1)有限区间

$$\{x \mid a < x < b\} = (a, b);$$
$$\{x \mid a \leqslant x \leqslant b\} = [a, b];$$
$$\{x \mid a < x \leqslant b\} = (a, b];$$
$$\{x \mid a \leqslant x < b\} = [a, b).$$

(2)无限区间

$$\{x \mid x > a\} = (a, +\infty);$$
$$\{x \mid x \geqslant a\} = [a, +\infty);$$
$$\{x \mid x \leqslant a\} = (-\infty, a];$$
$$\{x \mid x < a\} = (-\infty, a).$$

8. 绝对值不等式

如果 $a > 0$,则 $|x| \leqslant a \Leftrightarrow -a \leqslant x \leqslant a$;

$|x| > a \Leftrightarrow x < -a$ 或 $x > a$.

9. 一元二次不等式的解法

一元二次不等式的一般形式为: $ax^2 + bx + c > 0$ 或 $ax^2 + bx + c < 0 (a \neq 0)$.

不等式中的"$<$"或"$>$"可换成"$\leqslant$"或"$\geqslant$".

(1)利用因式分解化为一元一次不等式组求解;

(2)利用二次函数 $y = ax^2 + bx + c$ 图像求解.

复 习 题

1. 判断题:

(1) $2 \subsetneqq \{1, 2, 3\}$;

(2) $\{a\} \in \{a,b,c\}$；

(3) $\{a,b,c\} \subseteq \{a,b,c\}$；

(4) $\{6,7,8,9\} = \{9,8,7,6\}$；

(5) $\{m,n\}$ 的所有子集是 $\{m\}$，$\{n\}$，$\{m,n\}$；

(6) $\{x \mid x^2 - 6x + 5 = 0\} = \{1,5\}$；

(7) $A \cap B = \{x \mid x \in A$，或 $x \in B\}$；

(8) $A \cup B = \{x \mid x \in A$，且 $x \in B\}$；

(9) 如果 $A \cup B = A$，则 $B \subseteq A$；

(10) 如果 $a < b < 0$，且 $c < d < 0$，则 $ac < bd$；

(11) $-2x > 6 \Leftrightarrow x > -3$；

(12) $|x - 5| < 0$ 的解集是 $\varnothing$；

(13) 如果 $x > y$，则 $x^2 > y^2$；

(14) 如果 $x < y$，则 $|x| < |y|$；

2. 填空题：

(1) {平行四边形} ∩ {菱形} = ________；

(2) 设 $A = \{x \mid -2 \leqslant x < 5\}$，$B = \{x \mid -3 < x \leqslant 3\}$，则 $A \cap B =$ ________；$A \cup B =$ ________；

(3) 满足 $\{2,3\} \subseteq A \subseteq \{1,2,3,4\}$ 条件的集合 A 有________；

(4) $|x| < 5$ 的解集是________；

(5) $x < -3$，且 $x > 6$ 的解集是________；

(6) 不等式 $x^2 - 1 > 0$ 的解集是________；

(7) 设 $A = \{x \mid x < 5\}$，$B = \{x \mid x \leqslant 2\}$，则集合 A 与 B 的关系是________；

(8) 已知 $x > 0, y > 0$，且 $xy = 16$，则 $x + y$ 的最小值是________；

(9) 已知 $x > 0, y > 0$，且 $x + y = 8$，则 xy 的最大值是________；

(10) $|2x + 3| < 1$ 的解集是________.

3. 把下列集合用另一种表示法表示出来：

(1) $\{2,4,6,8,10\}$；

(2) $\{x \mid -1 \leqslant x < 5, x \in \mathbf{N}\}$；

(3) $\{x \mid -3 < x < 2, x \in \mathbf{Z}\}$；

(4) $\{x \mid x^2 + 3x - 4 = 0\}$；

(5) {方程 $x^2 - 4 = 0$ 的解}；

(6) $\{(x,y) \mid x + y = 3, x \in \mathbf{N}, y \in \mathbf{N}\}$.

4. 解下列不等式：

(1) $|2x| > 6$；

(2) $|3x - 4| < 9$；

(3) $x^2 + 6x + 9 < 0$；

(4) $6x^2 - 7x - 5 \leqslant 0$；

(5) $2x^2 \geqslant 5x - 2$；

(6) $11x - 5 - 2x^2 > 0$；

(7) $\left|\frac{1}{4}x+3\right| \geqslant 1$;　　　　(8) $\frac{x+3}{x+5} < 0$;

(9) $\frac{x+3}{x+5} \geqslant 0$;　　　　(10) $\frac{3x+2}{5x-6} \leqslant 0$;

(11) $\frac{3x+2}{5x-6} > 0$;　　　　(12) $3x^2+4x+5 > 0$.

5. 当 x 为何值时，下列各式取得最大值或最小值，并求其最大值或最小值：

(1) $x+\frac{5}{x}(x>0)$;　　　　(2) $8x^2+\frac{1}{2x^2}(x \neq 0)$;

(3) $9x-x^2(0<x<9)$.

6. 已知 a、b、c、d 都是正实数，求证：$\sqrt{ab}+\sqrt{cd} \leqslant \frac{a+b+c+d}{2}$.

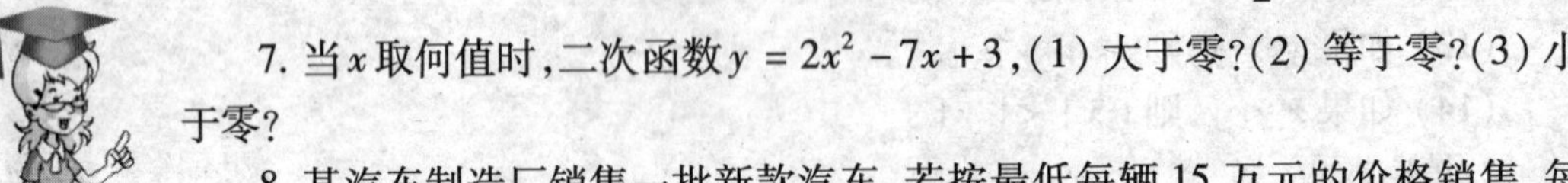

7. 当 x 取何值时，二次函数 $y=2x^2-7x+3$，(1) 大于零？(2) 等于零？(3) 小于零？

8. 某汽车制造厂销售一批新款汽车，若按最低每辆 15 万元的价格销售，每月能卖出 30 辆；若售价每提高 1 万元，月销售量将减少 2 辆. 为了使这批汽车每月获得 400 万元以上的销售收入，应怎样制定这批汽车的销售价格？

第二章　函　　数

1. 让学生理解函数的概念，注意两个变量 x,y 之间的依赖关系，理解和掌握函数符号 $f(x)$ 的意义和运用，能够区别 $f(x)$ 和 $f(a)$.

2. 给出一个简单函数，能求出它的定义域，会求解简单的值域问题.

3. 能用描点法作出简单函数的图像.

4. 理解函数的单调性、奇偶性的概念，能判断和证明一些简单函数的单调性和奇偶性，并能利用函数性质简化函数图像的绘制过程.

5. 理解反函数的概念，理解互为反函数的函数图像间的关系，会求一些简单函数的反函数.

6. 理解根式、分数指数幂的概念，掌握有理数指数幂的运算性质，并能熟练进行计算.

7. 理解并掌握指数函数的概念、图像和性质.

8. 理解对数的概念，掌握对数的运算性质，并能熟练计算.

9. 理解对数函数的概念，掌握对数函数的图像和性质.

第一节　函　　数

一、函数

1. 函数的概念

我们在初中已经学过函数的概念，其定义为：设在某个变化过程中有两个变量 x 和 y，如果对于 x 在某个范围内的每一个确定的值，按照某个对应法则，y 都有唯一确定的值与它对应，则称 y 是 x 的**函数**，x 称为**自变量**，使函数有意义的 x 的取值范围称为函数的**定义域**，与 x 对应的 y 的值称为**函数值**. 所有函数值组成的集合叫做函数的**值域**.

"函数"一词,是德国数学家莱布尼茨(1646—1716)1692年首先采用的.在我国,函数一词是清代数学家李善兰(1811—1882)最初使用的,他在1859年与英国学者伟烈亚力(1815—1887)合译的《代微积拾级》一书中,将"function"译作"函数".

如图2-1所示,现在用非空数集D表示函数的定义域,用非空数集M表示函数的值域,用字母f表示对应法则,于是函数就是由D、M、f三者组成的,记作$y=f(x)$.

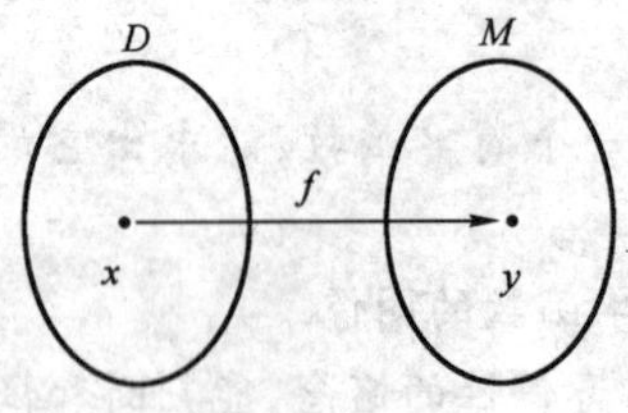

图 2-1

若函数的定义域D和对应法则f这两者确定,则其值域M是否也确定?确定函数,要确定几个要素?都是什么?

例如,对于函数$y=\sqrt{x-5}$,其定义域$D=\{x\mid x\geqslant 5\}$,值域$M=\{y\mid y\geqslant 0\}$,对应法则f为自变量的值减5,再开平方,最后取算术根.

如果一个函数的定义域没有被特别指出,那么我们就认为这个函数的定义域是使函数表达式有意义的所有实数的集合,比如,函数$y=\dfrac{5}{x}$的定义域是除零以外的所有实数组成的集合.再如,函数$y=\sqrt{x}$的定义域是非负实数集.在实际问题中,函数的定义域要根据实际意义去确定.

如果同时研究多个函数,则用不同符号表示它们,如$f(x)$,$g(x)$,$F(x)$等.

对于函数$y=f(x)$,$x\in D$,当自变量x在定义域D内取一个确定的值a时,对应的函数值记作$f(a)$.

$f(x)$与$f(a)$有何区别?

例 1 设$f(x)=x^2+2x-3$,求$f(-2)$,$f(0)$,$f(t)$,$f\left(\frac{1}{t}\right)$.

解:$f(-2)=(-2)^2+2\times(-2)-3=-3$;

$f(0)=(0)^2+2\times(0)-3=-3$;

$f(t)=t^2+2t-3$;

$f\left(\frac{1}{t}\right)=\left(\frac{1}{t}\right)^2+2\times\left(\frac{1}{t}\right)-3=\frac{1}{t^2}+\frac{2}{t}-3$.

例 2 求下列函数的定义域:

(1)$f(x)=\frac{1}{x-2}$;

(2)$f(x)=\sqrt{5-x^2}$;

(3)$f(x)=\sqrt{x+1}+\frac{1}{2-x}$.

解:(1)因为$x-2=0$,即$x=2$时,分式$\frac{1}{x-2}$无意义,而$x\neq 2$时,分式$\frac{1}{x-2}$有意义,所以,所求函数的定义域为$\{x\mid x\neq 2\}$.

(2)因为$5-x^2<0$时,根式$\sqrt{5-x^2}$无意义,而$5-x^2\geqslant 0$时,根式$\sqrt{5-x^2}$有意义,所以,要使函数有意义,必须满足$5-x^2\geqslant 0$,解得$x^2\leqslant 5\Leftrightarrow |x|\leqslant\sqrt{5}\Leftrightarrow -\sqrt{5}\leqslant x\leqslant\sqrt{5}$. 所以,所求函数的定义域为$\{x\mid -\sqrt{5}\leqslant x\leqslant\sqrt{5}\}$.

(3)使根式$\sqrt{x+1}$有意义的集合为$\{x\mid x\geqslant -1\}$,使分式$\frac{1}{2-x}$有意义的集合为$\{x\mid x\neq 2\}$,所以,所求函数的定义域为

$$\{x\mid x\geqslant -1\}\cap\{x\mid x\neq 2\}=[-1,2)\cup(2,+\infty).$$

练　习

1. 设$f(x)=2x^2+3x-1$,求$f(2)$,$f(-1)$,$f\left(\frac{1}{2}\right)$.

2. 求下列函数的定义域:

(1)$f(x)=\frac{1}{4x-3}$;　　(2)$f(x)=\sqrt{1-x}-\sqrt{3x+2}$;

(3)$f(x)=\sqrt{1-|x|}$.

2. 函数的图像

我们已经知道，正比例函数和一次函数的图像都是一条直线，二次函数的图像是一条平滑的曲线（抛物线），反比例函数的图像是两条平滑的曲线（双曲线），它们都是用列表求值、描点连线的基本作图方法（简称描点法）作出来的.

对于一般的函数 $y=f(x)$，可以用描点法作出它的图像. 在 $y=f(x)$ 的定义域 D 内适当取 x 的一些值，求出对应的函数值 y，以每一对应的 x，y 的值所作的有序数对 (x,y) 为坐标，在坐标系中描出对应的点 $P(x,y)$，按照顺序连接各点所得的曲线（或点集），就是函数 $y=f(x)$ 的图像.

函数的图像，可以是一条直线或曲线，也可以是一些孤立的点、线段、折线或曲线的一部分.

例 3 某种水杯，每个 5 元，买 x 个水杯的钱数（元）与销售额 y 的函数关系式为 $f(x)=5x(x\in\mathbf{N})$. 画出这个函数的图像.

解：这个函数的图像由一些点组成，如图 2-2 所示.

例 4 作出函数 $y=\sqrt{x^2}=|x|=\begin{cases}x, x\geqslant 0\\ -x, x<0\end{cases}$ 的图像.

解：这个函数图像是两条射线，如图 2-3 所示.

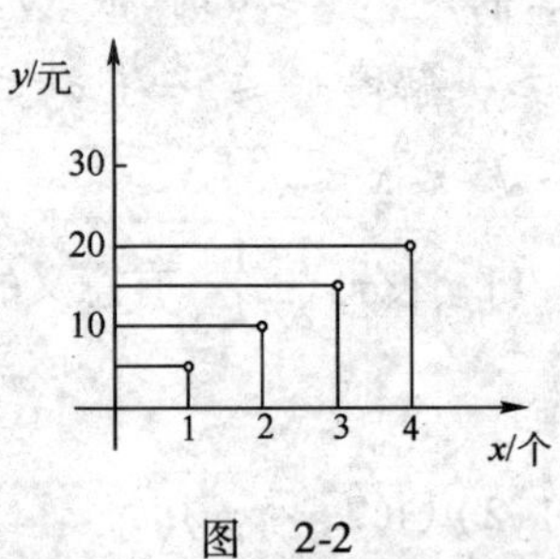

图 2-2

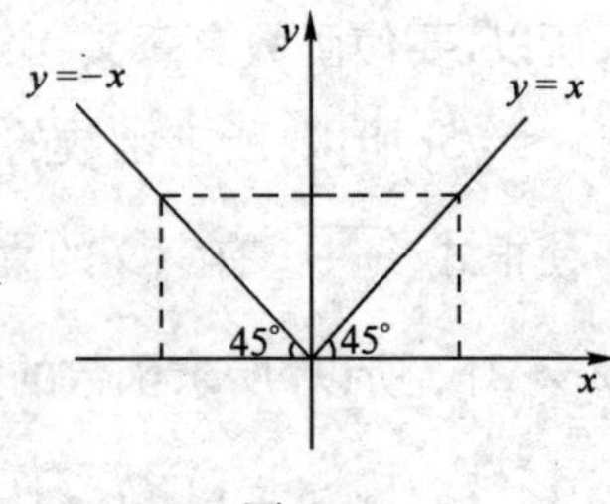

图 2-3

由例4可见，有些函数在其定义域内，对于自变量 x 的不同取值范围，对应法则是不同的. 如例 4 中的函数叫做**分段函数**，分段函数是一个函数而不是几个函数.

练　习

1. 画出下列函数的图像：

(1) $f(x)=2x+1, x\in\mathbf{Z}$，且 $|x|\leqslant 2$；

(2) $f(x)=\begin{cases}x-1, x\in[-2,0)\\ x+1, x\in[0,+\infty)\end{cases}$.

2. 画出函数 $y=x-3(x\in(-3,3))$ 的图像.

3. 函数的单调性

请观察 $y=x^2$ 的图像,如图2-4所示,总结函数值随自变量取值的变化规律.

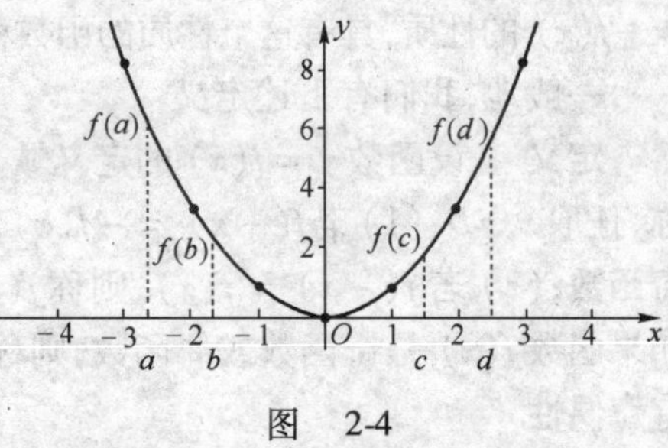

图 2-4

如图2-4所示可见:(1)y 轴左侧,即在区间 $(-\infty,0]$ 上,自变量越大函数值越小. (2)y 轴右侧,即区间 $[0,+\infty)$ 上,自变量越大函数值越大.

一般地,在函数 $f(x)$ 定义域内某个给定区间 I 上,任选两个自变量的值 x_1、x_2,如果当 $x_2>x_1$ 时,总有 $f(x_2)>f(x_1)$,我们就说函数 $f(x)$ 在区间 I 上是**增函数**;如果当 $x_2>x_1$ 时,总有 $f(x_2)<f(x_1)$,我们就说函数 $f(x)$ 在区间 I 上是**减函数**;如果函数 $y=f(x)$ 在区间 I 上是增函数或减函数,那么我们就说函数 $y=f(x)$ 在区间 I 上具有**单调性**,区间 I 叫做函数 $y=f(x)$ 的**单调区间**.

单调区间上,增函数、减函数的图像各有什么特点?

例5 求证:$f(x)=\dfrac{1}{x}$ 在 $(0,+\infty)$ 上是减函数.

证明: 任取 $x_1,x_2\in(0,+\infty)$,且 $x_1<x_2$,则

$$f(x_1)=\frac{1}{x_1},f(x_2)=\frac{1}{x_2}$$

$$f(x_2)-f(x_1)=\frac{1}{x_2}-\frac{1}{x_1}=\frac{x_1-x_2}{x_1x_2}.$$

由 $x_1>0,x_2>0$,得 $x_1x_2>0$;又由 $x_1<x_2$,得 $x_1-x_2<0$. 于是:

$$f(x_1)-f(x_2)>0,\text{即} f(x_1)>f(x_2).$$

所以 $f(x)=\dfrac{1}{x}$ 在 $(0,+\infty)$ 内是减函数.

4. 函数的奇偶性

由图2-4还可以看到,函数 $f(x)=x^2$ 的图像的特点是关于 y 轴对称,而函数 $f(x)=x^2$,具有 $f(-x)=(-x)^2=x^2=f(x)$ 的性质,具有这个性质的函数称为偶函数.

再看图 2-5，函数 $f(x)=x^3$ 的图像是关于原点对称的，而函数 $f(x)=x^3$ 具有 $f(-x)=(-x)^3=-x^3=-f(x)$ 的性质，具有这个性质的函数称为奇函数.

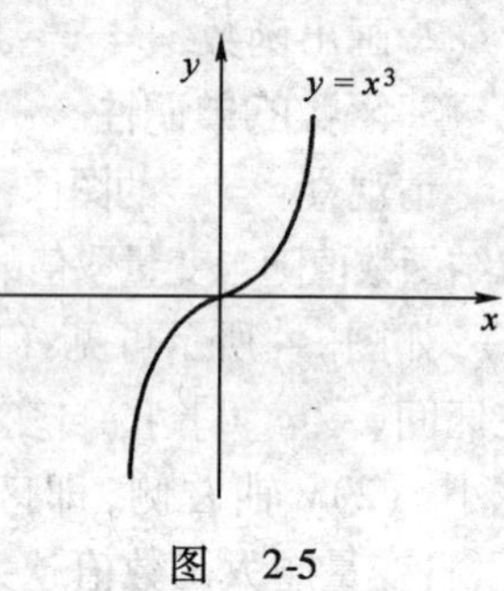

图 2-5

一般地，我们有下述定义：

定义 设函数 $y=f(x)$ 的定义域 D 关于原点对称，任取 $x\in D$，(1) 若 $f(-x)=-f(x)$，则称 $f(x)$ 是**奇函数**；(2) 若 $f(-x)=f(x)$，则称 $f(x)$ 是**偶函数**. 如果函数 $f(x)$ 是奇函数或偶函数，则称函数 $f(x)$ 具有**奇偶性**.

例 6 判断下列函数是否具有奇偶性：

(1) $f(x)=\dfrac{1}{x}$；

(2) $f(x)=x^2+x^4$；

(3) $f(x)=x^3+x^2$.

解：(1) 函数 $f(x)=\dfrac{1}{x}$ 的定义域 $D=\{x\mid x\neq 0\}$ 关于原点对称.

因为 $f(-x)=\dfrac{1}{-x}=-\dfrac{1}{x}=-f(x)$，

所以 $f(x)=\dfrac{1}{x}$ 是奇函数.

(2) 函数 $f(x)=x^2+x^4$ 的定义域 $D=R$ 关于原点对称.
因为 $f(-x)=(-x)^2+(-x)^4=x^2+x^4=f(x)$，
所以 $f(x)=x^2+x^4$ 是偶函数.
(3) 函数 $f(x)=x^3+x^2$ 的定义域 $D=R$ 关于原点对称.
因为 $f(-x)=(-x)^3+(-x)^2=-x^3+x^2$，
所以 $f(-x)\neq -f(x)$，且 $f(-x)\neq f(x)$，
所以 $f(x)=x^3+x^2$ 既不是奇函数也不是偶函数.

奇函数和偶函数与它们的图像之间的关系为：

定理 1 奇函数的图像关于原点对称；反之，如果一个函数的图像关于原点对称，那么这个函数是奇函数.

定理 2 偶函数的图像关于 y 轴对称；反之，如果一个函数的图像关于 y 轴对称，那么这个函数是偶函数.

练 习

1. 证明函数 $f(x)=-2x+1$ 在 $(-\infty,+\infty)$ 上是减函数.

2. 下列函数在指定区间上是增函数还是减函数：

(1)$f(x)=x^2+1, x\in(0,+\infty)$；

(2)$f(x)=\dfrac{3}{x}, x\in(-\infty,0)$.

3. 判别下列函数的奇偶性：

(1)$f(x)=\dfrac{3}{4}x^2+4$； (2)$f(x)=x^2+2x+5$；

(3)$f(x)=-x^3+3x$； (4)$f(x)=x+\dfrac{1}{x}$.

二、反函数

1. 反函数的概念及求法

我们知道，物体匀速直线运动的位移 s 是时间 t 的函数，即 $s=vt$，其中速度 v 是常量. 反过来，也可以由位移 s 和速度 v（常量）确定物体匀速直线运动的时间，即 $t=\dfrac{s}{v}$，这时，位移 s 是自变量，时间 t 是位移 s 的函数.

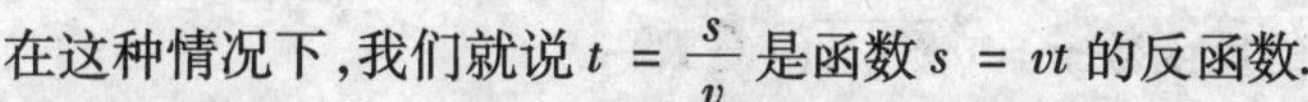
在这种情况下，我们就说 $t=\dfrac{s}{v}$ 是函数 $s=vt$ 的反函数.

又例如，在函数 $y=2x+6(x\in\mathbf{R})$ 中，x 是自变量，y 是 x 的函数. 由 $y=2x+6$ 可以得到式子 $x=\dfrac{y}{2}-3(y\in\mathbf{R})$. 这样，对于 y 在 $\mathbf{R}$ 中任何一个值，通过式子 $x=\dfrac{y}{2}-3$，x 在 $\mathbf{R}$ 中都有唯一的值和它对应. 也就是说，可以把 y 作为自变量 $(y\in\mathbf{R})$，x 作为 y 的函数，这时我们就说 $x=\dfrac{y}{2}-3(y\in\mathbf{R})$ 是函数 $y=2x+6$ $(x\in\mathbf{R})$ 的反函数.

定义 设函数 $y=f(x)$ 的定义域为 D，值域为 M. 若对于每一个 $y\in M$，都能由 $y=f(x)$ 确定唯一的 x 与它对应，则称这个以 y 为自变量的函数是 $y=f(x)$ 的**反函数**，记作 $x=f^{-1}(y)$.

如图 2-6 所示，f^{-1} 是根据 $y=f(x)$，从 y 反求 x 的对应法则，称为 f 的反对应法则.

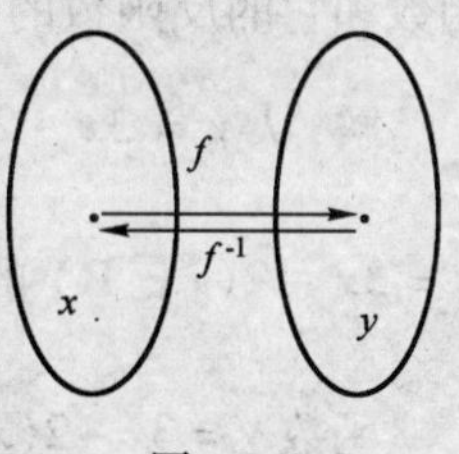

图 2-6

在函数 $x=f^{-1}(y)$ 中，y 是自变量，x 是 y 的函数. 但习惯上，一般用 x 表示自变量，用 y 表示函数，为此我们常常对调函数 $x=f^{-1}(y)$ 中的字母 x 和 y，把它改写成 $y=f^{-1}(x)$（在本书中，今后凡不特别说明，函数 $y=f(x)$ 的反函数都采

用这种经过改写的 $y=f^{-1}(x)$ 的形式).

由反函数的定义知,如果函数 $y=f(x)$ 有反函数 $y=f^{-1}(x)$,那么函数 $y=f^{-1}(x)$ 的反函数就是 $y=f(x)$,所以函数 $y=f(x)$ 与它的反函数 $y=f^{-1}(x)$ 是互为反函数,并且它们的定义域和值域是互置关系,如图 2-6 所示.

例 7 求下列函数的反函数:

(1) $y=3x+1(x\in\mathbf{R})$;

(2) $y=x^3+1(x\in\mathbf{R})$;

(3) $y=\sqrt{x}-1(x\geqslant 0)$;

(4) $y=\dfrac{2x+3}{x-1}(x\in\mathbf{R},x\neq 1)$.

解:(1)从 $y=3x+1$ 中解出 x,得 $x=\dfrac{y-1}{3}$,在 $x=\dfrac{y-1}{3}$ 中对调字母 x 和 y,得 $y=3x+1(x\in\mathbf{R})$ 的反函数 $y=\dfrac{x-1}{3}(x\in\mathbf{R})$.

(2)从 $y=x^3+1$ 中解出 $x=\sqrt[3]{y-1}$,在 $x=\sqrt[3]{y-1}$ 中对调字母 x 和 y,得 $y=x^3+1(x\in\mathbf{R})$ 的反函数 $y=\sqrt[3]{x-1}(x\in\mathbf{R})$.

(3)从 $y=\sqrt{x}-1$ 中解出 $x=(y+1)^2$,在 $x=(y+1)^2$ 中对调字母 x 和 y,得 $y=\sqrt{x}-1(x\geqslant 0)$ 的反函数 $y=(x+1)^2(x\geqslant -1)$.

(4)从 $y=\dfrac{2x+3}{x-1}$ 中解出 $x=\dfrac{y+3}{y-2}$,在 $x=\dfrac{y+3}{y-2}$ 中对调字母 x 和 y,得 $y=\dfrac{2x+3}{x-1}(x\in\mathbf{R},x\neq 1)$ 的反函数 $y=\dfrac{x+3}{x-2}(x\in\mathbf{R},x\neq 2)$.

2. 互为反函数的函数图像间的关系

如果函数 $y=f(x)(x\in A)$ 的反函数是 $y=f^{-1}(x)$,那么在直角坐标系 xOy 中,它们的图像有什么关系呢?我们看下面的问题.

例 8 求函数 $y=3x-2(x\in\mathbf{R})$ 的反函数,并在同一直角坐标系中作出原函数和它的反函数的图像.

解:从 $y=3x-2$ 中解出 x,得 $x=\dfrac{y+2}{3}$,在 $x=\dfrac{y+2}{3}$ 中对调字母 x 和 y,得 $y=3x-2(x\in\mathbf{R})$ 的反函数 $y=\dfrac{x+2}{3}(x\in\mathbf{R})$.

函数 $y=3x-2(x\in\mathbf{R})$ 和它的反函数 $y=\dfrac{x+2}{3}(x\in\mathbf{R})$ 的图像如图 2-7 所示.

由图 2-7 可以看出，函数 $y=3x-2(x\in\mathbf{R})$ 和它的反函数 $y=\dfrac{x+2}{3}(x\in\mathbf{R})$ 的图像关于直线 $y=x$ 对称．一般地，我们有下述定理：(证明从略)

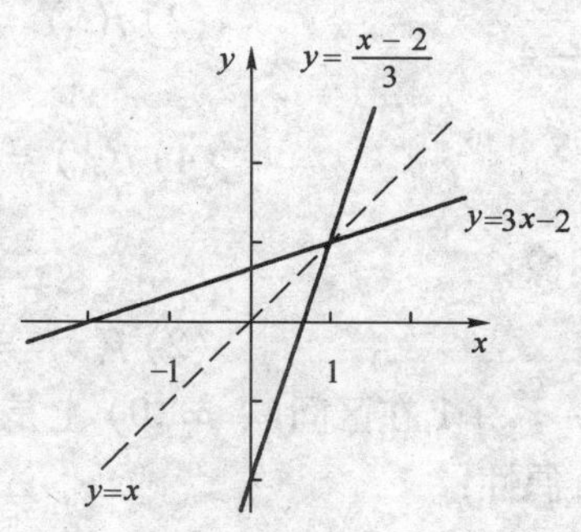

图 2-7

定理　函数 $y=f(x)$ 的图像与它的反函数 $y=f^{-1}(x)$ 的图像关于直线 $y=x$ 对称．

函数 $y=f(x)$ 的图像上的点 (a,b) 与它的反函数 $y=f^{-1}(x)$ 的图像上的什么点关于直线 $y=x$ 对称？

练　　习

1. 求下列函数的反函数：

(1) $y=-2x+3(x\in\mathbf{R})$；　　(2) $y=\dfrac{3}{x}(x\neq0)$；

(3) $y=\dfrac{1-x}{1+x}(x\neq-1)$；　　(4) $y=x^4(x\geqslant0)$．

2. 求下列函数的反函数，并在同一直角坐标系中作出函数及其反函数的图像：

(1) $y=\dfrac{1}{x+3}(x\neq-3)$；　　(2) $y=2x+4(x\in\mathbf{R})$．

习　　题

1. 设 $f(x)=\begin{cases}-x, & x<0\\ 2x+1, & x\geqslant0\end{cases}$，求 $f(-2)$，$f(0)$，$f(3)$．

2. 已知函数 $f(x)$ 是偶函数，而且在 $(-\infty,0)$ 上是增函数，则 $f(x)$ 在

$(0,+\infty)$ 上是增函数还是减函数.

3. 求下列函数的定义域:

(1) $f(x)=\dfrac{1}{x^2+3x-4}$;　　(2) $f(x)=\sqrt{x^2-4}$;

(3) $f(x)=\dfrac{\sqrt[3]{4x+8}}{\sqrt{3x-2}}$;　　(4) $f(x)=\sqrt{2x-1}+\sqrt{1-2x}+4$.

4. 画出下列函数的图像:

(1) $f(x)=1-x^2$;　　(2) $f(x)=-\sqrt{x},x\in[0,+\infty)$.

5. 证明函数 $f(x)=-x^3+1$ 在区间 $(-\infty,0)$ 上是减函数.

6. 判别下列函数的奇偶性:

(1) $f(x)=5x+3$;　　(2) $f(x)=\sqrt{x}+1$;

(3) $f(x)=x^{-2}+x^4$;　　(4) $f(x)=x^{-3}+x$.

7. 画出函数 $y=x^2(x\geqslant 0)$ 的图像,再利用对称关系画出它的反函数的图像.

8. 利用函数的奇偶性作出下列偶函数 $f(x)$ 的另一半图像(题图 2-1),并指出各个单调区间上的单调性.

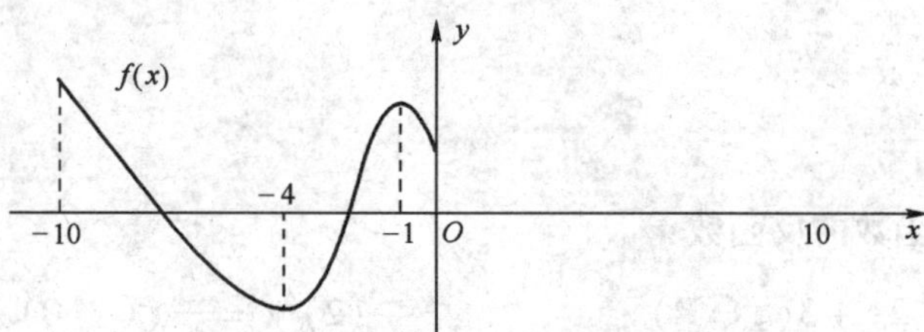

题图　2-1

9. 求下列函数的反函数:

(1) $y=-\dfrac{1}{x}+3(x\neq 0)$;　　(2) $y=\sqrt[3]{x+1}$;

(3) $y=\sqrt{x+5}(x\geqslant -5)$;　　(4) $y=\dfrac{2x}{5x+1}\left(x\neq -\dfrac{1}{5}\right)$.

10. 已知函数 $y=\sqrt{25-4x^2}\left(0\leqslant x\leqslant \dfrac{5}{2}\right)$,求它的反函数,并指出反函数的定义域.

第二节 指数与指数函数

一、指数

整数指数幂的意义及其运算法则.

通过复习,我们得出整数指数幂的意义是:

$$a^n = a \cdot a \cdot a \cdots a(n 个 a 连乘);$$

$$a^0 = 1(a \neq 0);$$

$$a^{-n} = \frac{1}{a^n}(a \neq 0, n \in \mathbf{N}^+).$$

整数指数幂的运算性质是:

(1) $a^m \cdot a^n = a^{m+n}(m,n \in \mathbf{Z})$;

(2) $(a^m)^n = a^{mn}(m,n \in \mathbf{Z})$;

(3) $(ab)^n = a^n b^n(n \in \mathbf{Z})$.

因为 $a^m \div a^n$ 可以看作 $a^m \cdot a^{-n}$,所以 $a^m \div a^n = a^{m-n}$ 可以归入性质(1),即

$$a^m \div a^n = a^m \cdot a^{-n} = a^{m-n};$$

又因为 $\left(\frac{a}{b}\right)^n$ 可以看作 $a^n \cdot b^{-n}$,所以 $\left(\frac{a}{b}\right)^n = \frac{a^n}{b^n}$ 可以归入性质(3),即

$$\left(\frac{a}{b}\right)^n = (a \cdot b^{-1})^n = a^n \cdot b^{-n} = \frac{a^n}{b^n}.$$

在此基础上,本节我们将深入学习根式与分数指数幂.

1. 根式

我们知道,2 的平方等于 4,2 叫做 4 **的平方根**;3 的立方等于 27,3 叫做 27 **的立方根**.

一般地,如果一个数的 n 次方等于 $a(n > 1, n \in \mathbf{N}^+)$,那么这个数叫做 ***a* 的 *n* 次方根**. 即:如果 $x^n = a$,那么 x 叫做 ***a* 的 *n* 次方根**,其中 $n > 1, n \in \mathbf{N}^+$.

当 *n* 是偶数时,正数的 n 次方根有两个,这两个数互为相反数,这时,正数 a 的正的 n 次方根用符号 $\sqrt[n]{a}$ 表示,负的 n 次方根用符号 $-\sqrt[n]{a}$ 表示. 正的 n 次方根与

负的 n 次方根可以合并写成 $\pm\sqrt[n]{a}(a>0)$. 例如: $\sqrt[4]{81}=3$, $-\sqrt[4]{81}=-3$, 81 的 4 次方根可以写成 $\pm\sqrt[4]{81}=\pm3$.

注意:负数没有偶次方根.

当 n 是奇数时,正数的 n 次方根是一个正数,负数的 n 次方根是一个负数,这时, a 的 n 次方根用符号 $\sqrt[n]{a}$ 表示,例如 $\sqrt[3]{64}=4$, $\sqrt[3]{-8}=-2$.

注意:当 $n>0(n\in\mathbf{N})$, 0 的 n 次方根都是 0, 记作 $\sqrt[n]{0}=0$; 当 $n\leqslant0(n\in\mathbf{N})$, 0 的 n 次方根没有意义.

形如 $\sqrt[n]{a}$ 的式子称为**根式**,这里 n 称为**根指数**, a 称为**被开方数**.

根据 n 次方根的意义,可得

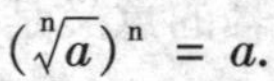

$$(\sqrt[n]{a})^n=a.$$

例如, $(\sqrt{3})^2=3$, $(\sqrt[3]{-4})^3=-4$.

$\sqrt[n]{a^n}$ 是否一定等于 a?

当 n 是奇数时, $\sqrt[n]{a^n}=a$, 例如 $\sqrt[3]{(-2)^3}=-2$, $\sqrt[3]{5^3}=5$; 当 n 是偶数时,如果 $a\geqslant0$, 则 $\sqrt[n]{a^n}=a$, 例如 $\sqrt[4]{2^4}=2$, $\sqrt[n]{0}=0$; 如果 $a<0$, 则 $\sqrt[n]{a^n}=|a|=-a$, 如 $\sqrt{(-3)^2}=|-3|=3$. 这就是说,

当 n 为奇数时, $\sqrt[n]{a^n}=a$;

当 n 为偶数时, $\sqrt[n]{a^n}=|a|=\begin{cases}a(a\geqslant0)\\-a(a<0)\end{cases}$.

例 1 求下列各式的值:

(1) $\sqrt[3]{(-5)^3}$; (2) $\sqrt{(-9)^2}$;

(3) $\sqrt[4]{(3-\pi)^4}$; (4) $\sqrt{(m-n)^2}(m>n)$.

解:(1) $\sqrt[3]{(-5)^3}=-5$;

(2) $\sqrt{(-9)^2}=|-9|=9$;

(3) $\sqrt[4]{(3-\pi)^4}=|3-\pi|=\pi-3$;

(4) $\sqrt{(m-n)^2}=|m-n|=m-n(m>n)$.

2. 分数指数幂

我们看下面的例子:

$$\sqrt[2]{a^4}=\sqrt[2]{(a^2)^2}=a^2=a^{\frac{4}{2}}(a>0);$$

$$\sqrt[3]{a^{15}}=\sqrt[3]{(a^5)^3}=a^5=a^{\frac{15}{3}}(a>0).$$

这就是说,当根式的被开方数的指数能被根指数整除时,根式可以写成分数指数幂的形式.

为了使计算方便,当根式的被开方数的指数不能被根指数整除时,我们把根式也表示成分数指数幂的形式.例如:

$$\sqrt[5]{a^3}=a^{\frac{3}{5}}(a>0);$$

$$\sqrt{b}=b^{\frac{1}{2}}(b>0);$$

$$\sqrt[4]{m^5}=m^{\frac{5}{4}}(m>0).$$

为此,我们规定分数指数幂的意义是:

正分数指数幂 $a^{\frac{m}{n}}=\sqrt[n]{a^m}(a>0,m,n\in\mathbf{N}^+,n>1)$.

负分数指数幂 $a^{-\frac{m}{n}}=\dfrac{1}{a^{\frac{m}{n}}}(a>0,m,n\in\mathbf{N}^+,n>1)$.

零的正分数指数幂等于零,零的负分数指数幂无意义.

注意:在数学中,引进一个新的概念或法则时,总希望它与已有的概念或法则是相容的.

在规定了分数指数幂以后,指数的概念就从整数指数推广到了有理数指数,并且,初中学过的整数指数幂的运算性质,对于有理数指数幂也同样适用,即对于任意有理数 α,β,均有下面的性质:

> 若 $a,b>0,\alpha,\beta\in\mathbf{Q}$,则
>
> $(1)a^{\alpha}a^{\beta}=a^{\alpha+\beta};(2)(a^{\alpha})^{\beta}=a^{\alpha\beta};(3)(ab)^{\alpha}=a^{\alpha}b^{\alpha}.$ (2-1)

注意:指数的概念还可以从有理数指数推广到实数指数,并且当 $\alpha,\beta\in\mathbf{R}$ 时,上述三条运算性质仍然成立.

例 2 求值:

$(1)\left(\dfrac{1}{4}\right)^{-2};(2)0.001^{\frac{1}{3}};(3)2\sqrt{3}\times\sqrt[3]{1.5}\times\sqrt[6]{12}.$

解:$(1)\left(\dfrac{1}{4}\right)^{-2}=(2^{-2})^{-2}=2^{(-2)\times(-2)}=2^4=16;$

(2)$0.001^{\frac{1}{3}}=(10^{-3})^{\frac{1}{3}}=10^{(-3)\times\frac{1}{3}}=10^{-1}=\frac{1}{10}$;

(3)$2\sqrt{3}\times\sqrt[3]{1.5}\times\sqrt[6]{12}=2\times3^{\frac{1}{2}}\times\left(\frac{3}{2}\right)^{\frac{1}{3}}\times12^{\frac{1}{6}}$

$$=2\times3^{\frac{1}{2}}\times(3\times2^{-1})^{\frac{1}{3}}\times(2^2\times3)^{\frac{1}{6}}$$

$$=2^{1-\frac{1}{3}+\frac{1}{3}}\times3^{\frac{1}{2}+\frac{1}{3}+\frac{1}{6}}=2\times3=6.$$

例3 计算下列各式(式中字母均为正数):

(1)$3\times\sqrt{3}\times\sqrt[3]{3}\times\sqrt[6]{3}$;(2)$\sqrt[3]{xy^2(\sqrt{xy})^3}$;(3)$(\sqrt[3]{25}-\sqrt{125})\div\sqrt[4]{5}$.

解:(1)$3\times\sqrt{3}\times\sqrt[3]{3}\times\sqrt[6]{3}=3\times3^{\frac{1}{2}}\times3^{\frac{1}{3}}\times3^{\frac{1}{6}}=3^{1+\frac{1}{2}+\frac{1}{3}+\frac{1}{6}}=3^2=9$;

(2)$\sqrt[3]{xy^2(\sqrt{xy})^3}=\sqrt[3]{xy^2(x^{\frac{1}{2}}y^{\frac{1}{2}})^3}=\sqrt[3]{xy^2\cdot x^{\frac{3}{2}}y^{\frac{3}{2}}}=(x^{\frac{5}{2}}y^{\frac{7}{2}})^{\frac{1}{3}}=x^{\frac{5}{6}}y^{\frac{7}{6}}$;

(3)$(\sqrt[3]{25}-\sqrt{125})\div\sqrt[4]{5}=(5^{\frac{2}{3}}-5^{\frac{3}{2}})\div5^{\frac{1}{4}}=5^{\frac{2}{3}}\div5^{\frac{1}{4}}-5^{\frac{3}{2}}\div5^{\frac{1}{4}}$

$$=5^{\frac{2}{3}-\frac{1}{4}}-5^{\frac{3}{2}-\frac{1}{4}}=5^{\frac{5}{12}}-5^{\frac{5}{4}}.$$

例4 利用函数计算器计算(精确到0.001):

(1)$0.2^{1.52}$;(2)3.14^{-2};(3)$3.1^{\frac{2}{3}}$.

解:(计算器型号为fx—82TL)

(1)

按 键	显 示
0.2 [x^y] 1.52 [=]	0.086 609 512

所以$0.2^{1.52}\approx0.087$.

(2)

按 键	显 示
3.14 [x^y] [(−)] 2 [=]	0.101 423 992

所以$3.14^{-2}\approx0.101$.

(3)

按 键	显 示
3.1 [x^y] [(] 2 [ab/c] 3 [)] [=]	2.126 054 84

所以$3.1^{\frac{2}{3}}\approx2.126$.

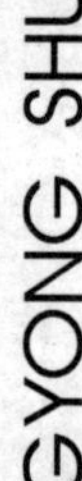

例 5 利用函数计算器计算函数值. 已知 $f(x)=2.71^x$，求 $f(-3)$，$f(-2)$，$f(-1)$，$f(1)$，$f(2)$，$f(3)$（精确到 0.001）.

解:

按 键	显 示
2.71 [x^y] [(−)] 3 [=]	0.050 244 916

所以 $f(-3)\approx 0.050$.

在输入行保持 2.71 [x^y] 不变，依次把 −3 换成 −2（按等号键 [=]），−1（按等号键 [=]），1（按等号键 [=]），2（按等号键 [=]），3（按等号键 [=]），就可得到：0.136 163 723，0.369 003 69，2.71，7.344 1，19.902 511.

所以 $f(-2)\approx 0.136$，$f(-1)\approx 0.369$，$f(1)\approx 2.71$，$f(2)\approx 7.344$，$f(3)\approx 19.903$.

练 习

1. $\frac{25}{16}$的平方根为________；0 的平方根为________；−32 的五次方根为________；

$\frac{8}{27}$的立方根为________；$\frac{16}{81}$的四次方根为________.

2. 用根式的形式表示下列各式（$a>0$）：

(1) $a^{\frac{1}{5}}$；　(2) $a^{\frac{3}{4}}$；　(3) $a^{-\frac{2}{3}}$；　(4) $a^{-\frac{9}{5}}$.

3. 用分数指数幂的形式表示下列各式（式中字母均为正数）：

(1) $\sqrt[3]{x^2}$；　(2) $\sqrt[3]{(m-n)^2}$；　(3) $\sqrt{(m-n)^4}\,(m>n)$；

(4) $\frac{1}{\sqrt[3]{a}}$；　(5) $m^2\cdot\sqrt{m}$；　(6) $\sqrt{a\sqrt{a}}$.

4. 求下列各式的值：

(1) $100^{-\frac{1}{2}}$；　(2) $27^{\frac{2}{3}}$；　(3) $\left(\frac{25}{4}\right)^{-\frac{3}{2}}$；　(4) $\left(\frac{1}{16}\right)^{-4}$.

5. 计算下列各式（式中字母均为正数）：

(1) $(2a^{\frac{2}{3}}b^{\frac{1}{2}})\cdot(-6a^{\frac{1}{2}}b^{\frac{1}{3}})\div(-3a^{\frac{1}{6}}b^{\frac{5}{6}})$；

(2) $\left(\frac{8a^{-3}}{27b^{6}}\right)^{-\frac{1}{3}}$；

(3) $2x^{-\frac{1}{3}}\cdot\left(\frac{1}{2}x^{\frac{1}{3}}-2x^{-\frac{2}{3}}\right)$.

6. 利用函数计算器计算下列各题(精确到小数点后五位):

(1) $\sqrt[100]{2}$; (2) $3^{\frac{8}{25}}$; (3) $0.401\,2^{-\frac{1}{4}}$; (4) $1.141^{1.21}$; (5) $0.030\,1^{0.23}$.

二、指数函数

1. 指数函数的概念

我们来看下面的问题:

某种细胞的分裂规律为,1 个细胞一次分裂成 2 个,1 个这样的细胞分裂 x 次后,得到 y 个与它本身相同的细胞,那么细胞个数 y 与分裂次数 x 的关系是怎样的呢? 请看图 2-8.

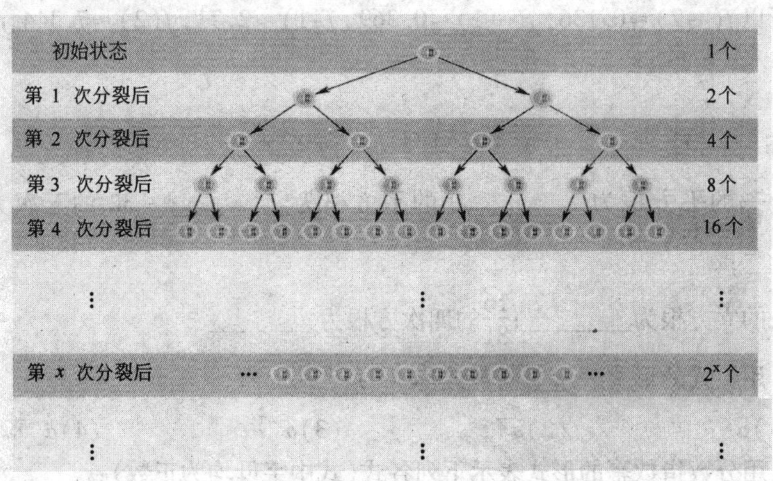

图 2-8

关于细胞分裂问题,分析如下:

初始细胞个数是 1,此时经过的分裂次数是 0,即 $2^0=1$ 个;

经过第 1 次分裂后细胞的总数是 $2^1=2$ 个;

经过第 2 次分裂后细胞的总数是 $2^2=4$ 个;

经过第 3 次分裂后细胞的总数是 $2^3=8$ 个;

经过第 4 次分裂后细胞的总数是 $2^4=16$ 个;

……

经过第 x 次分裂后细胞的总数是 2^x 个.

设细胞总数为 y,有 $y=2^x$.

在函数 $y=2^x$ 中，自变量 x 是指数，底数 2 是一个大于 0 且不等于 1 的常数.

一般地，形如 $y=a^x(a>0$ 且 $a\neq1)$ 的函数叫做**指数函数**，其中 x 是自变量，函数的定义域是 $(-\infty,+\infty)$.

当 $a>0$，x 是一个实数时，a^x 表示一个确定的实数，即 $a^x(a>0)$ 对任意实数 x 都有意义. 所以指数函数的定义域是 $\mathbf{R}$.

在指数函数的定义中为什么要求 $a>0$ 且 $a\neq1$？如果 $a=1$ 或 $a<0$ 是否可以同样定义？如果不能定义，请举例说明之？

2. 指数函数的图像和性质

现在我们研究指数函数 $y=a^x(a>0$ 且 $a\neq1)$ 的图像和性质. 先来研究 $a>1$ 的情况.

例如，我们来画 $y=2^x$ 的图像.

列出 x 和 y 的对应值表（表 2-1），用描点法作出图像（图 2-9）：

表 2-1

x	…	-3	-2	-1	0	1	2	3	…
$y=2^x$	…	$\frac{1}{8}$	$\frac{1}{4}$	$\frac{1}{2}$	1	2	4	8	…

再来研究 $0<a<1$ 的情况.

例如，我们来画 $y=\left(\frac{1}{2}\right)^x$ 的图像，即画 $y=2^{-x}$ 的图像.

列出 x 和 y 的对应值表（表 2-2），用描点法作出图像（图 2-9）：

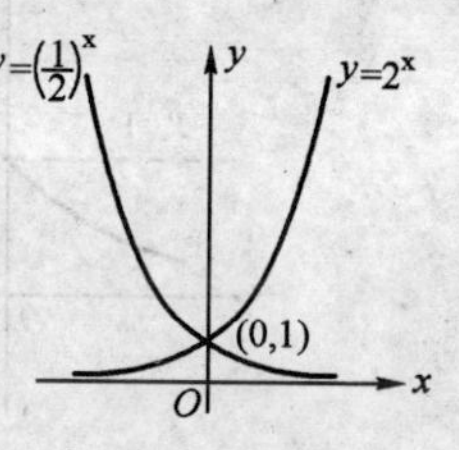

图 2-9

表 2-2

x	…	-3	-2	-1	0	1	2	3	…
$y=\left(\frac{1}{2}\right)^x$	…	8	4	2	1	$\frac{1}{2}$	$\frac{1}{4}$	$\frac{1}{8}$	…

因为 $y=\left(\frac{1}{2}\right)^x=2^{-x}$，所以只要在函数 $y=2^x$ 中，把 x 换成 $-x$，并且根据 $y=$

2^{-x}的图像与 $y=2^x$ 的图像关于 y 轴对称，就可以画出函数 $y=2^{-x}$，也就是 $y=\left(\frac{1}{2}\right)^x$ 的图像(图 2-9)．

函数 $y=2^x$ 的图像与函数 $y=\left(\frac{1}{2}\right)^x$ 的图像(图 2-9)有什么关系？

两函数的图像相同的有：

(1)两个图像都在 x 轴上方，即值域都是 $\mathbf{R}_+$；

(2)两个图像都经过点(0,1)，可见当 $x=0$ 时，这两个函数都有 $y=1$．

两函数的图像不同的有：

函数 $y=2^x$ 的图像沿 x 增大的方向是上升的，所以它在$(-\infty,+\infty)$上是增函数；

函数 $y=\left(\frac{1}{2}\right)^x$ 的图像沿 x 增大的方向是下降的，所以它在$(-\infty,+\infty)$上是减函数．

一般地，指数函数 $y=a^x$ 在底数 $a>1$ 及 $0<a<1$ 这两种情况下的图像如图 2-10 所示．

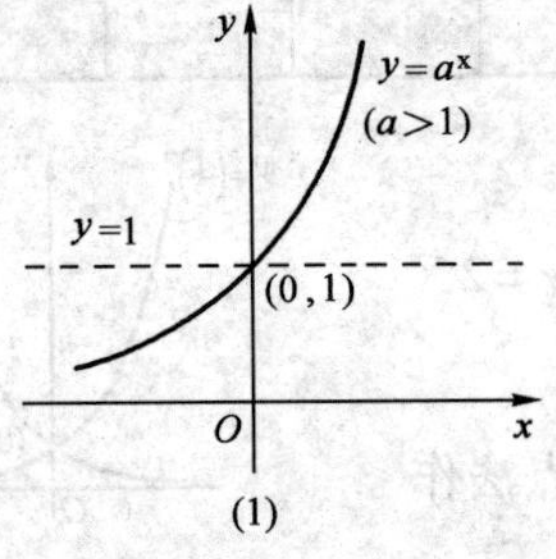

(1)

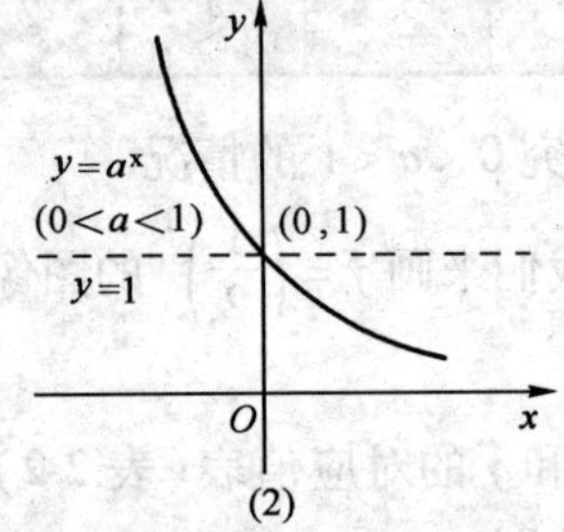

(2)

图 2-10

当 $a>1$ 时，$y=2^x$ 的图像如图 2-10(1)所示；当 $0<a<1$ 时，$y=\left(\frac{1}{2}\right)^x$ 的图像如图 2-10(2)所示．

由图 2-10 可以看出，指数函数 $y=a^x$ 在底数 $a>1$ 及 $0<a<1$ 两种情形下的主要性质如下表(表 2-3)所示：

表 2-3

函数		$y=a^x(a>1)$	$y=a^x(0<a<1)$
主要性质	相同点	(1) $x\in(-\infty,+\infty)$, $y\in(0,+\infty)$	
		(2)当 $x=0$ 时, $y=1$	
	不同点	(3) $x>0$ 时, $y>1$ $x<0$ 时, $0<y<1$	(3) $x>0$ 时, $0<y<1$; $x<0$ 时, $y>1$
		(4)在 $(-\infty,+\infty)$ 内是增函数	(4)在 $(-\infty,+\infty)$ 内是减函数

例 6 利用指数函数的性质比较下列各题中两个实数的大小:

(1) $3^{\frac{1}{2}}$ 和 $3^{\frac{1}{3}}$;　　　　(2) $0.15^{-0.2}$ 和 $0.15^{-0.3}$.

解:(1)因为 $y=3^x$ 在 $(-\infty,+\infty)$ 内是增函数,且 $\frac{1}{2}>\frac{1}{3}$,所以 $3^{\frac{1}{2}}>3^{\frac{1}{3}}$.

(2)因为 $y=0.15^x$ 在 $(-\infty,+\infty)$ 内是减函数,且 $-0.2>-0.3$,所以 $0.15^{-0.2}<0.15^{-0.3}$.

例 7 假设银行中一年定期的存款利率是 3.06%,利息的税率是 20%. 小明把今年的 1 000 元压岁钱存入银行,存取方式为一年期整存整取,而且办理了到期自动转存业务,那么 x 年后到期取出,小明连本带息共有多少元? 由此推算 5 年后小明应取出多少钱?(精确到 0.01).

解:一年后到期取出,连本带息共有:

$1\,000+1\,000\times3.06\%\times(1-20\%)$

$=1\,000\times(1+3.06\%\times80\%)=1\,000\times1.024\,48$ 元.

如果到期自动转存,两年后到期本息共有:

$(1\,000\times1.024\,48)+(1\,000\times1.024\,48)\times3.06\%\times(1-20\%)$

$=1\,000\times1.024\,48\times(1+3.06\%\times80\%)=1\,000\times1.024\,48^2$ 元.

依此类推,x 年后到期取出,本息的和(单位:元)用 y 表示,y 与 x 的关系是 $y=1\,000\times1.024\,48^x$.

将 $x=5$ 代入上式,可得 5 年后取出,连本带息共有:

$1\,000\times1.024\,48^5\approx1\,128.54$ 元.

练　　习

1. 求下列函数的定义域:

(1) $y=5^{3-x}$;　　　　(2) $y=3^{2x}$;

(3) $y=\left(\frac{1}{2}\right)^{5x+1}$；　　　　(4) $y=7^{\frac{1}{x}}$.

2. 在同一直角坐标系中，作出函数 $y=3^x$ 和 $y=\left(\frac{1}{3}\right)^x$ 的图像，并找出其性质的相同点和不同点.

3. 比较下列各题中两个值的大小：

(1) $5^{\frac{1}{2}}$ 和 $5^{\frac{1}{3}}$；　　　　(2) $0.175^{-0.1}$ 和 $0.175^{-0.2}$；

(3) 1.01^3 和 $1.01^{3.5}$；　　　　(4) $0.89^{1.4}$ 和 $0.89^{1.5}$.

4. 某市现有人口 500 万，人口的年自然增长率为 1.2%，10 年后这个城市的人口预计有多少万？x 年后这个城市的人口预计是多少万（精确到 0.01）？

习　题

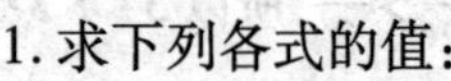

1. 求下列各式的值：

(1) $\sqrt[5]{(-0.1)^5}$；　　(2) $\sqrt{(\pi-4)^2}$；　　(3) $10\,000^{-\frac{3}{4}}$；

(4) $\sqrt[6]{(x-y)^6}\ (x<y)$；　　(5) $121^{\frac{1}{2}}$；　　(6) $\left(\frac{64}{49}\right)^{-\frac{1}{2}}$.

2. 用分数指数幂表示下列各式（式中字母均为正数）：

(1) $\sqrt[3]{(a-b)^2}$；　　(2) $\sqrt{x\sqrt{x\sqrt{x}}}$；

(3) $\sqrt[3]{a^{-1}\cdot\sqrt{b}}$；　　(4) $\sqrt[7]{x^3y^2}$.

3. 计算下列各式（式中字母均为正数）：

(1) $a^{\frac{1}{3}}\cdot a^{\frac{3}{4}}\cdot a^{\frac{7}{12}}$；　　(2) $\left(\frac{16a^2b^{-6}}{2bc^4}\right)^{-\frac{3}{2}}$；

(3) $(-2x^{\frac{1}{4}}y^{-\frac{1}{3}})\times(3x^{-\frac{1}{2}})\times(-4x^{\frac{1}{4}}y^{\frac{2}{3}})$；

(4) $4x^{\frac{1}{4}}\times(-3x^{\frac{1}{4}}y^{-\frac{1}{3}})\div(-6x^{-\frac{1}{2}}y^{-\frac{2}{3}})$；

(5) $(2x^{\frac{1}{2}}+3y^{-\frac{1}{4}})\times(2x^{\frac{1}{2}}-3y^{-\frac{1}{4}})$；

(6) $\frac{a^{\frac{1}{2}}-b^{\frac{1}{2}}}{a^{\frac{1}{2}}+b^{\frac{1}{2}}}+\frac{a^{\frac{1}{2}}+b^{\frac{1}{2}}}{a^{\frac{1}{2}}-b^{\frac{1}{2}}}$；

(7) $125^{\frac{2}{3}}+\left(\frac{1}{2}\right)^{-2}+343^{\frac{1}{3}}-\left(\frac{1}{27}\right)^{-\frac{1}{3}}$；

(8) $\left(\frac{4}{9}\right)^{\frac{1}{2}}+(-5.6)^0-\left(2\frac{10}{27}\right)^{-\frac{2}{3}}+0.125^{-\frac{1}{3}}$.

4. 比较下列各题中两个值的大小：

(1) $\left(\frac{2}{5}\right)^{-\frac{2}{3}}$ 和 $\left(\frac{2}{5}\right)^{-\frac{1}{2}}$；　　(2) $\left(\frac{5}{4}\right)^{-5}$ 和 $\left(\frac{5}{4}\right)^{-4.9}$；

(3) $7^{0.3}$ 和 $7^{0.5}$；　　(4) $0.32^{1.2}$ 和 $0.32^{1.3}$.

5. 下列各数中，哪些大于1？哪些大于0且小于1？

$\left(\frac{5}{4}\right)^{\frac{2}{3}}$；$\left(\frac{2}{3}\right)^{-\frac{5}{6}}$；$\left(\frac{2}{5}\right)^{-\frac{7}{8}}$；$0.13^{0.2}$.

6. 一种放射性物质不断变化为其他物质，每经过一年剩留的质量约是原来的84%，写出这种物质的剩留量随时间变化的函数关系式.

7. 中国人民银行某时段时间内规定的整存整取定期储蓄的年利率如题表2-1：

题表 2-1

存　期	1年	2年	3年	4年
年利率(%)	3.06	3.69	4.41	4.95

个人存款取得的利息应依法纳税20%，现某人存入银行5 000元，存期3年. 试求3年到期后，这个人取得的银行利息是多少？应纳税多少？实际可取出本息多少？

第三节　对数与对数函数

一、对数

1. 对数的概念

在代数式 $a^b=N$ 中，有 a,b,N 三个量. 若已知其中两个量，那么，第三个量是否可以求出？

我们知道，已知 a,b，求 N 是乘方运算；已知 b,N，求 a 是开方运算. 那么，已知 a,N，求 b 是什么运算呢？

例如：(1) 已知 $2^x=8$，求 x；(2) 已知 $2^x=5$，求 x，它们都是已知底数和幂值，求指数的运算. 由于 $2^3=8$，所以(1)中的 $x=3$，但(2)中的 x 是多少呢？要想顺利地解决这个问题，还需要学习新的知识，这也就是我们本节将要学习的主要内容.

在代数式 $a^b=N$ 中，如果 $a^b=N(a>0$ 且 $a\neq1)$，则称 b 是以 a 为底的 N 的**对数**，记作 $\log_a N=b(a>0$ 且 $a\neq1)$. 其中，a 称为**底数**(简称底)，N 称为**真数**.

由对数的定义知，$a^b=N$ 和 $\log_a N=b$ 所表示的三个数 a,b,N 之间的关系是相同的. 把 $a^b=N$ 称为**指数式**，$\log_a N=b$ 称为**对数式**. 例如，指数式 $2^3=8$ 可以写成对数式 $\log_2 8=3$. 这两个等式表示的是同一个关系. 对数式 $x=\log_2 5$ 可以写成指数式 $2^x=5$.

由于 $a>0$，所以 a^b 总是正数，即零和负数没有对数；

由于 $a^0=1$，所以 $\log_a 1=0$，即 1 的对数等于 0；

由于 $a^1=a$，所以 $\log_a a=1$，即底的对数等于 1.

因此，对数具有下述基本性质：

(1) 1 的对数等于 0，即 $\log_a 1=0$；

(2) 底的对数等于 1，即 $\log_a a=1$；

(3) 零和负数没有对数.

对数的恒等式

$$a^{\log_a N}=N\ (a>0,a\neq 1).$$

你能由对数的定义推导出对数的恒等式吗(提示:对数恒等式中指数的底数与对数的底数相同)?

通常把以 10 为底的对数称为**常用对数**. 如 N 的常用对数 $\log_{10}N$ 记作 $\lg N$；在工程技术中常使用以无理数 $e=2.718\ 28\cdots$ 为底的对数，以 e 为底的对数称为**自然对数**，习惯上 N 的自然对数 $\log_e N$ 记作 $\ln N$.

$\lg 10=?$ $\quad \lg 1=?$ $\quad \ln 1=?$ $\quad \ln e=?$

例 1 把下列指数式写成对数式：

(1) $5^4=625$； (2) $\left(\frac{1}{3}\right)^m=5.73$； (3) $2^{-4}=\frac{1}{16}$.

解：(1) $\log_5 625=4$；

(2) $\log_{\frac{1}{3}}5.73=m$；

(3) $\log_2 \frac{1}{16}=-4$.

例 2 把下列对数式写成指数式：

(1) $\log_{\frac{1}{2}}64=-6$；　　(2) $\lg0.01=-2$；　　(3) $\ln10\approx2.303$.

解：(1) $\left(\frac{1}{2}\right)^{-6}=64$；

(2) $10^{-2}=0.01$；

(3) $e^{2.303}\approx10$.

2. 对数的运算性质

我们知道，根据对数的定义，可将对数式

$$\log_a N=b(a>0\text{ 且 }a\neq1, N>0)$$

写成指数式：

$$a^b=N,$$

即　　$\log_a N=b\Leftrightarrow a^b=N(a>0\text{ 且 }a\neq1, N>0)$.

根据这个关系式，我们可以证得对数的运算性质：

设 $a>0$ 且 $a\neq1$，则

(1) $a^m a^n=a^{m+n}\Rightarrow\log_a(a^m a^n)=m+n$；

(2) $\frac{a^m}{a^n}=a^{m-n}\Rightarrow\log_a\left(\frac{a^m}{a^n}\right)=m-n$；

(3) $(a^m)^\alpha=a^{m\alpha}\Rightarrow\log_a(a^m)^\alpha=\alpha m(\alpha\in\mathbf{R})$.

设 $a^m=M, a^n=N$，则 $m=\log_a M, n=\log_a N$，将它们代入上述三个对数式，则得对数的运算性质：

若 $a>0$ 且 $a\neq1, M>0, N>0$，则

(1) $\log_a(MN)=\log_a M+\log_a N$；

(2) $\log_a\frac{M}{N}=\log_a M-\log_a N$；　　(2-2)

(3) $\log_a M^\alpha=\alpha\log_a M(\alpha\in\mathbf{R})$.

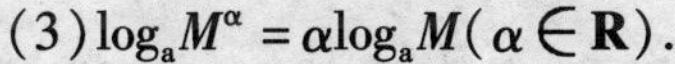

试证明上述对数的运算法则.

上述性质(1)可以推广到多于两个因数之和的情形：

$\log_a(N_1N_2\cdots N_k)=\log_a N_1+\log_a N_2+\cdots+\log_a N_k$.

例 3 计算：

(1) $\lg\sqrt[6]{1\ 000\ 000}$；　　(2) $\log_5\frac{1}{25}$；

(3) $\log_2\sqrt{128}$；　　(4) $\log_3(9^5\times3^3)$.

解：(1) $\lg\sqrt[6]{1\ 000\ 000}=\frac{1}{6}\lg10^6=\frac{6}{6}=1$；

(2) $\log_5\frac{1}{25}=\log_5 1-\log_5 25=0-2=-2$；

(3) $\log_2\sqrt{128}=\log_2 128^{\frac{1}{2}}=\frac{1}{2}\log_2 128=\frac{1}{2}\log_2 2^7=\frac{1}{2}\times7\log_2 2=\frac{7}{2}$；

(4) $\log_3(9^5\times3^3)=\log_3 9^5+\log_3 3^3=5\log_3 3^2+3\log_3 3=10+3=13$.

(2)，(3)，(4)小题还有别的解法吗？如果有，请试一试.

例 4 用 $\log_a x,\log_a y,\log_a z$ 表示下列各式：

(1) $\log_a x^3y^5$；　　(2) $\log_a\frac{x^2\sqrt{y}}{\sqrt[3]{z}}$.

解：(1) $\log_a x^3y^5=\log_a x^3+\log_a y^5=3\log_a x+5\log_a y$.

(2) $\log_a\frac{x^2\sqrt{y}}{\sqrt[3]{z}}=\log_a x^2+\log_a\sqrt{y}-\log_a\sqrt[3]{z}$

$=2\log_a x+\frac{1}{2}\log_a y-\frac{1}{3}\log_a z$.

练　　习

1. 把下列各题的指数式写成对数式：

(1) $3^x=7$；　　(2) $2^5=32$；

(3) $10^x=25$；　　(4) $e^x=\frac{1}{6}$；

(5) $5^x=25$；　　(6) $2^x=\frac{1}{2}$.

2. 把下列各题的对数式写成指数式：

(1) $\log_3 9=2$；　　(2) $\log_5 125=3$；

(3) $x=\lg5$；　　(4) $x=\ln0.4$；

(5) $x=\log_4 3$;　　(6) $x=\log_7 \frac{1}{3}$.

3. 计算：

(1) $\log_{0.4}1$;　　(2) $\log_7 \sqrt[3]{49}$;

(3) $\log_3(27\times 9^2)$;　　(4) $\log_3 5-\log_3 15$;

(5) $\lg\frac{1}{4}-\lg 25$;　　(6) $2\log_5 10+\log_5 0.25$.

4. 用 $\log_a x,\log_a y,\log_a z,\log_a(x+y),\log_a(x-y)$ 表示下列各式：

(1) $\log_a xy^{\frac{1}{2}}z^{-\frac{2}{3}}$;　　(2) $\log_a x\cdot\sqrt[4]{\frac{z^3}{y^2}}$;　　(3) $\log_a\left(\frac{x+y}{x-y}\cdot y\right)$.

二、对数函数

1. 对数函数的概念

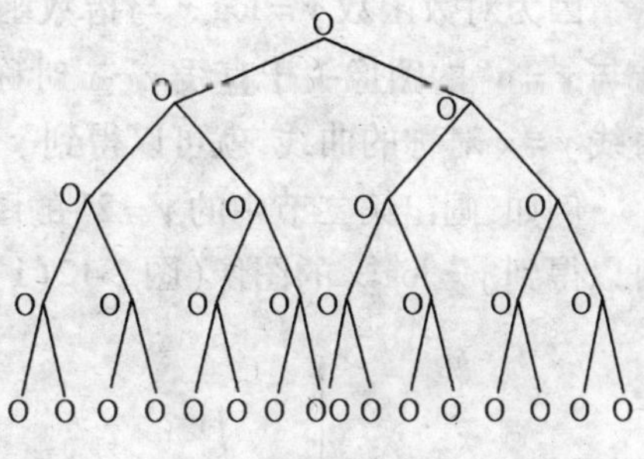

图 2-11

我们学习指数函数时，曾讨论过细胞分裂问题. 某种细胞分裂时，其分裂规律为：1 个细胞经第 1 次分裂成为 2 个；经过第 2 次分裂成为 4 个……所得细胞的个数 y 与分裂次数 x 的关系是指数函数 $y=2^x$. 现在来研究相反的问题：1 个这样的细胞（图 2-11），第几次分裂后恰好出现 16 个细胞？经过多少次分裂可以得到 1 024个？8 192 个？……这时，分裂次数 x 就是细胞个数 y 的函数，根据对数的定义，这个函数可以写成对数的形式是

$$x=\log_2 y.$$

如果用 x 表示自变量，y 表示函数，这个函数就是 $y=\log_2 x$. 由反函数的定义知，$y=\log_2 x$ 与指数函数 $y=2^x$ 互为反函数.

一般地，函数 $y=\log_a x(a>0$ 且 $a\neq 1)$ 就是指数函数 $y=a^x(a>0$ 且 $a\neq 1)$ 的反函数. 因为互为反函数的两个函数的定义域和值域是互置关系，而指数函数 $y=a^x$ 的定义域是 $x\in(-\infty,+\infty)$，值域是 $y\in(0,+\infty)$，所以，函数 $y=\log_a x$ 的定义域是 $(0,+\infty)$，值域是 $(-\infty,+\infty)$.

形如 $y=\log_a x(a>0$ 且 $a\neq 1)$ 的函数叫做**对数函数**. 其中 x 是自变量，函数的定义域是 $(0,+\infty)$，值域是 $(-\infty,+\infty)$.

例 5　求函数 $y=\log_a\sqrt{3x-1}$ 的定义域.

解:欲使原函数有意义,须使 $3x-1>0$,

$$即\ x>\frac{1}{3},$$

所以原函数的定义域为 $\left(\frac{1}{3},+\infty\right)$.

2. 对数函数的图像和性质

互为反函数的两个函数图像之间有什么关系?你能否利用 $y=a^x$ 的图像作出 $y=\log_a x$ 的图像?

因为对数函数 $y=\log_a x$ 与指数函数 $y=a^x$ 互为反函数,所以 $y=\log_a x$ 的图像与 $y=a^x$ 的图像关于直线 $y=x$ 对称. 因此,我们只要画出和 $y=a^x$ 的图像关于直线 $y=x$ 对称的曲线,就可以得到 $y=\log_a x$ 的图像.

例如,画出第二节中的 $y=2^x$ 的图像(图 2-9)关于直线 $y=x$ 对称的曲线,就可以得到 $y=\log_2 x$ 的图像(图 2-12(1)).

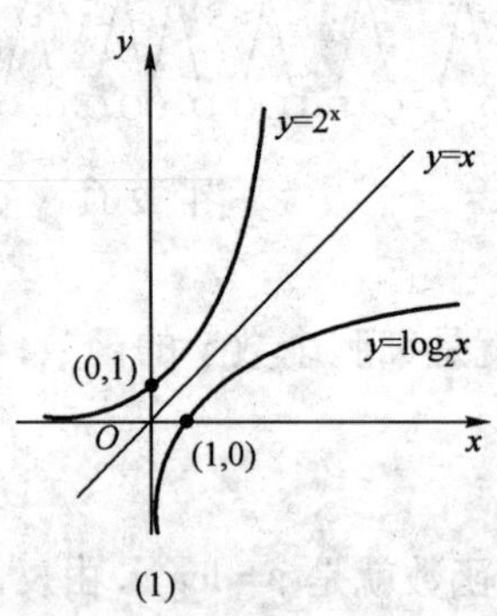

(1)

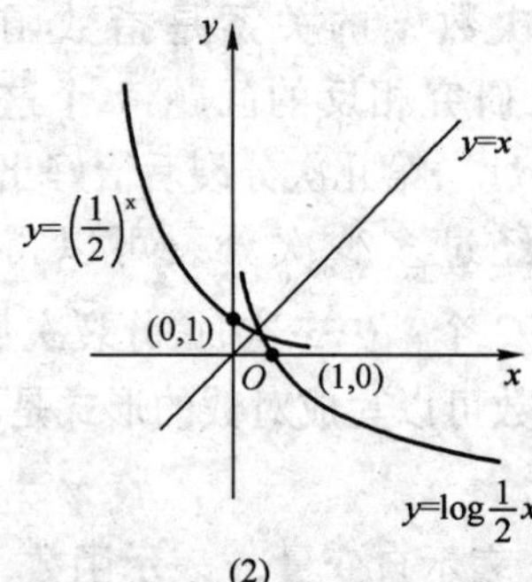

(2)

图　2-12

用同样的方法,画出与 $y=\left(\frac{1}{2}\right)^x$ 的图像(图 2-9)关于直线 $y=x$ 对称的曲线,就可以得到 $y=\log_{\frac{1}{2}}x$ 的图像(图 2-12(2)).

一般地,对数函数 $y=\log_a x$ 在其底数 $a>1$ 及 $0<a<1$ 这两种情况下的图像和性质如下表(表 2-4)所示.

表 2-4

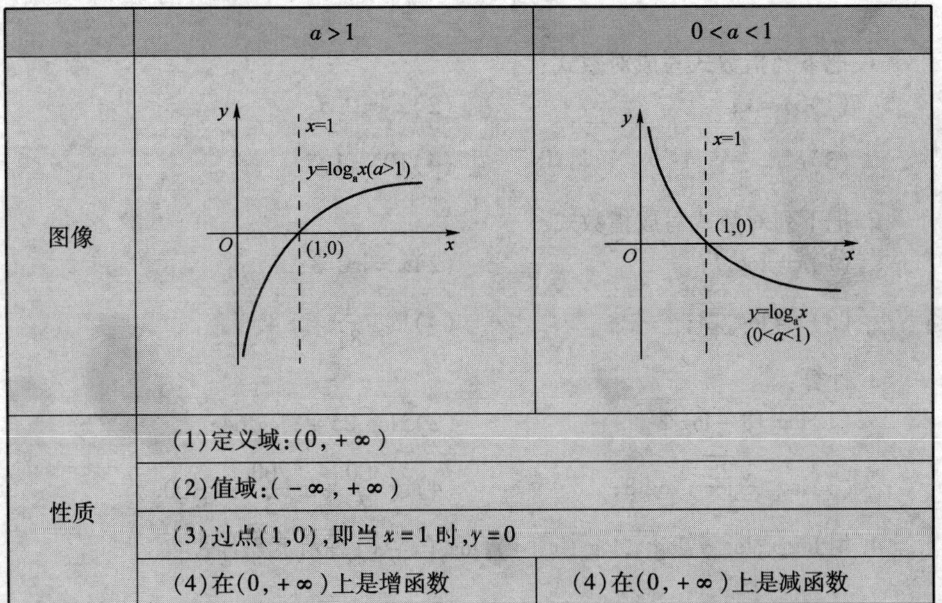

	$a>1$	$0<a<1$
图像		
性质	(1)定义域:$(0,+\infty)$	
	(2)值域:$(-\infty,+\infty)$	
	(3)过点$(1,0)$,即当$x=1$时,$y=0$	
	(4)在$(0,+\infty)$上是增函数	(4)在$(0,+\infty)$上是减函数

例 6 比较下列各组数中两个值的大小:

(1)$\log_3 2$ 和 $\log_3 2.5$;(2)$\log_{0.7}3.14$ 和 $\log_{0.7}\pi$.

解:(1)因为 $y=\log_3 x$ 在$(0,+\infty)$内是增函数,而 $2<2.5$,所以 $\log_3 2<\log_3 2.5$;

(2)因为 $y=\log_{0.7}x$ 在$(0,+\infty)$内是减函数,而 $3.14<\pi$,所以 $\log_{0.7}3.14>\log_{0.7}\pi$.

练　　习

1. 求下列函数的定义域:

(1)$y=\log_5(1+x)$;　　(2)$y=\sqrt{\log_3 x}$;

(3)$y=\dfrac{1}{\log_2 x}$;　　(4)$y=\log_7\dfrac{1}{1-3x}$.

2. 画出函数 $y=\log_3 x$ 及 $y=\log_{\frac{1}{3}}x$ 的图像,并说明这两个函数的相同性质和不同性质.

3. 比较下列各题中两个值的大小:

(1)$\log_{1.5}1.6$ 和 $\log_{1.5}1.4$;　　(2)$\log_{\frac{1}{3}}2$ 和 $\log_{\frac{1}{3}}2.5$;

(3)$\log_2\sqrt{2}$ 和 $\log_2\sqrt{3}$;　　(4)$\log_{0.5}6$ 和 $\log_{0.5}4$.

习　题

1. 把下列指数式写成对数式：

(1) $3^x=1$；　　(2) $2^x=0.5$；

(3) $e^x=\frac{1}{3}$；　　(4) $10^x=125$.

2. 把下列对数式写成指数式：

(1) $x=\log_8 7$；　　(2) $x=\lg 0.3$；

(3) $x=\log_{0.2}3$；　　(4) $\log_3 \frac{1}{81}=-4$.

3. 计算：

(1) $\log_3 18-\log_3 2$；　　(2) $2\log_5 25+3\log_2 64$；

(3) $\log_5 \frac{\sqrt[3]{25}}{5}\cdot\log_2 8$；　　(4) $\lg\frac{300}{7}+\lg\frac{700}{3}+\lg 100$.

4. 用 $\log_a x,\log_a y,\log_a z,\log_a(x+y),\log_a(x-y)$ 表示下列各式：

(1) $\log_a \frac{\sqrt[3]{x}}{y^2 z}$；　　(2) $\log_a \frac{xy}{x^2-y^2}$；

(3) $\log_a\left[\frac{y}{x(x-y)}\right]^3$；　　(4) $\log_a\left(x\sqrt[4]{\frac{z^3}{y^2}}\right)$；

(5) $\log_a\left(\frac{x+y}{x-y}\cdot y\right)$；　　(6) $\log_a(xy^{\frac{1}{2}}z^{\frac{2}{3}})$.

5. 已知 $\lg 2=0.3010,\lg 3=0.4771$，求下列各数的对数（精确到小数点后第四位）：

(1) $\lg 6$；　　(2) $\lg 4$；　　(3) $\lg 12$；

(4) $\lg\frac{3}{2}$；　　(5) $\lg\sqrt{3}$；　　(6) $\lg 32$.

6. 求下列函数的定义域：

(1) $y=\sqrt[3]{\log_2 x}$；　　(2) $y=\sqrt{\lg(x-1)}$；

(3) $y=\sqrt{x^2+3x+2}+\log_2(3x)$.

7. 比较下列各题中两个值的大小：

(1) $\log_{\frac{2}{3}}0.5$ 和 $\log_{\frac{2}{3}}0.6$；　　(2) $\log_{\frac{1}{5}}6$ 和 $\log_{\frac{1}{5}}7$；

(3) $\log_3\sqrt{5}$ 和 $\log_3\sqrt{6}$；　　(4) $\log_2 1$ 和 $\log_3 1$.

8. 一台机器的价值是 50 万元，如果每年的折旧率是 4.5%（就是每年减少它的价值的4.5%),那么约经过多少年,它的价值降为20万元(结果保留两位有效数字)?

9. 某种产品销售收入 R 与广告支出 A 有关系式:$R=10^{\frac{1}{2}\lg A+\lg 25}$. 试比较当 A 取值 $A_1=100$, $A_2=156.25$, $A_3=169$ 时,所得纯利润的大小.

对数的发明

对数是初等数学中的重要内容,那么当初是谁首创"对数"这种高级运算的呢?在数学史上,一般认为对数的发明者是16世纪末至17世纪初的苏格兰数学家——纳皮尔(Napier,1550—1617).

在纳皮尔所处的年代,哥白尼的"太阳中心说"刚刚开始流行,这导致天文学成为当时的热门学科 可是由于当时常量数学的局限性,天文学家们不得不花费很大的精力去计算那些繁杂的"天文数字",因此,浪费了若干年甚至毕生的宝贵时间.纳皮尔也是当时的一位天文爱好者,为了简化计算,他多年潜心研究大数字的计算技术,终于独立发明了对数.

当然,纳皮尔所发明的对数,在形式上与现代数学中的对数理论并不完全一样.在纳皮尔那个时代,"指数"这个概念还尚未形成,因此,纳皮尔并不是像现行代数课本中那样,通过指数来引出对数,而是通过研究直线运动得出对数概念的.

那么,当时纳皮尔所发明的对数运算,是怎么一回事呢?在那个时代,计算多位数之间的乘积,还是十分复杂的运算,因此,纳皮尔首先发明了一种计算特殊多位数之间乘积的方法.让我们来看看下面这个例子:

0、1、2、3、4、5、6、7、8、9、10、11、12、13、14…

1、2、4、8、16、32、64、128、256、512、1 024、2 048、4 096、8 192、16 384…

这两行数字之间的关系是极为明确的:第一行表示2的指数,第二行表示2的对应幂.

如果我们要计算第二行中两个数的乘积,可以通过第一行对应数字的加和来实现.

比如,计算 64×256 的值,就可以先查询第一行的对应数字:64对应6,256对应8;然后再把第一行中的对应数字加和起来:$6+8=14$;第一行中的14,对应第二行中的16 384,所以有:$64\times256=16\ 384$.

纳皮尔的这种计算方法,实际上已经完全是现代数学中"对数运算"的思想了.回忆一下,我们在中学学习“运用对数简化计算”的时候,采用的不正是这种思路吗:计算两个复杂数的乘积,先查《常用对数表》,找到这两个复杂数的常用对数,再把这两个常用对数值相加,再通过《常用对数的反对数表》查出加和值的反对数值,就是原先那两个复杂数的乘积了.这种“化乘除为加减”,从而达到简化计算的思路,不正是对数运算的明显特征吗?

经过多年的探索,纳皮尔于1614年出版了他的名著《奇妙的对数定律说明书》,向世人公布了他的这项发明,并且解释了这项发明的特点.利用对数,纳皮尔制作了0°~90°每隔1分的八位三角函数表.

将对数加以改造使之广泛流传的是纳皮尔的朋友布里格斯,他通过研究《奇妙的对数定律说明书》,感到其中的对数用起来很不方便,于是与纳皮尔商定,使1的对数为0,10的对数为1,这样就得到了现在意义的以10为底的常用对数,由于我们的数是十进制,因此它在数值计算上具有优越性,1624年,布里格斯出版了《对数算术》,公布了10为底包含1至20 000及90 000至100 000的14位常用对数表.

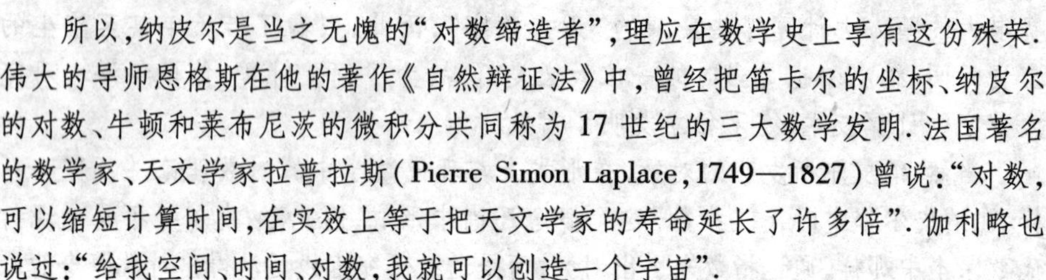

所以,纳皮尔是当之无愧的“对数缔造者”,理应在数学史上享有这份殊荣.伟大的导师恩格斯在他的著作《自然辩证法》中,曾经把笛卡尔的坐标、纳皮尔的对数、牛顿和莱布尼茨的微积分共同称为17世纪的三大数学发明.法国著名的数学家、天文学家拉普拉斯(Pierre Simon Laplace,1749—1827)曾说:“对数,可以缩短计算时间,在实效上等于把天文学家的寿命延长了许多倍”.伽利略也说过:“给我空间、时间、对数,我就可以创造一个宇宙”.

本 章 小 结

1.函数与反函数

(1)**函数**:任取$x \in D$,按照对应法则f,若存在唯一的$y \in M$与它对应,则称y是x的函数,记作$y=f(x)$.D是函数的定义域,M是函数的值域.

①**函数的图像**:点集$\{(x,y) \mid x \in D, y=f(x) \in M\}$.

②**函数的单调性**:

设$f(x)$的定义域为D,$G \subseteq D$,任取$x_1, x_2 \in G$,当$x_1 < x_2$时,

a.若$f(x_1) < f(x_2)$,则称$f(x)$在区间G上是增函数;

b.若$f(x_1) > f(x_2)$,则称$f(x)$在区间G上是减函数.

③**函数的奇偶性**:设$f(x)$的定义域D关于原点对称,任取$x \in D$,

a.若$f(-x) = -f(x)$,则称$f(x)$是奇函数;

b. 若 $f(-x)=f(x)$，则称 $f(x)$ 是偶函数.

(2) **反函数**：设函数 $y=f(x)$ 的定义域为 D，值域为 M. 任取 $y\in M$，若由 $y=f(x)$ 确定唯一的 x 与它对应，则称这个以 y 为自变量的函数是 $y=f(x)$ 的反函数，记作 $x=f^{-1}(y)$. 按照习惯把字母 x,y 对调以后得到的函数 $y=f^{-1}(x)$ 就是函数 $y=f(x)$ 的反函数.

若 $y=f(x)$ 有反函数 $y=f^{-1}(x)$，则 $y=f(x)$ 也是 $y=f^{-1}(x)$ 的反函数.

反函数 $y=f^{-1}(x)$ 的定义域、值域分别是函数 $y=f(x)$ 的值域、定义域.

函数 $y=f(x)$ 的图像和它的反函数 $y=f^{-1}(x)$ 的图像关于直线 $y=x$ 对称.

2. 指数与对数

(1) **分数指数幂**：$a^{\frac{m}{n}}=\sqrt[n]{a^m}(a>0,m,n\in\mathbf{N}^+,n>1)$.

$$a^{-\frac{m}{n}}=\frac{1}{a^{\frac{m}{n}}}(a>0,m,n\in\mathbf{N}^+,n>1).$$

零的正分数指数幂等于零，零的负分数指数幂无意义.

(2) **对数**：若 $a^b=N(a>0$ 且 $a\neq1)$，则 $\log_a N=b$.

(3) **指数、对数的运算性质**：

指数运算性质	对数运算性质
$a^\alpha a^\beta=a^{\alpha+\beta}$	$\log_a(MN)=\log_a M+\log_a N$
$(a^\alpha)^\beta=a^{\alpha\beta}$	$\log_a\frac{M}{N}=\log_a M-\log_a N$
$(ab)^\alpha=a^\alpha b^\alpha$	$\log_a M^\alpha=\alpha\log_a M(\alpha\in\mathbf{R})$
$(a,b>0,\alpha,\beta\in\mathbf{R})$	$(a>0$ 且 $a\neq1,M,N>0)$

3. 指数函数与对数函数

(1) 指数函数与对数函数的图像(图 2-13)

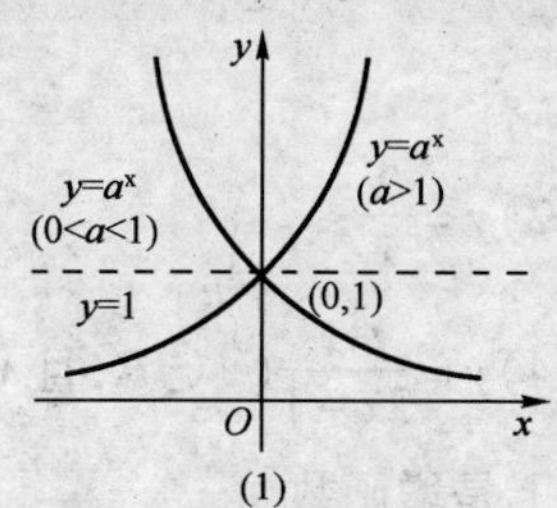

(1)

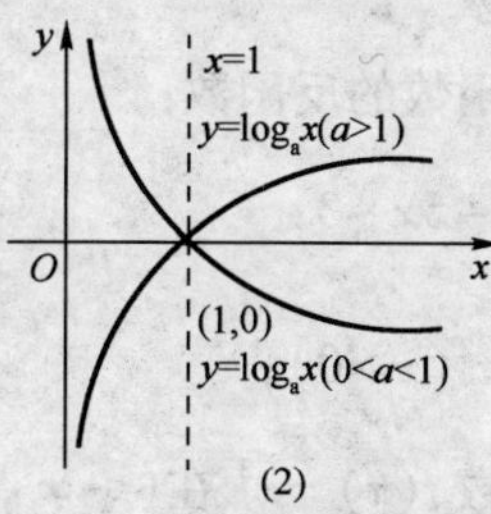

(2)

图 2-13

(2)指数函数与对数函数的性质

函数	$y=a^x(a>0$ 且 $a\neq1)$	$y=\log_a x(a>0$ 且 $a\neq1)$
主要性质	定义域:$x\in(-\infty,+\infty)$; 值域:$y\in(0,+\infty)$; 当 $x=0$ 时,$y=1$; 当 $a>1$ 时,在 $(-\infty,+\infty)$ 内是增函数; 当 $0<a<1$ 时,在 $(-\infty,+\infty)$ 内是减函数	定义域:$x\in(0,+\infty)$; 值域:$y\in(-\infty,+\infty)$; 当 $x=1$ 时,$y=0$; 当 $a>1$ 时,在 $(0,+\infty)$ 内是增函数; 当 $0<a<1$ 时,在 $(0,+\infty)$ 内是减函数

复习题

1. 举出几个实际生活中的函数的例子,并说明相应于这些函数的定义域和值域各是什么?

2. 画出下列函数的图像:

(1) $f(x)=\begin{cases}0, & 当\ x<1\\ x, & 当\ x\geqslant1\end{cases}$;　　(2) $g(x)=x|x-2|, x\in\mathbf{R}$.

3. 求下列函数的定义域:

(1) $y=\sqrt{2x-3}$;　　(2) $y=\sqrt{\dfrac{2x+1}{3x-4}}$;

(3) $y=\sqrt{5x+3}+\dfrac{2x+1}{2x-1}$;　　(4) $y=\dfrac{3}{\sqrt{x^2-5x+6}}$;

(5) $y=\dfrac{2^x+1}{2^x-1}$;　　(6) $y=\log_2\dfrac{1}{x-1}$.

4. 求下列函数的反函数:

(1) $y=-5x-3$;　　(2) $y=\dfrac{2}{x}$;

(3) $y=x^2(x\geqslant0)$;　　(4) $y=\dfrac{3x}{2x-1}\left(x\in\mathbf{R}, 且\ x\neq\dfrac{1}{2}\right)$.

5. 证明函数 $f(x)=x^3$ 在 $(-\infty,+\infty)$ 上是增函数.

6. 下列函数哪些是奇函数或偶函数?哪些既不是奇函数也不是偶函数?

(1) $f(x)=5x$;　　(2) $f(x)=x^2+1$;

(3) $f(x)=\frac{1}{x^2}+2x^4$;　(4) $f(x)=x+\frac{1}{x^3}$;

(5) $f(x)=x^2+2x+1$;　(6) $f(x)=x+3$.

7. 计算下列各式:

(1) $3\sqrt{3}\sqrt[4]{3}\sqrt[8]{3}$;　(2) $\log_2(\log_2 32-\log_2\frac{3}{4}+\log_2 6)$;

(3) $0.027^{-\frac{1}{3}}+\left(3\frac{3}{8}\right)^{-\frac{2}{3}}$;　(4) $\log_3 6+\log_3 5-\log_3 10$;

(5) $\left(\frac{81b^4}{16a^8}\right)^{-\frac{3}{4}}$;　(6) $\sqrt[3]{\frac{x\sqrt{\frac{y}{x}}}{y}}$.

8. 已知 $f(x)=2^x$,求证: $f(a)\cdot f(b)=f(a+b)$.

9. 已知下列不等式成立,比较 m,n 的大小:

(1) $2^m<2^n$;　(2) $0.2^m>0.2^n$;

(3) $a^m<a^n(0<a<1)$;　(4) $a^m>a^n(a>1)$.

10. 在同一个直角坐标系内画出函数 $y=\left(\frac{1}{3}\right)^x$ 和 $y=\log_2 x$ 的图像,并根据图像分别写出这两个函数的定义域、值域及函数的增减性.

第三章　三 角 函 数

1. 了解任意角的概念、弧度的意义；能正确地进行弧度与度的换算.

2. 掌握任意角的正弦、余弦、正切的定义；了解单位圆和三角函数线.

3. 掌握同角三角函数的基本关系式.

4. 掌握正弦、余弦的诱导公式，会运用诱导公式进行简单的计算和化简.

5. 掌握两角和与差的正弦、余弦、正切公式，二倍角的正弦、余弦、正切公式；通过公式的推导，了解它们的内在联系，能运用和(差)角公式和二倍角公式进行简单的计算与化简.

6. 能画正弦函数、余弦函数、正切函数的图像，理解周期函数与最小正周期的意义；通过图像理解正弦函数、余弦函数、正切函数的性质；会用“五点法”画正弦函数、余弦函数和函数 $y = A\sin(\omega x + \varphi)$ 的简图，理解 A、ω、φ 的物理意义.

7. 能根据已知三角函数值求角，并会用反三角符号 $\arcsin x$、$\arccos x$ 表示角.

8. 通过对直角三角形的边长和角度关系推广到任意三角形边长和角度关系的探索，掌握正弦定理和余弦定理，并能运用正弦定理和余弦定理等知识和方法解决一些简单的三角形实际问题.

第一节　任意角的三角函数

一、角的概念的推广

1. 任意角的概念

初中所学的角是怎样定义的呢?

我们在初中学过，在平面内，角可以看作一条射线绕着它的端点旋转而成的图形. 如图 3-1 所示，一条射线的端点是 O，它从起始位置 OA 按逆时针方向旋转到终止位置 OB，形成一个角 α，点 O 称为**角 α 的顶点**，射线 OA 称为**角 α 的始边**，射线 OB 称为**角 α 的终边**.

图 3-1

初中学过的角 α 的范围是 $0°\leqslant\alpha\leqslant360°$，但在实际生活中还会用到其他的角，例如，在汽车驾驶中，转向盘（图 3-2）经常要向左或向右旋转，并且旋转有时还不止一圈；如图 3-3 所示，在日常生活中，经常需要把螺母拧紧或拧松，并且紧或松的过程往往不止旋转一周；在体操或跳水中，有“转体 3 周”、“前滚翻屈体 2 周半”等这样的动作名称. 这就说明，既需要研究角的方向，又需要研究大于 360°的角.

图 3-2

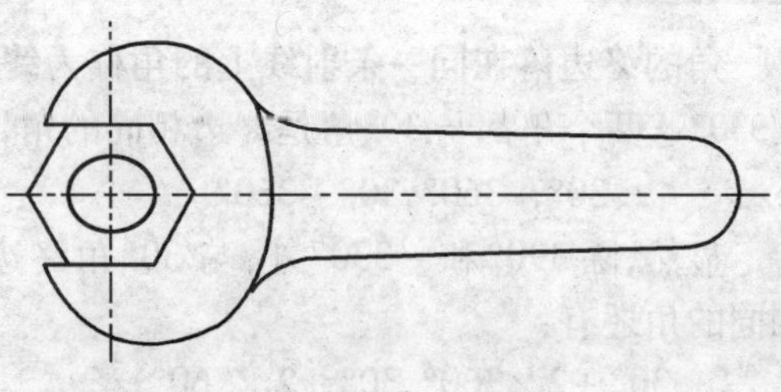

图 3-3

请你再列举在日常生活中还会用到哪些其他的角.

在平面内，一条射线绕着它的端点旋转有两个相反的转向，即顺时针和逆时针方向. 我们规定，按逆时针方向旋转而成的角叫做**正角**；按顺时针方向旋转而成的角叫做**负角**. 特别当一条射线没有做任何旋转时，我们称它为**零角**. 例如，图 3-1中的角 α 是一个正角. 钟表的时针或分针在旋转时所成的角总是负角. 为了简便起见，在不引起混淆的前提下，“角 α”或“$\angle\alpha$”可以简记成“α”.

角的概念经过这样推广以后，包括任意大小的正角、负角和零角，它们统称为**任意角**.

今后我们常在直角坐标系内讨论角，通常使角的顶点与坐标原点重合，角的

始边与 x 轴的正半轴重合，它的终边落在第几象限，我们就称这个角是**第几象限角**．当角 α 分别是第一、二、三、四象限角时，分别记作 $\alpha \in \mathrm{I}$，$\alpha \in \mathrm{II}$，$\alpha \in \mathrm{III}$，$\alpha \in \mathrm{IV}$．

终边落在 x 轴、落在 y 轴上的角是象限角吗（提示：x 轴、y 轴不属于任何一个象限）？

2．终边相同的角

如图 3-4 所示，30°角与 390°角的终边有什么特征？

角的终边落在同一条射线上的角称为**终边相同的角**．如图 3-4 所示，390°和 −330°这两个角都与 30°角是终边相同的角，它们可分别写成下列形式：

$$30°+360°，30°-360°.$$

显然，除 390°和 −330°外，与 30°角终边相同的角还有：

$$30°+2\times360°，30°-2\times360°；$$
$$30°+3\times360°，30°-3\times360°；$$
$$\cdots$$

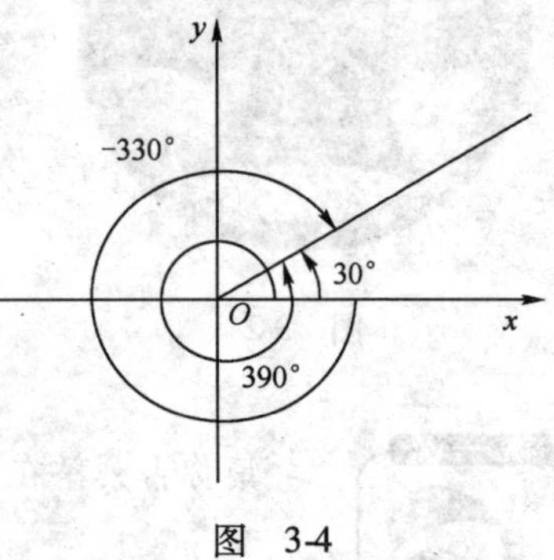

图　3-4

由于这些角彼此相差 360°的整数倍，所以与 30°角终边相同的角（包括 30°角在内），可以用一般形式表示为：

$$30°+k\cdot360°，k\in\mathbf{Z}.$$

当 $k=0$、1、−1 时，它分别表示 30°、390°、−330°的角．

设 $S=\{\beta|\beta=30°+k\cdot360°，k\in\mathbf{Z}.\}$，则 30°、390°、−330°角都是 S 的元素．容易看出：所有与 30°角终边相同的角，连同 30°角在内，都是集合 S 的元素；反过来，集合 S 的任一元素显然与 30°角终边相同．

一般地，所有与角 α 终边相同的角，连同角 α 在内，可构成一个集合

$$S=\{\beta|\beta=\alpha+k\cdot360°，k\in\mathbf{Z}\}，$$

即任一与角 α 终边相同的角，都可以表示成角 α 与整个周角的整数倍之和．

例 1　把下列各角写成 $\alpha+k\cdot360°(0°\leqslant\alpha<360°，k\in\mathbf{Z})$ 的形式，并判定它们分别是第几象限角：

(1)363°;　　　　　　　　(2) $-750°$.

解:(1)∵ $360° = 3° + 1 \times 360°$,∴ 3°是与363°终边相同的角.

又∵ 3°是第一象限的角,∴ 363°也是第一象限的角.

(2)∵ $-750° = 330° - 3 \times 360°$,∴ 330°是与 $-750°$终边相同的角.

又∵ 330°是第四象限的角,∴ $-750°$也是第四象限的角.

例2　在0°~360°范围内,找出与下列各角终边相同的角,并判定它们分别是第几象限角:

(1)580°;　　　　　　　　(2) $-920°$.

解:(1)∵ $580° = 220° + 360°$

∴ 与580°角终边相同的角是220°,它是第三象限角.

(2)∵ $-920° = 160° - 3 \times 360°$,

∴ 与 $-920°$角终边相同的角是160°,它是第二象限角.

例3　写出终边落在 y 轴上的角的集合(用0°~360°的角表示).

解:在0°~360°范围内,终边在 y 轴上的角有两个,即90°、270°角(图3-5).因此,所有与90°角终边相同的角构成集合

$$S_1 = \{\beta | \beta = 90° + k \cdot 360°, k \in \mathbf{Z}\}$$
$$= \{\beta | \beta = 90° + 2k \cdot 180°, k \in \mathbf{Z}\},$$

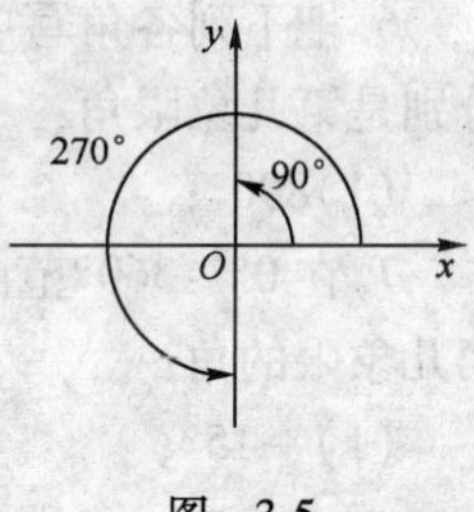

图 3-5

而所有与270°角终边相同的角构成集合

$$S_2 = \{\beta | \beta = 270° + k \cdot 360°, k \in \mathbf{Z}\}$$
$$= \{\beta | \beta = 90° + 180° + 2k \cdot 180°, k \in \mathbf{Z}\}$$
$$= \{\beta | \beta = 90° + (2k+1) \cdot 180°, k \in \mathbf{Z}\},$$

于是,终边在 y 轴上的角的集合

$$S = S_1 \cup S_2$$
$$= \{\beta | \beta = 90° + 2k \cdot 180°, k \in \mathbf{Z}\} \cup \{\beta | \beta = 90° + (2k+1) \cdot 180°, k \in \mathbf{Z}\}$$
$$= \{\beta | \beta = 90° + 180°\text{的偶数倍}\} \cup \{\beta | \beta = 90° + 180°\text{的奇数倍}\}$$
$$= \{\beta | \beta = 90° + 180°\text{的整数倍}\}$$
$$= \{\beta | \beta = 90° + n \cdot 180°, n \in \mathbf{Z}\},$$

0°~360°是指 $0° \leqslant \alpha < 360°$.

练　　习

1.（口答）判断下列命题的真假：

（1）小于 90° 的角是锐角；

（2）锐角是第一象限的角；

（3）第一象限的角都是锐角；

（4）相等角的终边一定重合；

（5）终边相同的角一定相等；

（6）一个角必属于某个象限.

2.（口答）今天是星期一，那么 $7k$（$k\in \mathbf{Z}$）天后的那一天是星期几？$7k$（$k\in \mathbf{Z}$）天前的那一天是星期几？

3. 在汽车驾驶时，转向盘向左打两圈是多少度？向右打一圈又是多少度？

4. 下列各角中，终边在第二象限的是（　　）.

A. 390°　　B. 523°　　C. $1\,001^\circ$　　D. -750°

5. 写出终边落在 x 轴上的角的集合（用 $0^\circ\sim360^\circ$ 的角表示）.

6. 把下列各角写成 $\alpha+k\cdot360^\circ$（$0^\circ\leqslant\alpha<360^\circ$，$k\in \mathbf{Z}$）的形式，并判定它们分别是第几象限角：

（1）890°；　　（2）-170°；　　（3）500°.

7. 在 $0^\circ\sim360^\circ$ 范围内，找出与下列各角终边相同的角，并指出它们分别是第几象限的角：

（1）-15°；　　（2）$1\,000^\circ$；　　（3）$-1\,400^\circ$.

二、弧度制

初中几何中的角度制是怎样定义的呢？

我们在初中几何里学习过角的度量，把一圆周 360 等份，其中每一等份所对的圆心角是 1 度的角，记作 1°. 这种用度作单位来度量角的单位制称为**角度制**. 下面，我们再介绍在数学和其他学科中常用的另一种度量角的单位制——**弧度制**.

定义　我们把长度等于半径长的弧所对的圆心角叫做 **1 弧度的角**，记作 **1rad**，**rad** 是单位符号，读作**弧度**.

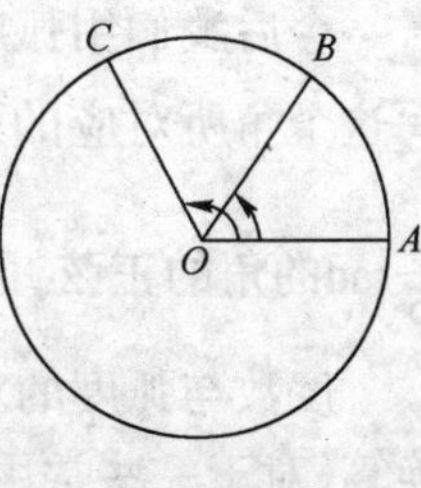

图 3-6

我们将这种以弧度作为单位来度量角的单位制，叫做**弧度制**.

如图 3-6 所示，设圆的半径为 r. 若弧 AB 的长等于 r，则 $\angle AOB = 1\text{rad}$；若弧 AB 的长等于 $2r$，则 $\angle AOB = \frac{l}{r} = \frac{2r}{r} = 2\text{rad}$.

当圆心角为周角时，它所对的弧（即圆周）的长 $l = 2\pi r$，所以周角的弧度数是

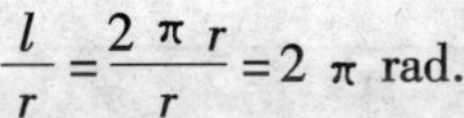

$$\frac{l}{r} = \frac{2\pi r}{r} = 2\pi \text{ rad}.$$

(1) 当圆心角为平角时，它的弧度数又是多少呢？

(2) 当圆心角为直角时，它的弧度数又是多少呢？

于是我们可得到角度制与弧度制的换算关系：

(1) **把角度换成弧度** 因为周角的弧度数是 2π rad，而在角度制下它是 360°，所以

$$\begin{aligned} 360° &= 2\pi \text{ rad} \\ 180° &= \pi \text{ rad} \\ 1° &= \frac{\pi}{180}\text{rad} \end{aligned} \qquad (3\text{-}1)$$

(2) **把弧度换成角度** 把上面三个关系式中的前两个反过来写，就可以得到：

$$\begin{aligned} 2\pi \text{ rad} &= 360° \\ \pi \text{ rad} &= 180° \\ 1\pi \text{ rad} &= \left(\frac{180}{\pi}\right)° \approx 57.30° = 37°18' \end{aligned} \qquad (3\text{-}2)$$

例 4 把 22°30′化为弧度.

解：$22°30' = 22.5° = \frac{\pi}{180}\text{rad} \times 22.5 = \frac{\pi}{8}\text{rad}.$

例 5 把$\frac{3\pi}{5}$rad 化为度.

解：$\frac{3\pi}{5}\text{rad} = \frac{3\pi}{5} \times \frac{180°}{\pi} = 108°.$

今后我们用弧度制表示角的时候,“弧度”二字或“rad”通常略去不写,而只写这个角所对应的弧度数. 例如,角 $\alpha=3$ 就表示 α 是 3rad 的角, $\sin\frac{\pi}{6}$ 就表示 $\frac{\pi}{6}$rad的角的正弦,即 $\sin\frac{\pi}{6}=\sin30°=\frac{1}{2}$.

度数与弧度的对应关系,可以用上述公式进行换算,也可以使用计算器进行换算. 对于一些常用的特殊角的度数与弧度的对应关系,如表 3-1 所示.

表 3-1

度	0°	30°	45°	60°	90°	180°	270°	360°
rad	0	$\frac{\pi}{6}$	$\frac{\pi}{4}$	$\frac{\pi}{3}$	$\frac{\pi}{2}$	π	$\frac{3\pi}{2}$	2π

弧度制的由来

弧度制的基本思想是使圆半径与圆周长有同一度量单位,然后用对应的弧长与圆半径之比来度量角度,印度著名数学家阿利耶毗陀(476 − 550)定圆周长为 21 600 分,定圆半径为 3 438 分(即取圆周率 $\pi\approx3.142$),但阿利耶毗陀没有明确提出弧度制这个概念. 瑞士数学家欧拉(1707 − 1783)于 1748 年引入弧度制这个概念. 他先定半径为 1 个单位,那么半圆的弧长为 π,此时的正弦值为 0,就记为 $\sin\pi=0$,同理,$\frac{1}{4}$圆周的弧长为$\frac{\pi}{2}$,此时的正弦为 1,记为 $\sin\frac{\pi}{2}=1$. 从而确立了用 π、$\frac{\pi}{2}$ 分别表示半圆及$\frac{1}{4}$圆弧所对的中心角. 其他的角也可依此类推.

如果角 α 是一个负角,那么它的弧度数是一个负数;零角的弧度数是 0. 例如,当弧长 $l=4\pi r$ 且所对的圆心角表示负角时,这个圆心角的弧度数为:

$$-\frac{l}{r}=-\frac{4\pi r}{r}=-4\pi.$$

一般地,我们规定:

正角的弧度数是一个正数,负角的弧度数是一个负数,零角的弧度数是 0;角 α 的弧度数的绝对值为

$$\boxed{|\alpha|=\frac{l}{r}} \qquad (3\text{-}3)$$

其中 l 是以角 α 作为圆心角时所对弧的长，r 是圆的半径.

角度制和弧度制是度量角的两种不同的制度. 由于在数学和工程技术中这两种制度都被广泛采用，且用这两种制度度量任一非零角时，单位不同，量数也不同.

根据弧度制下的公式 $|\alpha| = \frac{l}{r}$，可以得到弧长公式：

$$\boxed{l = |\alpha| \cdot r} \tag{3-4}$$

这就是说，**弧长等于弧所对应的圆心角（弧度数）的绝对值与半径的积**.

这一弧长公式比采用角度制时的相应公式（$l = \frac{n\pi r}{180}$）简单.

例 6 如图 3-7 所示，在车床上加工工件时，工件圆周上任意一个质点均作匀速圆周运动. 设圆的半径为 12cm，质点在 1s 内由 P 点运动到 P_1 点，所经过的弧长为 120cm，求质点运动的角速度.

解：设质点所经过的角为 φrad，则

$$\varphi = \frac{1}{r} = \frac{120}{12} = 10\text{rad}.$$

因为质点运动的角速度 $\omega = \frac{\varphi}{t}$，

所以所求角速度 $\omega = \frac{10\text{rad}}{1s} = 10\text{rad/s}$.

答：质点运动的角速度为 10 rad/s.

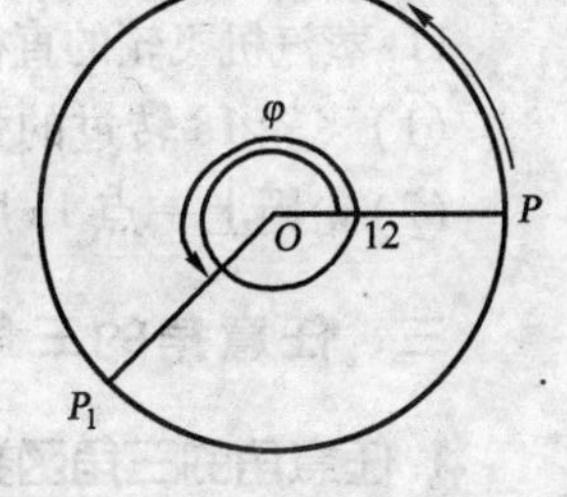

图 3-7

例 7 求图 3-8 中公路弯道处弧 AB 的长度（l），精确到 1m，图中尺寸单位：m.

解：因为 $60° = \frac{\pi}{3}$，所以

$$l = |\alpha| \cdot R = \frac{\pi}{3} \times 45 \approx 3.14 \times 15 \approx 47\text{m}.$$

答：公路弯道处弧 AB 的长约为 47m.

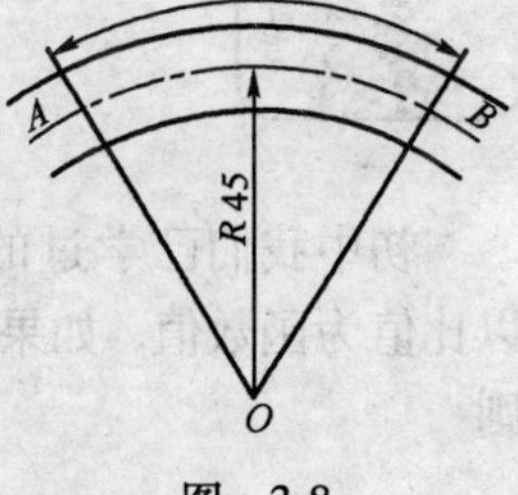

图 3-8

练 习

1.（口答）把下列各角从度化为弧度：

（1）45°； （2）90°； （3）150°； （4）180°.

2.（口答）把下列各角从弧度化为度：

（1）$\frac{\pi}{3}$； （2）2π； （3）$\frac{2\pi}{3}$.

3. 把下列各角从度化为弧度：

(1)240°；　(2)300°；　(3) -1440°；　(4)735°.

4. 把下列各角从弧度化为度：

(1)$\frac{11\pi}{12}$；　(2)$\frac{7\pi}{6}$；　$\frac{5\pi}{4}$；　(4) $-\frac{4\pi}{3}$.

5. 用弧度表示：

(1)终边在 x 轴上的角的集合；

(2)终边在 y 轴上的角的集合.

6. 时间经过 6h，时针、分针各转了多少度？各等于多少弧度？

7. 设圆半径为 50cm，求 30°圆心角所对的弧长.

8. 若 120°圆心角所对的圆弧长是 31.42cm，求此圆的半径.

9. 已知半径为 120mm 的圆上，有一条弧的长是 144mm，求此弧所对的圆心角的弧度数.

10. (口答)时间经过 5h，时针、分针各转了多少度？各等于多少弧度？

11. 蒸汽机飞轮的直径为 1.2m，以 300r/min(转/分)的速度作逆时针旋转，求：

(1)飞轮 1s 转过的弧度数；

(2)轮周上一点 1s 所转过的弧长.

三、任意角的三角函数

1. 任意角的三角函数的定义

初中学过的锐角三角函数是怎样定义的呢？

初中我们已学过的锐角三角函数，是以锐角为自变量，以比值为函数值. 如果 α 是直角三角形的一个锐角(图3-9)，则

$$\sin\alpha = \frac{\alpha\text{ 的对边}}{\text{斜边}},$$

$$\cos\alpha = \frac{\alpha\text{ 的邻边}}{\text{斜边}},$$

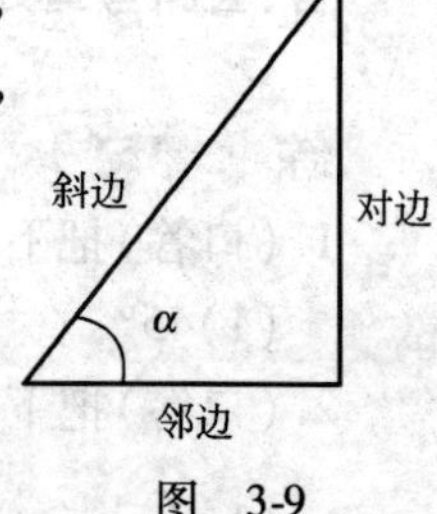

图 3-9

$$\tan\alpha = \frac{\alpha\text{的对边}}{\alpha\text{的邻边}}.$$

怎样用直角坐标系中角的终边上点的坐标来表示锐角三角函数?

如图 3-10 所示,设锐角 α 的顶点与原点重合,始边与 x 轴的非负半轴重合,那么它的终边在第一象限. 在 α 的终边上任意取一点 $P(a,b)$,它与原点的距离 $r=\sqrt{a^2+b^2}>0$. 过点 P 作 x 轴的垂线,垂足为 M,则线段 OM 的长度为 a,线段 MP 的长度为 b.

根据初中学过的三角函数知识,有:

$$\sin\alpha = \frac{MP}{OP} = \frac{b}{r},$$

$$\cos\alpha = \frac{OM}{OP} = \frac{a}{r},$$

$$\tan\alpha = \frac{MP}{OM} = \frac{b}{a}.$$

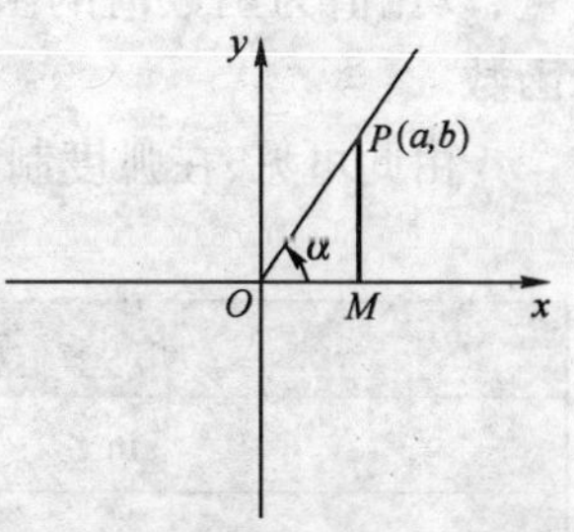

图 3-10

下面我们利用平面直角坐标系,研究任意角的三角函数.

如图 3-11 所示(看图的顺序是 I、II、III、IV),设 α 是一个任意角,α 的终边上任意一点 P(除端点外)的坐标为 (x,y),它与原点的距离是 $r(r=\sqrt{x^2+y^2}>0)$,则

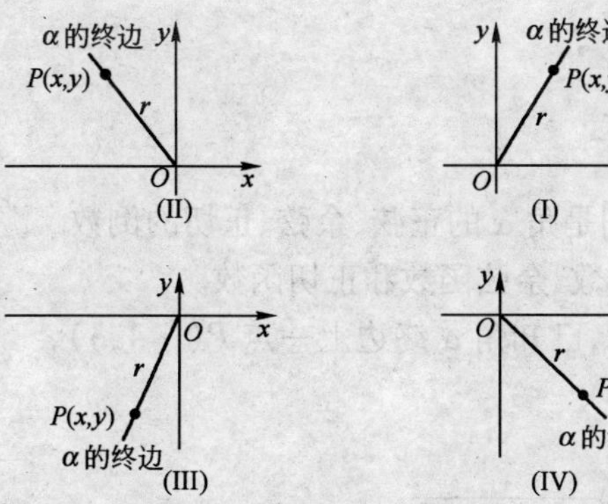

图 3-11

(1)比值$\frac{y}{r}$叫做角α的**正弦**,记作$\sin\alpha$,即$\sin\alpha=\frac{y}{r}$;

(2)比值$\frac{x}{r}$叫做角α的**余弦**,记作$\cos\alpha$,即$\cos\alpha=\frac{x}{r}$;

(3)比值$\frac{y}{x}$叫做角α的**正切**,记作$\tan\alpha$,即$\tan\alpha=\frac{y}{x}$.

根据相似三角形的知识,对于确定的角α,这三个比值都不会随P点在α终边上的位置变化而改变,当$\alpha=\frac{\pi}{2}+k\pi(k\in\mathbf{Z})$时,$\alpha$的终边在$y$轴上,终边上任意一点$P$的横坐标$x=0$,所以$\tan\alpha$无意义. 除此之外,对于确定的角$\alpha$,上面三个比值都是唯一确定的. 这就是说,正弦、余弦、正切都是以角为自变量,以比值为函数值的函数,它们分别称为角α的**正弦函数**、**余弦函数**和**正切函数**.

由此可见,在弧度制下,三角函数的定义域如表3-2所示:

表 3-2

三角函数	定义域
$\sin\alpha$	$\mathbf{R}$
$\cos\alpha$	$\mathbf{R}$
$\tan\alpha$	$\{\alpha\mid\alpha\neq\frac{\pi}{2}+k\pi,k\in\mathbf{Z}\}$

有时我们还用到下面三个函数:

角α的余切:$\cot\alpha=\frac{x}{y}$;

角α的正割:$\sec\alpha=\frac{r}{x}$;

角α的余割:$\csc\alpha=\frac{r}{y}$.

显然,$\csc\alpha$、$\sec\alpha$、$\cot\alpha$分别是角α的正弦、余弦、正切的倒数.

本书重点研究正弦函数、余弦函数和正切函数.

例8 如图3-12所示,已知角α终边上一点$P(-4,3)$,求$\sin\alpha$、$\cos\alpha$、$\tan\alpha$的值.

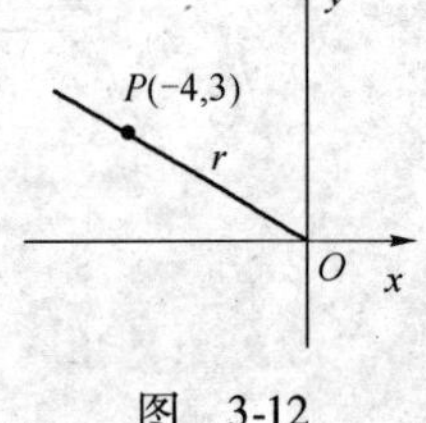

图 3-12

解: $\because x=-4,\ y=3,$

$\therefore r=\sqrt{x^2+y^2}=\sqrt{(-4)^2+3^2}=5.$

于是

$$\sin\alpha = \frac{y}{r} = \frac{3}{5},$$

$$\cos\alpha = \frac{x}{r} = \frac{-4}{5} = -\frac{4}{5},$$

$$\tan\alpha = \frac{y}{x} = \frac{3}{-4} = -\frac{3}{4}.$$

2. 三角函数值在各个象限的符号

根据三角函数的定义，以及各象限内点的坐标符号，可以确定三角函数值在各象限的符号：

(1) 正弦值$\frac{y}{r}$对于第一、二象限角是正的($y>0,r>0$)，对于第三、四象限角是负的($y<0,r>0$).

(2) 余弦值$\frac{x}{r}$对于第一、四象限角是正的($x>0,r>0$)，对于第二、三象限角是负的($x<0,r>0$).

(3) 正切值$\frac{y}{x}$对于第一、三象限角是正的(x,y 同号)，对于第二、四象限角是负的(x,y 异号).

这三种三角函数的值在各象限的正负符号如图 3-13 所示.

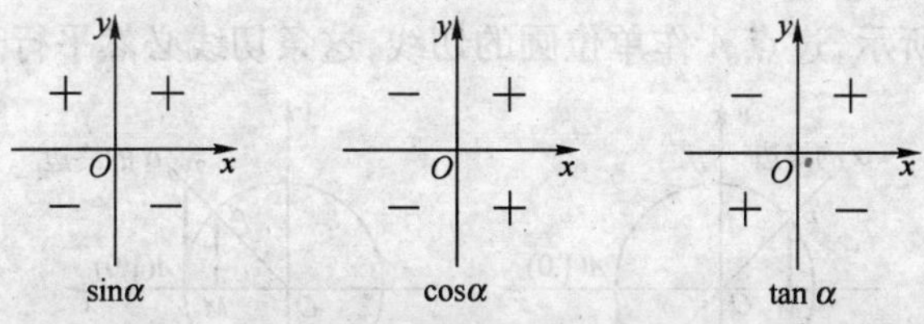

图 3-13

这里的规律可以概括为：**Ⅰ 全正、Ⅱ s 正、Ⅲ t 正、Ⅳ c 正**，即在第一象限，三角函数全为正值；在第二象限，正弦(sinα)为正值，其余的为负值；在第三象限，正切(tanα)为正值，其余的为负值；在第四象限，余弦(cosα)为正值，其余的为负值.

3. 单位圆和三角函数线

在直角坐标系中，我们把以原点 O 为圆心，以单位长度为半径的圆叫做**单位圆**. 如图 3-14 所示，角 α 的终边与单位圆相交于点 P，则单位圆与 x 轴的正半轴的交点坐标为 $A(1,0)$. 过点 P 作 x 轴的垂线，垂足为 M. 根据三角函数的定义有：

$$|MP| = |y| = |\sin\alpha|;\ |OM| = |x| = |\cos\alpha|.$$

我们知道，直角坐标系内点的坐标与坐标轴的方向有关. 因此，我们以坐标轴的方向来规定线段 OM、MP 的方向，以使它们的取值与 P 点的坐标联系起来.

当角 α 的终边不在坐标轴上时，以 O 为始点、M 为终点，规定：

当线段 OM 与 x 轴同向时，OM 的方向为正向，且有正值 x；当线段 OM 与 x 轴反向时，OM 的方向为负向，且有负值 x. 其中 x 为 P 点的横坐标. 这样，无论哪一种情况都有：

$$OM = x = \cos\alpha.$$

同理，

$$MP = y = \sin\alpha.$$

像 OM、MP 这种被看作带有方向的线段，叫做**有向线段**.

怎样用有向线段来表示角 α 的正切？

如图 3-14 所示，过点 A 作单位圆的切线，这条切线必然平行于 y 轴，设它与

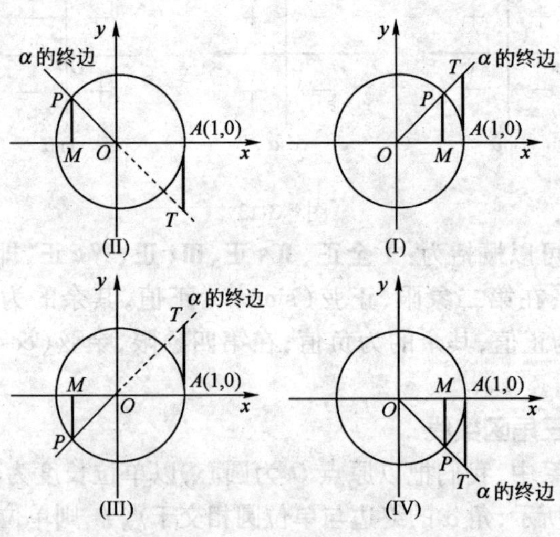

图 3-14

α 的终边(当 $\alpha\in$ Ⅰ,$\alpha\in$ Ⅳ 时)或其反向延长线(当 $\alpha\in$ Ⅱ,$\alpha\in$ Ⅲ 时)相交于点 T. 根据正切函数的定义与相似三角形的知识,并借助有向线段 OA、AT 有:

$$\tan\alpha = AT = \frac{y}{x}.$$

我们把这三条与单位圆有关的有向线段 MP、OM、AT,分别叫做角 α 的**正弦线、余弦线、正切线**,统称为**三角函数线**.

例 9 确定下列各三角函数值的符号:

(1) $\sin\left(-\frac{\pi}{4}\right)$; (2) $\cos250°$; (3) $\tan\frac{11\pi}{3}$; (4) $\cos1\cdot\tan2$.

解:(1) $\because -\frac{\pi}{4}\in$ Ⅳ,

$\therefore \sin\left(-\frac{\pi}{4}\right)<0$;

(2) $\because 250°\in$ Ⅲ,

$\therefore \cos250°<0$;

(3) $\because \frac{11\pi}{3}=\frac{5\pi}{3}+2\pi$,即 $\frac{11\pi}{3}\in$ Ⅳ,

$\therefore \tan\frac{11\pi}{3}<0$;

(4) $\because 1\in$ Ⅰ,$\therefore \cos1>0$,

又 $\because 2\in$ Ⅱ,$\therefore \tan2<0$,

$\therefore \cos1\cdot\tan2<0$.

例 10 根据 $\cos\theta<0$,且 $\sin\theta>0$,确定 θ 是第几象限的角.

解:$\because \cos\theta<0$,$\therefore \theta$ 是第二或第三象限的角或终边在 x 轴的负半轴上.

又 $\because \sin\theta>0$,$\therefore \theta$ 是第一或第二象限的角或终边在 y 轴的正半轴上.

$\therefore$ 满足 $\cos0<0$,且 $\sin\theta>0$ 的 θ 是第二象限的角.

练 习

1. 填表题(题表 3-1):

题表 3-1

角 α	0°	30°	45°	60°	90°	180°	270°	360°
角 α 的弧度数								
$\sin\alpha$								
$\cos\alpha$								
$\tan\alpha$								

2. 设角 α 的终边过点 $M(5,-12)$，则函数值 $\sin\alpha=$____，$\cos\alpha=$____，$\tan\alpha=$____.

3. 若 $\sin\alpha=\frac{1}{3}$，且角 α 的终边过点 $P(-1,y)$，则角 α 是第____象限的角；点 P 的纵坐标 $y=$____，$\cos\alpha=$____，$\tan\alpha=$____.

4. 若 $\sin\alpha$ 与 $\cos\alpha$ 同号，则角 α 是第____象限的角；若 $\cos\alpha\cdot\tan\alpha>0$，则角 α 是第____象限的角.

5. 已知角 α 的终边上一点 $P(-3,-1)$，求 $\sin\alpha$、$\cos\alpha$、$\tan\alpha$ 的值.

6. 确定下列各三角函数值的符号：

(1) $\sin141°$；　　(2) $\cos\left(-\frac{\pi}{6}\right)$；　　(3) $\tan556°$.

7. 选择(1) $\sin\theta>0$，(2) $\sin\theta<0$，(3) $\cos\theta>0$，(4) $\cos\theta<0$，(5) $\tan\theta>0$，(6) $\tan\theta<0$ 中适当的关系式的序号填空：

(1) 角 θ 为第一象限的角当且仅当________；

(2) 角 θ 为第二象限的角当且仅当________；

(3) 角 θ 为第三象限的角当且仅当________；

(4) 角 θ 为第四象限的角当且仅当________.

8. 根据 $\sin\theta>0$，$\tan\theta<0$，确定 θ 是第几象限的角.

9. 作出下列各角的正弦线、余弦线.

(1) $\frac{\pi}{3}$；　　(2) $\frac{\pi}{4}$；　　(3) $\frac{5\pi}{6}$.

四、同角三角函数的基本关系式

根据三角函数的定义，找出 $\sin\alpha$、$\cos\alpha$、$\tan\alpha$ 之间的联系.

根据三角函数的定义，可得同角三角函数的一些基本关系式.

因为 $\sin\alpha=\frac{y}{r}$，$\cos\alpha=\frac{x}{r}$，$\tan\alpha=\frac{y}{x}$，

所以当 $\alpha\neq\frac{\pi}{2}+k\pi(k\in\mathbf{Z})$ 时，

$$\frac{\sin\alpha}{\cos\alpha}=\frac{y}{r}\cdot\frac{r}{x}=\frac{y}{x}=\tan\alpha;$$

又因为 $x^2+y^2=r^2$,

所以 $\sin^2\alpha+\cos^2\alpha=\left(\frac{y}{r}\right)^2+\left(\frac{x}{r}\right)^2=\frac{y^2+x^2}{r^2}=\frac{r^2}{r^2}=1.$

也就是说有

$$\boxed{\begin{aligned}\sin^2\alpha+\cos^2\alpha=1\\ \frac{\sin\alpha}{\cos\alpha}=\tan\alpha\end{aligned}} \tag{3-5}$$

即:**同一角 α 的正弦与余弦的平方和等于 1,商等于角 α 的正切.** 在(3-5)第二个式子中,$\alpha\neq\frac{\pi}{2}+k\pi\,(k\in\mathbf{Z})$,这时等式两边都有意义.

这两个关系式是三角函数中最基本的关系式. 当我们知道一个角的三角函数值时,利用这两个关系和三角函数的定义,就可求出这个角的其余的三角函数值. 还可以进行三角函数式的化简和证明三角恒等式.

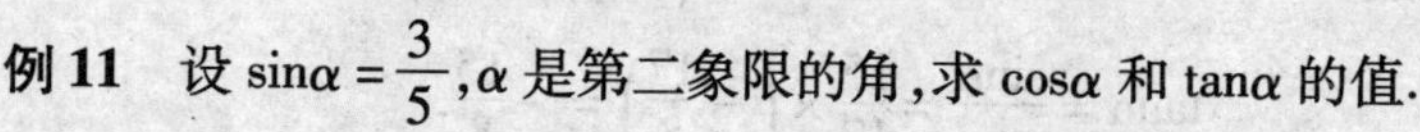

例 11 设 $\sin\alpha=\frac{3}{5}$,α 是第二象限的角,求 $\cos\alpha$ 和 $\tan\alpha$ 的值.

解:$\because\ \sin^2\alpha+\cos^2\alpha=1$,

$\therefore\ \cos\alpha=\pm\sqrt{1-\sin^2\alpha}.$

又$\because\ \alpha$ 是第二象限的角,

$\therefore\ \cos\alpha<0$,

$\therefore\ \cos\alpha=-\sqrt{1-\sin^2\alpha}=-\sqrt{1-\left(\frac{3}{5}\right)^2}=-\frac{4}{5}$;

$\tan\alpha=\frac{\sin\alpha}{\cos\alpha}=\frac{\frac{3}{5}}{-\frac{4}{5}}=-\frac{3}{4}.$

例 12 已知 $\tan\alpha=-\sqrt{5}$,且 α 是第二象限的角,求 $\sin\alpha$ 和 $\cos\alpha$ 的值.

解:由题意得

$$\begin{cases}\sin^2\alpha+\cos^2\alpha=1, & (1)\\ \tan\alpha=\frac{\sin\alpha}{\cos\alpha}=-\sqrt{5}. & (2)\end{cases}$$

由(2)式得

$$\sin\alpha=-\sqrt{5}\cos\alpha,$$

代入(1)式,整理得

$$\cos^2\alpha=\frac{1}{6},$$

$\because$ α 是第二象限的角,

$\therefore$ $\cos\alpha<0$,

$\therefore$ $\cos\alpha=-\sqrt{\frac{1}{6}}=-\frac{\sqrt{6}}{6}$;

$\sin\alpha=-\sqrt{5}\cos\alpha=-\sqrt{5}\times\left(-\frac{\sqrt{6}}{6}\right)=\frac{\sqrt{30}}{6}$.

例 13 已知 $\cos\alpha=-\frac{8}{17}$,求 $\sin\alpha$ 和 $\tan\alpha$ 的值.

解: $\because$ $\cos\alpha<0$,且 $\cos\alpha\neq-1$,

$\therefore$ α 是第二象限或者是第三象限的角,

(1)如果 α 是第二象限的角,那么

$$\sin\alpha=\sqrt{1-\cos^2\alpha}=\sqrt{1-\left(-\frac{8}{17}\right)^2}=\frac{15}{17};$$

$$\tan\alpha=\frac{\sin\alpha}{\cos\alpha}=\frac{15}{17}\times\left(-\frac{17}{8}\right)=-\frac{15}{8}.$$

(2)如果 α 是第三象限的角,那么

$$\sin\alpha=-\frac{15}{17};\tan\alpha=\frac{15}{8}.$$

例 14 化简下列各式:

(1)$\sqrt{1-\sin^2\alpha}$(α 是第二象限的角);

(2)$\frac{\sin\theta-\cos\theta}{\tan\theta-1}$.

解:(1)$\sqrt{1-\sin^2\alpha}=\sqrt{\cos^2\alpha}=|\cos\alpha|=-\cos\alpha$($\because$ α 是第二象限的角,$\cos\alpha<0$);

(2)$\frac{\sin\theta-\cos\theta}{\tan\theta-1}=\frac{\sin\theta-\cos\theta}{\frac{\sin\theta}{\cos\theta}-1}=\frac{\sin\theta-\cos\theta}{\frac{\sin\theta-\cos\theta}{\cos\theta}}=\cos\theta$.

练　　习

1.已知下列条件,求角 α 的其余两个三角函数值:

(1)$\sin\alpha=\frac{2}{3}$,α 是第二象限的角;

(2)$\tan\alpha=-\frac{5}{12}$,α 是第四象限的角.

2. 已知 $\cos\alpha=\frac{1}{2}$,求 $\sin\alpha$ 和 $\tan\alpha$ 的值.

3. 化简:

(1) $\cos\theta\cdot\tan\theta$;　　(2) $\frac{2\cos^2\alpha-1}{1-2\sin^2\alpha}$.

4. 已知 $\sin\alpha=\frac{1}{3}$,求下列各式的值:

(1) $5\sin^2\alpha+3\cos^2\alpha$;　　(2) $\sin^4\alpha+\cos^2\alpha$;

(3) $3\sin^2\alpha-2\cos^2\alpha$;　　(4) $\sin^2\alpha-2\cos^2\alpha$.

5. 求证:

(1) $\sin^4\alpha-\cos^4\alpha=\sin^2\alpha-\cos^2\alpha$;

(2) $\sin^4\alpha+\sin^2\alpha\cos^2\alpha+\cos^2\alpha=1$;

(3) $\tan\alpha\cdot\cot\alpha=1$.

五、正弦、余弦的诱导公式

我们知道,锐角的三角函数可以查表或使用计算器求得. 那么,任意角的三角函数值怎样求呢? 下面我们就来研究这个问题.

1. $\alpha+k\cdot 2\pi(k\in\mathbf{Z})$ 与 α 的正弦、余弦关系

由任意角的三角函数的定义可知,**终边相同的角的同名三角函数值相等**. 由此可得到一组公式,即**公式一**:

$$\begin{aligned}\sin(\alpha+k\cdot 2\pi)&=\sin\alpha\\ \cos(\alpha+k\cdot 2\pi)&=\cos\alpha\ (\text{其中 } k\in\mathbf{Z})\end{aligned}\tag{3-6}$$

利用公式一,可以把绝对值大于 2π 的任意角的三角函数问题转化为 $0\sim2\pi$ 之间的角的三角函数问题.

例 15　求下列各角的三角函数值:

(1) $\sin\frac{17\pi}{4}$;　　(2) $\cos\frac{19\pi}{3}$;　　(3) $\cos1110°$;　　(4) $\sin(-690°)$.

解:(1) $\sin\frac{17\pi}{4}=\sin\left(\frac{\pi}{4}+4\pi\right)=\sin\frac{\pi}{4}=\frac{\sqrt{2}}{2}$;

(2) $\cos\frac{19\pi}{3}=\cos\left(\frac{\pi}{3}+6\pi\right)=\cos\frac{\pi}{3}=\frac{1}{2}$;

(3) $\cos1110°=\cos(30°+3\times360°)=\cos30°=\frac{\sqrt{3}}{2}$;

(4) $\sin(-690°)=\sin[30°+(-2)\times 360°]=\sin 30°=\frac{1}{2}$.

2. $-\alpha$ 与 α 的正弦、余弦关系

如图 3-15 所示，任意角 α 的终边与单位圆(半径为 1 的圆)相交于点 $P(x,y)$，角 $-\alpha$ 的终边与单位圆相交于点 P'. 这两个角的终边关于 x 轴对称，所以点 P' 的坐标为 $(x,-y)$.

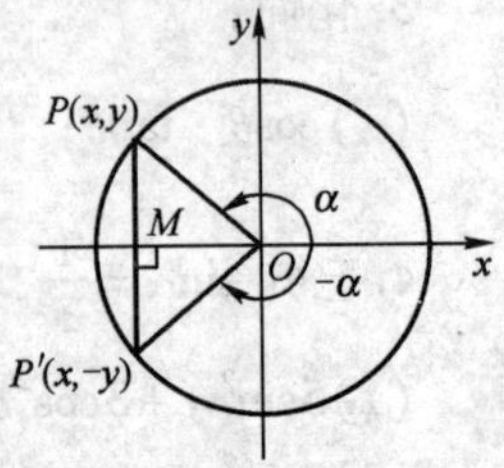

图 3-15

又因为单位圆的半径 $r=1$，由正弦函数、余弦函数的定义可得：

$\sin\alpha=y$,　　　　$\cos\alpha=x$,

$\sin(-\alpha)=-y$,　　$\cos(-\alpha)=x$.

从而

$\sin(-\alpha)=-\sin\alpha$,

$\cos(-\alpha)=\cos\alpha$.

于是又得到一组公式，即**公式二**：

$$\begin{array}{|l|}\hline \sin(-\alpha)=-\sin\alpha \\ \cos(-\alpha)=\cos\alpha \\ \hline\end{array} \tag{3-7}$$

利用公式二，我们可以将任意负角的三角函数转化为正角的三角函数.

例 16　求下列各角的三角函数值：

(1) $\sin\left(-\frac{\pi}{4}\right)$;　　(2) $\cos\left(-\frac{\pi}{3}\right)$;

(3) $\sin\left(-\frac{7\pi}{3}\right)$;　　(4) $\cos\left(-\frac{13\pi}{6}\right)$.

解：(1) $\sin\left(-\frac{\pi}{4}\right)=-\sin\frac{\pi}{4}=-\frac{\sqrt{2}}{2}$;

(2) $\cos\left(-\frac{\pi}{3}\right)=-\cos\frac{\pi}{3}=\frac{1}{2}$;

(3) $\sin\left(-\frac{7\pi}{3}\right)=-\sin\frac{7\pi}{3}=-\sin\left(\frac{\pi}{3}+2\pi\right)=-\sin\frac{\pi}{3}=-\frac{\sqrt{3}}{2}$;

(4) $\cos\left(-\frac{13\pi}{6}\right)=\cos\frac{13\pi}{6}=\cos\left(\frac{\pi}{6}+2\pi\right)=\cos\frac{\pi}{6}=\frac{\sqrt{3}}{2}$.

练　　习

1. 求下列各三角函数值:

(1) $\sin 5\pi$;　　(2) $\cos 18\pi$;　　(3) $\tan\frac{13\pi}{4}$;

(4) $\sin\frac{5\pi}{2}$;　　(5) $\cos\frac{49\pi}{2}$;　　(6) $\tan\frac{25\pi}{6}$.

2. 填空:

(1) $\sin\left(-\frac{\pi}{3}\right)=$________;　　(2) $\cos\left(-\frac{\pi}{4}\right)=$________;

(3) $\tan\left(-\frac{\pi}{6}\right)=$________;　　(4) $\sin\left(-\frac{19\pi}{3}\right)=$________.

3. 求下列各三角函数值:

(1) $\sin 390°\times\cos(-45°)$;　　(2) $\sin\left(\frac{49\pi}{6}\right)\cos\left(-\frac{13\pi}{3}\right)\times\cos\left(-\frac{25\pi}{6}\right)$.

3. $\pi+\alpha$ 与 α 的正弦、余弦关系

如图 3-16 所示,已知任意角 α 的终边与单位圆相交于点 $P(x,y)$. 由于角 $\pi+\alpha$ 的终边就是角 α 的终边的反向延长线,角 $\pi+\alpha$ 的终边与单位圆的交点 P' 和点 P 关于原点 O 对称,由此可知,点 P' 的坐标为 $(-x,-y)$.

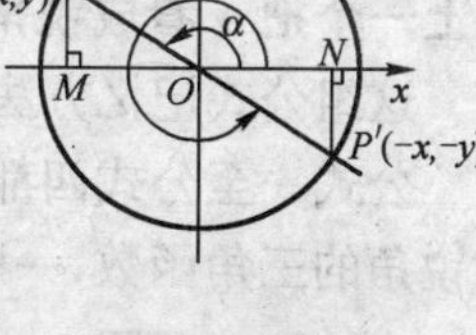

图　3-16

又因为单位圆的半径 $r=1$,由正弦函数、余弦函数的定义可得:

$\sin\alpha=y$,　　$\cos\alpha=x$,

$\sin(\pi+\alpha)=-y$,　　$\cos(\pi+\alpha)=-x$,

从而

$\sin(\pi+\alpha)=-\sin\alpha$,

$\cos(\pi+\alpha)=-\cos\alpha$.

于是又得到一组公式,即**公式三**:

$$\boxed{\begin{aligned}\sin(\pi+\alpha)&=-\sin\alpha\\ \cos(\pi+\alpha)&=-\cos\alpha\end{aligned}} \tag{3-8}$$

利用公式三,我们可以将 $\pi\sim2\pi$ 之间的任意角的三角函数转化为 $0\sim\pi$ 之间的角的三角函数.

例 17 求下列各角的三角函数值：

(1) $\sin\frac{13\pi}{4}$；　　(2) $\cos225°$.

解：(1) $\sin\frac{13\pi}{4}=\sin\left(2\pi+\frac{5\pi}{4}\right)=\sin\frac{5\pi}{4}=\sin\left(\pi+\frac{\pi}{4}\right)=-\sin\frac{\pi}{4}=-\frac{\sqrt{2}}{2}$；

(2) $\cos225°=\cos(45°+180°)=-\cos45°=-\frac{\sqrt{2}}{2}$.

4. $\pi-\alpha$ 与 α 的正弦、余弦关系

由公式二和公式三可得：

$$\sin(\pi-\alpha)=\sin[\pi+(-\alpha)]=-\sin(-\alpha)=\sin\alpha,$$
$$\cos(\pi-\alpha)=\cos[\pi+(-\alpha)]=-\cos(-\alpha)=-\cos\alpha.$$

于是我们得到一组公式，即**公式四**：

$$\boxed{\begin{aligned}\sin(\pi-\alpha)&=\sin\alpha\\ \cos(\pi-\alpha)&=-\cos\alpha\end{aligned}} \tag{3-9}$$

利用公式四，我们可以将 $0\sim\pi$ 之间的任意角的三角函数转化为 $0\sim\frac{\pi}{2}$ 之间的角的三角函数.

公式一至公式四可以概括如下：

$\alpha+k\cdot2\pi(k\in\mathbf{Z})$、$-\alpha$、$\pi\pm\alpha$ 的三角函数值，等于 α 的同名函数值，前面加上一个把 α 看成锐角时原函数值的相应符号.

这组公式记忆方法：**“函数名不变，符号看象限.”**

公式一至公式四都叫**做诱导公式**. 利用诱导公式把任意角的三角函数转化为锐角的三角函数，一般可按下面步骤进行：

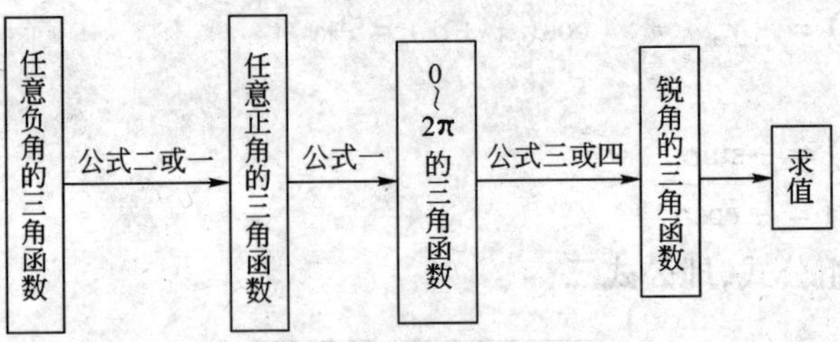

可以看出，这些步骤体现了把未知问题转化为已知问题的数学思想.

例 18 求下列各角的三角函数值：

(1) $\cos\left(-\frac{8\pi}{3}\right)$；　　(2) $\sin930°$.

解：(1) $\cos\left(-\frac{8\pi}{3}\right)=\cos\frac{8\pi}{3}=\cos\left(\frac{2\pi}{3}+2\pi\right)=\cos\frac{2\pi}{3}$

$$=\cos\left(\pi-\frac{\pi}{3}\right)=-\cos\frac{\pi}{3}=-\frac{1}{2};$$

(2) $\sin930°=\sin(210°+2\times360°)=\sin210°$

$$=\sin(180°+30°)=-\sin30°-\frac{1}{2}.$$

例 19 化简：

$$\frac{\sin(-\alpha)\cdot\tan(\pi-\alpha)\cdot\cos(8\pi-\alpha)}{\sin(\alpha-4\pi)\cdot\cos(-5\pi-\alpha)\cdot\tan(\pi+\alpha)}.$$

解：原式 $=\frac{(-\sin\alpha)\cdot(-\tan\alpha)\cdot\cos(-\alpha)}{\sin\alpha\cdot\cos(-\pi-\alpha)\cdot\tan\alpha}$

$$=\frac{\sin\alpha\cdot\tan\alpha\cdot\cos\alpha}{\sin\alpha\cdot\cos(\pi+\alpha)\cdot\tan\alpha}$$

$$=\frac{\cos\alpha}{-\cos\alpha}=-1.$$

练　　习

1. 填空题：

(1) $\sin120°=$____； (2) $\cos150°=$____；

(3) $\sin225°=$____； (4) $\sin(-660°)=$____；

(5) $\sin330°=$____.

2. 已知 $\sin(\pi+\alpha)=-\frac{1}{3}$，$\alpha$ 是第二象限角，则 $\cos(\pi-\alpha)=$____.

3. 设 A、B、C 为 $\triangle ABC$ 的三个内角，下列关系式中正确的是（　　）.

A. $\sin(A+B)=\sin C$　　B. $\cos(A+B)=\cos C$.

4. 求下列各角的三角函数值：

(1) $\sin\frac{3\pi}{4}$； (2) $\cos\frac{65\pi}{6}$；

(3) $\sin\left(-\frac{31\pi}{4}\right)$； (4) $\cos\left(-\frac{79\pi}{6}\right)$.

5. 化简：

(1) $1+\sin(\alpha-2\pi)\cdot\sin(\pi+\alpha)-2\cos^2(-\alpha)$；

(2) $\frac{\cos(\alpha-\pi)}{\sin(\pi-\alpha)}\cdot\sin(\alpha-2\pi)\cdot\cos(2\pi-\alpha)$.

习　题

1. 选择题：已知 α 是锐角，那么 2α 是（　　）.

A. 第一象限角　　B. 第二象限角

C. 小于 $180°$ 的正角　　D. 不大于直角的正角

2. 在 $0°\sim360°$ 找出与下列各角终边相同的角，并指出它们分别是第几象限的角：

(1) $-265°$；　　(2) $4\,300°$；

(3) $-1\,185°$；　　(4) $475°$.

3. 写出与下列各角终边相同的角的集合 S：

(1) $30°$；　　(2) $-75°$；

(3) $169°$；　　(4) $-824°$.

4. 把下列各角从度化为弧度：

(1) $18°$；　　(2) $-120°$；

(3) $330°$；　　(4) $1\,080°$.

5. 把下列各角从弧度化为度：

(1) $\frac{\pi}{12}$；　　(2) $-\frac{7\pi}{6}$；

(3) $\frac{13\pi}{10}$；　　(4) $\frac{2}{3}$.

6. 直径为 20cm 的轮子以 45rad/s（弧度/秒）的速度匀速旋转，求轮周上一点经过 5s 所转过的弧长.

7. 设电动机的转子直径 $d=8\text{cm}$，其转速 $n=240\text{r/min}$，求：

(1) 转子每秒钟转过的圆心角；

(2) 转子每秒钟转过的圆弧长；

(3) 转子旋转一周所需要的时间.

8. 已知角 α 终边上一点 P 的坐标为 $(5,-12)$，求 $\sin\alpha$、$\cos\alpha$、$\tan\alpha$ 的值.

9. 已知 $\cos\alpha=-\frac{3}{5}$，α 是第二象限的角，求 $\sin\alpha$、$\tan\alpha$ 的值.

10. 已知 $\sin\alpha=-\frac{12}{13}$，求 $\cos\alpha$、$\tan\alpha$ 的值.

11. 已知 $\tan\alpha=\frac{5}{8}$，α 是第三象限的角，求 $\sin\alpha$、$\cos\alpha$ 的值.

12. 化简下列各式：

(1)$\sqrt{1-\cos^2\theta}$（α 是第三象限的角）；

(2)$1-\cos(\alpha+2\pi)\cdot\cos(\pi+\alpha)-\sin^2(-\alpha)$.

13. 已知 $\tan\alpha=2$，求下列各式的值：

(1)$\cos^2\alpha$；　　(2)$\sin\alpha\cos\alpha$；

(3)$\sin^2\alpha-\cos^2\alpha$；　　(4)$\dfrac{\sin\alpha+\cos\alpha}{\sin\alpha-\cos\alpha}$.

14. 确定下列各三角函数式的符号：

(1)$\cos173°$；　　(2)$\sin\left(-\dfrac{3\pi}{10}\right)$；

(3)$\tan(-768°)$；　　(4)$\sin1\,210°\cdot\cos340°$.

15. 将下列三角函数转化为锐角三角函数，并填在题中的横线上：

(1)$\cos240°=$____；　　(2)$\sin183°42'=$____；

(3)$\cos\left(-\dfrac{\pi}{6}\right)=$____；　　(4)$\sin\left(-\dfrac{5\pi}{3}\right)=$____.

16. 求下列各三角函数值：

(1)$\sin\left(-\dfrac{5\pi}{3}\right)$；　　(2)$\cos\dfrac{19\pi}{6}$；

(3)$\sin\dfrac{25\pi}{6}$；　　(4)$\cos\left(-\dfrac{17\pi}{4}\right)$.

17. 计算：

(1)$\sqrt{3}\cdot\cos240°-2\sin210°$；

(2)$\sin(-1\,071°)\cdot\sin99°+\sin(-171°)\cdot\sin(-261°)$；

(3)$\sin^2\dfrac{19\pi}{4}+\tan^2\dfrac{37\pi}{4}\cdot\cos(-9\pi)$；

(4)$\dfrac{\cos660°-2\sin330°}{3\cos1\,320°+2\cos(-660°)}$；

(5)$\sin420°\cdot\cos750°+\sin(-330°)\cdot\cos(-660°)$.

18. 化简：

(1)$\dfrac{\cos(-\alpha)\cdot\sin(\pi-\alpha)}{\cos(\pi+\alpha)}+\dfrac{\sin(2\pi+\alpha)\cdot\sin(\pi+\alpha)}{\sin(2\pi-\alpha)}$；

(2)$\dfrac{\cos(\alpha-\pi)}{\sin(5\pi-\alpha)}\cdot\sin(\alpha-2\pi)\cdot\cos(2\pi-\alpha)$；

(3)$\sin(\alpha+180°)\cos(-\alpha)\sin(-\alpha-180°)$.

第二节 两角和与差的三角函数

一、两角和与差的正弦、余弦、正切公式

在研究三角函数时，我们还常常遇到这样的问题：已知任意角 α、β 的三角函数值，如何求出 $\alpha+\beta$、$\alpha-\beta$ 或 2α 的三角函数值？下面我们就来研究这个方面的问题.

1. 两角和与差的余弦公式

如图 3-17 所示，在直角坐标系 xOy 内作单位圆 O，并作出角 α，β 与 $-\beta$，使角 α 的始边为 Ox，交⊙O 于点 P_1，终边交⊙O 于点 P_2；角 β 的始边为 OP_2，终边交⊙O 于点 P_3；角 $-\beta$ 的始边为 OP_1，终边交⊙O 于点 P_4. 这时，点 P_1、P_2、P_3、P_4 的坐标分别为

$$P_1(1,0),$$
$$P_2(\cos\alpha,\sin\alpha),$$
$$P_3(\cos(\alpha+\beta),\sin(\alpha+\beta)),$$
$$P_4(\cos(-\beta),\sin(-\beta)).$$

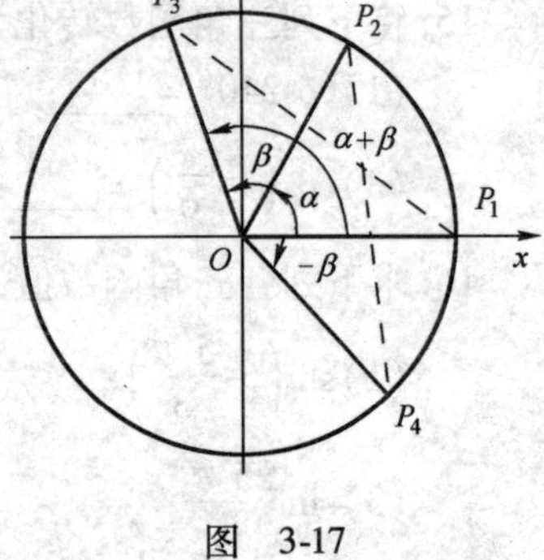

图 3-17

由 $|P_1P_3|=|P_2P_4|$ 及两点间的距离公式，得

$$[\cos(\alpha+\beta)-1]^2+\sin^2(\alpha+\beta)$$
$$=[\cos(-\beta)-\cos\alpha]^2+[\sin(-\beta)-\sin\alpha]^2.$$

展开并整理，得

$$2-2\cos(\alpha+\beta)=2-2(\cos\alpha\cos\beta-\sin\alpha\sin\beta),$$

所以

$$\boxed{\cos(\alpha+\beta)=\cos\alpha\cos\beta-\sin\alpha\sin\beta} \tag{3-10}$$

公式(3-10)也称为公式 $C_{(\alpha+\beta)}$，这个公式对于任意的角 α，β 都成立.

在公式 $C_{(\alpha+\beta)}$ 中用 $-\beta$ 代替 β，就得

$$\cos(\alpha-\beta)=\cos\alpha\cos(-\beta)-\sin\alpha\sin(-\beta),$$

即

$$\boxed{\cos(\alpha-\beta)=\cos\alpha\cos\beta+\sin\alpha\sin\beta} \tag{3-11}$$

公式(3-11)也称为公式 $C_{(\alpha-\beta)}$,这个公式对于任意的角 α,β 也都成立.

例1 不查表求 cos75°的值.

解: $\cos75° = \cos(30°+45°)$

$= \cos30°\cos45° - \sin30°\sin45°$

$= \frac{\sqrt{3}}{2}\times\frac{\sqrt{2}}{2} - \frac{1}{2}\times\frac{\sqrt{2}}{2}$

$= \frac{\sqrt{6}-\sqrt{2}}{4}$.

例2 利用公式求 cos15°的值.

解法1: $\cos15° = \cos(45°-30°)$

$= \cos45°\cos30° + \sin45°\sin30°$

$= \frac{\sqrt{2}}{2}\times\frac{\sqrt{3}}{2} + \frac{\sqrt{2}}{2}\times\frac{1}{2}$

$= \frac{\sqrt{6}+\sqrt{2}}{4}$.

解法2: $\cos15° = \cos(60°-45°)$

$= \cos60°\cos45° + \sin60°\sin45°$

$= \frac{1}{2}\times\frac{\sqrt{2}}{2} + \frac{\sqrt{3}}{2}\times\frac{\sqrt{2}}{2}$

$= \frac{\sqrt{6}+\sqrt{2}}{4}$.

注意: 解决例1、例2的关键是要善于将非特殊角拆成两个特殊角之和(或差),然后再利用余弦的两角和(差)公式求解,例如:75° = 30° + 45°,105° = 60° + 45°,15° = 45° - 30° = 60° - 45°.

例3 已知 $\sin\alpha = \frac{4}{5}$,α 是第二象限的角,$\cos\beta = -\frac{5}{13}$,$\beta$ 是第三象限的角,求 $\cos(\alpha+\beta)$、$\cos(\alpha-\beta)$.

解: $\because \sin\alpha = \frac{4}{5}$,$\alpha$ 是第二象限的角,

$\therefore \cos\alpha = -\sqrt{1-\sin^2\alpha} = -\sqrt{1-\left(\frac{4}{5}\right)^2} = -\frac{3}{5}$;

$\because \cos\beta = -\frac{5}{13}$,$\beta$ 是第三象限的角,

$$\therefore \sin\beta = -\sqrt{1-\cos^2\beta} = -\sqrt{1-\left(-\frac{5}{13}\right)^2} = -\frac{12}{13}.$$

$$\therefore \cos(\alpha+\beta) = \cos\alpha\cos\beta - \sin\alpha\sin\beta$$

$$= -\frac{3}{5}\times\left(-\frac{5}{13}\right) - \frac{4}{5}\times\left(-\frac{12}{13}\right)$$

$$= -\frac{63}{65};$$

$$\cos(\alpha-\beta) = \cos\alpha\cos\beta + \sin\alpha\sin\beta$$

$$= -\frac{3}{5}\times\left(-\frac{5}{13}\right) + \frac{4}{5}\times\left(-\frac{12}{13}\right)$$

$$= -\frac{33}{65}.$$

练　　习

1. 等式 $\cos(\alpha+\beta)=\cos\alpha+\cos\beta$、$\cos(\alpha-\beta)=\cos\alpha-\cos\beta$ 成立吗？为什么？
2. 化简：$\cos(\alpha+\beta)\cos(\alpha-\beta)-\sin(\alpha+\beta)\sin(\alpha-\beta)=$____.
3. 利用公式求三角函数的值：
   (1) $\cos105°$；　　(2) $\cos80°\cos20°+\sin80°\sin20°$；
   (3) $\cos20°\cos25°-\sin20°\sin25°$；　　(4) $\cos^2 15°-\sin^2 15°$.
4. 已知 $\cos\alpha=-\frac{4}{5}$，α 是第二象限的角，求 $\cos\left(\alpha+\frac{\pi}{3}\right)$、$\cos\left(\alpha-\frac{\pi}{3}\right)$.
5. 已知 $\sin\alpha=\frac{12}{13}$，α 是第二象限的角，求 $\cos\left(\alpha-\frac{\pi}{6}\right)$.
6. 已知 $\sin\alpha=-\frac{2}{3}$，$\alpha\in\left(\pi,\frac{3\pi}{2}\right)$，$\cos\beta=\frac{3}{4}$，$\alpha\in\left(\frac{3\pi}{2},2\pi\right)$，求 $\cos(\beta-\alpha)$.

2. 两角和与差的正弦公式

运用公式 $C_{(\alpha-\beta)}$，又可得：

$$\cos\left(\frac{\pi}{2}-\alpha\right)=\cos\frac{\pi}{2}\cos\alpha+\sin\frac{\pi}{2}\sin\alpha=\sin\alpha,$$

再把此式中的 $\frac{\pi}{2}-\alpha$ 换成 α，还可得到 $\cos\alpha=\sin\left(\frac{\pi}{2}-\alpha\right)$.

从而得到**诱导公式五**：

$$\sin\left(\frac{\pi}{2}-\alpha\right)=\cos\alpha$$
$$\cos\left(\frac{\pi}{2}-\alpha\right)=\sin\alpha \quad (3\text{-}12)$$

试证明:

$$\sin\left(\frac{\pi}{2}+\alpha\right)=\cos\alpha$$
$$\cos\left(\frac{\pi}{2}+\alpha\right)=-\sin\alpha$$

再运用 $C_{(\alpha-\beta)}$ 和诱导公式五,便可得到

$$\begin{aligned}\sin(\alpha+\beta)&=\cos\left[\frac{\pi}{2}-(\alpha+\beta)\right]\\&=\cos\left[\left(\frac{\pi}{2}-\alpha\right)-\beta\right]\\&=\cos\left(\frac{\pi}{2}-\alpha\right)\cos\beta+\sin\left(\frac{\pi}{2}-\alpha\right)\sin\beta\\&=\sin\alpha\cos\beta+\cos\alpha\sin\beta,\end{aligned}$$

即

$$\boxed{\sin(\alpha+\beta)=\sin\alpha\cos\beta+\cos\alpha\sin\beta} \quad (3\text{-}13)$$

公式(3-13)也称为公式 $S_{(\alpha+\beta)}$,在公式 $S_{(\alpha+\beta)}$ 中用 $-\beta$ 代替 β,又可得到

$$\begin{aligned}\sin(\alpha-\beta)&=\sin[\alpha+(-\beta)]\\&=\sin\alpha\cos(-\beta)+\cos\alpha\sin(-\beta)\\&=\sin\alpha\cos\beta-\cos\alpha\sin\beta,\end{aligned}$$

即

$$\boxed{\sin(\alpha-\beta)=\sin\alpha\cos\beta-\cos\alpha\sin\beta} \quad (3\text{-}14)$$

公式(3-14)也称为公式 $S_{(\alpha-\beta)}$.

例 4 利用公式求 sin105°的值.

解:
$$\begin{aligned}\sin105°&=\sin(45°+60°)\\&=\sin45°\cos60°+\cos45°\sin60°\\&=\frac{\sqrt{2}}{2}\cdot\frac{1}{2}+\frac{\sqrt{2}}{2}\cdot\frac{\sqrt{3}}{2}\\&=\frac{\sqrt{2}+\sqrt{6}}{4}.\end{aligned}$$

例 5 已知 $\cos\theta=\frac{3}{5}$,θ 是第四象限的角,求 $\sin\left(\frac{\pi}{3}-\theta\right)$.

解：$\because \cos\theta=\dfrac{3}{5}$，$\theta$ 是第四象限的角，

$$\therefore \sin\theta=-\sqrt{1-\cos^2\theta}=-\sqrt{1-\left(\frac{3}{5}\right)^2}=-\frac{4}{5}.$$

$$\begin{aligned}\therefore \sin\left(\frac{\pi}{3}-\theta\right)&=\sin\frac{\pi}{3}\cos\theta-\cos\frac{\pi}{3}\sin\theta\\&=\frac{\sqrt{3}}{2}\times\frac{3}{5}-\frac{1}{2}\times\left(-\frac{4}{5}\right)\\&=\frac{3\sqrt{3}+4}{10}.\end{aligned}$$

练　　习

1. 等式 $\sin(\alpha+\beta)=\sin\alpha+\sin\beta$，$\sin(\alpha-\beta)=\sin\alpha-\sin\beta$ 成立吗？为什么？

2. 填空：

(1) $\sin13^\circ\cos17^\circ+\cos13^\circ\sin17^\circ=$ ____；

(2) $\sin70^\circ\cos25^\circ-\sin20^\circ\sin25^\circ=$ ____；

(3) $\cos74^\circ\sin14^\circ-\sin74^\circ\cos14^\circ=$ ____；

(4) $\sin20^\circ\cos110^\circ+\cos160^\circ\sin70^\circ=$ ____.

3. 利用公式求三角函数的值：

(1) $\sin15^\circ$；　　(2) $\sin75^\circ$.

4. 化简：

(1) $\dfrac{1}{2}\cos x-\dfrac{\sqrt{3}}{2}\sin x$；　　(2) $\sqrt{3}\sin x+\cos x$；

(3) $\sqrt{2}(\sin x-\cos x)$；　　(4) $\sqrt{2}\cos x-\sqrt{6}\sin x$.

5. 已知 $\sin\alpha=\dfrac{2}{3}$，α 是第二象限的角，$\cos\beta=-\dfrac{3}{4}$，β 是第三象限的角，求 $\sin(\alpha+\beta)$、$\sin(\alpha-\beta)$.

6. 证明：$\tan\left(\dfrac{\pi}{2}+\alpha\right)=-\cot\alpha$.

3. 同频率正弦量的合成

在电学、光学、声学中，应用同频率的正弦量（形如 $\sqrt{181}\sin(\omega t+\theta)$ 的量）进行的求和运算，称为**同频率正弦量的合成**.

例 6　已知三个电流瞬时值的函数式分别是

$$I_1=5\sin\omega t,\ I_2=6\sin(\omega t-60^\circ),\ I_3=10\sin(\omega t+60^\circ),$$

求它们合成后的电流瞬时值 $I=I_1+I_2+I_3$ 的函数式.

解: $I=I_1+I_2+I_3$

$$
\begin{aligned}
&=5\sin\omega t+6\sin(\omega t-60°)+10\sin(\omega t+60°)\\
&=5\sin\omega t+6(\sin\omega t\cos60°-\sin60°\cos\omega t)\\
&\quad+10(\sin\omega t\cos60°+\sin60°\cos\omega t)\\
&=5\sin\omega t+8\sin\omega t+2\sqrt{3}\cos\omega t\\
&=13\sin\omega t+2\sqrt{3}\cos\omega t\\
&=\sqrt{13^2+(2\sqrt{3})^2}\sin(\omega t+\theta)\\
&=\sqrt{181}\sin(\omega t+\theta)\text{（其中 }\tan\theta=\frac{2\sqrt{3}}{13},0\leqslant\theta<2\pi\text{）}.
\end{aligned}
$$

练　　习

已知三个电流瞬时值的函数式分别是:

$$I_1=8\sin\omega t,I_2=12\sin(\omega t-45°),I_3=10\sin(\omega t+30°),$$

求它们的正弦波 $I=I_1+I_2+I_3$ 的函数式.

4. 两角和与差的正切公式

当 $\cos(\alpha+\beta)\neq0$ 时,将公式 $S_{(\alpha+\beta)}$、$C_{(\alpha+\beta)}$ 的两边分别相除,即

$$\tan(\alpha+\beta)=\frac{\sin\alpha\cos\beta+\cos\alpha\sin\beta}{\cos\alpha\cos\beta-\sin\alpha\sin\beta}.$$

如果 $\cos\alpha\cos\beta\neq0$,我们可以将分子、分母都除以 $\cos\alpha\cos\beta$,从而得到

$$\boxed{\tan(\alpha+\beta)=\frac{\tan\alpha+\tan\beta}{1-\tan\alpha\tan\beta}}\tag{3-15}$$

公式(3－15)也称公式 $T_{(\alpha+\beta)}$,在这个公式中用 $-\beta$ 代替 β,又可得到

$$\tan(\alpha-\beta)=\frac{\tan\alpha-\tan\beta}{1+\tan\alpha\tan\beta},$$

即

$$\boxed{\tan(\alpha-\beta)=\frac{\tan\alpha-\tan\beta}{1+\tan\alpha\tan\beta}}\tag{3-16}$$

公式(3－16)也称公式 $T_{(\alpha-\beta)}$,公式 $S_{(\alpha+\beta)}$、$C_{(\alpha+\beta)}$、$T_{(\alpha+\beta)}$ 给出了任意角 α、β 的三角函数值(这里指正弦、余弦或正切)与其和角 $\alpha+\beta$ 的三角函数值之间的关系,为方便起见,我们把这三个公式都叫做**两角和角公式**(简称**和角公式**).

类似地，公式 $S_{(\alpha-\beta)}$、$C_{(\alpha-\beta)}$、$T_{(\alpha-\beta)}$ 都叫做**两角差角公式**(**简称差角公式**).

例 7 利用公式求 tan15°的值.

解:
$$\tan 15^\circ=\tan(45^\circ-30^\circ)=\frac{\tan 45^\circ-\tan 30^\circ}{1+\tan 45^\circ\cdot\tan 30^\circ}=\frac{1-\frac{\sqrt{3}}{3}}{1+1\times\frac{\sqrt{3}}{3}}=2-\sqrt{3}.$$

做一做

上例中将 15°拆成 60° −45°，请求 tan15°的值.

例 8 计算:
$$\frac{1+\tan 75^\circ}{1-\tan 75^\circ}.$$

分析:因为 tan45° =1，所以原式可以看成$\frac{\tan 45^\circ+\tan 75^\circ}{1-\tan 45^\circ\cdot\tan 75^\circ}$，这样，我们就可以运用正切的和角公式，把原式化为 tan(45° +75°)，从而求得原式的值.

解:∵ tan45° =1，
$$\therefore \frac{1+\tan 75^\circ}{1-\tan 75^\circ}=\frac{\tan 45^\circ+\tan 75^\circ}{1-\tan 45^\circ\cdot\tan 75^\circ}=\tan(45^\circ+75^\circ)=\tan 120^\circ=\tan(180^\circ-60^\circ)=-\tan 60^\circ=-\sqrt{3}.$$

本题能否先将 tan75°的值求出来，再进行计算呢？计算过程又会怎样呢？

练　习

1. 等式 $\tan(\alpha+\beta)=\tan\alpha+\tan\beta$，$\tan(\alpha-\beta)=\tan\alpha-\tan\beta$ 成立吗？为什么？

2. 利用公式求三角函数的值:

(1) $\tan 75°$;　　　　(2) $\tan 105°$.

3. 填空题:

(1) $\dfrac{\tan 20° + \tan 25°}{1 - \tan 20° \tan 25°} =$ ____;

(2) $\dfrac{\tan 78° - \tan 18°}{1 + \tan 78° \tan 18°} =$ ____;

(3) $\dfrac{\tan 72° + \tan 48°}{\tan 72° \tan 48° - 1} =$ ____.

4. 已知 $\tan\alpha = 3$,求 $\tan\left(\alpha - \dfrac{\pi}{4}\right)$.

5. 已知 $\tan\alpha = 2$,$\tan\beta = 3$,求 $\tan(\alpha + \beta)$、$\tan(\alpha - \beta)$.

二、二倍角的正弦、余弦、正切公式

我们已经学习了和(差)角公式,还掌握了和角公式和差角公式可以互相转化.那么,如何把和角公式化归为二倍角公式呢?

在公式 $\sin(\alpha + \beta) = \sin\alpha\cos\beta + \cos\alpha\sin\beta$ 中,令 $\beta = \alpha$,则得

$$\boxed{\sin 2\alpha = 2\sin\alpha\cos\alpha} \tag{3-17}$$

在公式 $\cos(\alpha + \beta) = \cos\alpha\cos\beta - \sin\alpha\sin\beta$ 中,令 $\beta = \alpha$,则得

$$\boxed{\cos 2\alpha = \cos^2\alpha - \sin^2\alpha} \tag{3-18}$$

由于 $\sin^2\alpha + \cos^2\alpha = 1$,所以公式(3-18)又可变形为

$$\boxed{\begin{aligned} \cos 2\alpha &= 2\cos^2\alpha - 1 \\ \cos 2\alpha &= 1 - 2\sin^2\alpha \end{aligned}}$$

在公式 $\tan(\alpha + \beta) = \dfrac{\tan\alpha + \tan\beta}{1 - \tan\alpha\tan\beta}$ 中,令 $\beta = \alpha$,则得

$$\boxed{\tan 2\alpha = \frac{2\tan\alpha}{1 - \tan^2\alpha}} \tag{3-19}$$

公式(3-17)、公式(3-18)、公式(3-19)分别称为公式 $S_{2\alpha}$、$C_{2\alpha}$、$T_{2\alpha}$,这些公式都叫做**二倍角公式**.有了二倍角公式,就可以用单角的三角函数表示二倍角的三角函数.

二倍角公式具有相对性,即公式左端的角总是右端角的二倍.根据这个特点,可以灵活运用公式.例如:

$$\sin4\alpha=2\sin2\alpha\cos2\alpha;\sin\theta=2\sin\frac{\theta}{2}\cos\frac{\theta}{2}.$$

例 9 设 $\sin\alpha=-\frac{3}{5}$,α 是第三象限的角,求 $\sin2\alpha$、$\cos2\alpha$、$\tan2\alpha$.

解:$\because\ \sin\alpha=-\frac{3}{5}$,$\alpha$ 是第三象限的角,

$$\therefore\ \cos\alpha=-\sqrt{1-\sin^2\alpha}=-\sqrt{1-\left(-\frac{3}{5}\right)^2}=-\frac{4}{5}.$$

因而

$$\sin2\alpha=2\sin\alpha\cos\alpha=2\times\left(-\frac{3}{5}\right)\times\left(-\frac{4}{5}\right)=\frac{24}{25};$$

$$\cos2\alpha=1-2\sin^2\alpha=1-2\times\left(-\frac{3}{5}\right)^2=\frac{7}{25};$$

$$\tan2\alpha=\frac{\sin2\alpha}{\cos2\alpha}=\frac{\frac{24}{25}}{\frac{7}{25}}=\frac{24}{7}.$$

练　　习

1.(口答)利用二倍角公式求下列各式的值:

(1)$2\sin15°\cos15°$;　　(2)$\sin^2\frac{\pi}{8}-\cos^2\frac{\pi}{8}$;

(3)$1-2\sin^2 22°30'$;　　(4)$\frac{2\tan15°}{1-\tan^2 15°}$.

2.化简:

(1)$\sin\frac{\theta}{2}\cos\frac{\theta}{2}$;　　(2)$\cos^4\frac{x}{2}-\sin^4\frac{x}{2}$.

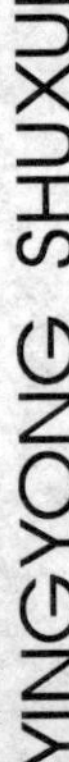

3. 已知 $\sin(\pi-\alpha)=\frac{3}{5}$,求 $\cos2\alpha$.

4. 求 $\sin10°\cdot\sin30°\cdot\sin50°\cdot\sin70°$的值.

5. 已知 $\tan\alpha=\frac{1}{2}$,求 $\tan2\alpha$.

6. 已知 $\sin2\alpha=-\sin\alpha,\alpha\in\left(\frac{\pi}{2},\pi\right)$,求 $\tan\alpha$ 的值.

习　题

1. 选择题:

(1) $\cos\left(\alpha+\frac{\pi}{3}\right)+\cos\left(\alpha-\frac{\pi}{3}\right)=$(　　).

A. $-\frac{1}{2}$　　B. $2\cos\alpha$　　C. $\cos\alpha$　　D. $\sin\alpha$

(2) $\sin(\alpha+\beta)-\sin(\alpha-\beta)-$(　　).

A. $\sin2\alpha$　　B. $\sin2\beta$　　C. $2\cos\alpha\cdot\sin\beta$　　D. $2\sin\alpha\cdot\cos\beta$

(3) 设 $\tan\alpha=2,\tan\beta=3$,则 $\tan(\alpha+\beta)=$(　　).

A. 1　　B. -1　　C. 5　　D. -5

(4) 若 $\sin\alpha+\cos\alpha=\frac{1}{2}$,则 $\sin\left(\alpha+\frac{\pi}{4}\right)$的值是(　　).

A. $\frac{\sqrt{2}}{2}$　　B. $\frac{\sqrt{2}}{4}$　　C. $\frac{1}{4}$　　D. $\sqrt{2}$

(5) 化简:$\sqrt{3}\cos\alpha+\sin\alpha$ 等于(　　).

A. $2\sin\left(\alpha+\frac{\pi}{6}\right)$　　B. $2\cos\left(\alpha+\frac{\pi}{6}\right)$

C. $2\cos\left(\alpha-\frac{\pi}{6}\right)$　　D. $2\cos\left(\alpha+\frac{\pi}{3}\right)$

2. 已知 $\cos\theta=-\frac{5}{13}$,θ 是第三象限的角,求 $\sin\left(\theta-\frac{\pi}{4}\right)$、$\cos\left(\theta+\frac{\pi}{6}\right)$.

3. 已知 $\sin\alpha=\frac{15}{17}$,α 是第二象限的角,求 $\cos\left(\frac{\pi}{3}-\alpha\right)$.

4. 已知 $\sin\alpha=\frac{2}{3},\cos\beta=-\frac{3}{4}$,且 α,β 都是第二象限角,求:

(1) $\sin(\alpha+\beta)$、$\cos(\alpha+\beta)$、$\tan(\alpha+\beta)$；

(2) $\sin(\alpha-\beta)$、$\cos(\alpha-\beta)$、$\tan(\alpha-\beta)$.

5. 已知等腰三角形一个底角的正弦值等于$\frac{5}{13}$，求这个三角形的顶角的正弦、余弦及正切的值.

6. 利用二倍角公式求下列各式的值：

(1) $2\cos^2\frac{\pi}{12}-1$；　　(2) $\sin75°\sin15°$；

(3) $\frac{\tan22.5°}{1-\tan^2 22.5°}$；　　(4) $\sin^2\frac{5\pi}{12}-\cos^2\frac{5\pi}{12}$.

7. 化简：

(1) $(\sin\alpha-\cos\alpha)^2$；　　(2) $\frac{\sin\theta\cos\theta}{\cos^2\theta-\sin^2\theta}$；

(3) $\frac{1}{1-\tan\theta}-\frac{1}{1+\tan\theta}$.

8. 化简：

(1) $3\sqrt{15}\sin x-3\sqrt{5\cos x}$；

(2) $\frac{3}{2}\cos x+\frac{\sqrt{3}}{2}\sin x$；

(3) $\sqrt{3}\sin\frac{x}{2}-\cos\frac{x}{2}$；

(4) $\sin347°\cos148°+\sin77°\cos58°$；

(5) $\sin164°\sin224+\sin254°\sin314°$；

(6) $\sin(\alpha+\beta)\cos(\gamma-\beta)+\cos(\beta+\alpha)\sin(\beta-\gamma)$；

(7) $\sin(\alpha-\beta)\sin(\beta-\gamma)-\cos(\alpha-\beta)\cos(\gamma-\beta)$.

9. 已知 $\cos\alpha=\frac{4}{5}$，α 是第四象限角，求 $\sin2\alpha$、$\cos2\alpha$、$\tan2\alpha$.

10. 已知 $\tan\alpha=2$，求 $\tan2\left(\alpha-\frac{\pi}{4}\right)$.

11. 已知 $\tan\alpha$、$\tan\beta$ 是方程 $2x^2+3x-7=0$ 的两个实数根，求 $\tan(\alpha+\beta)$ 的值.

第三节 三角函数的图像和性质

一、正弦函数的图像和性质

1. 正弦函数的图像

图 3-18 是示波器所显示的图形，那么它会是什么函数的图像呢？

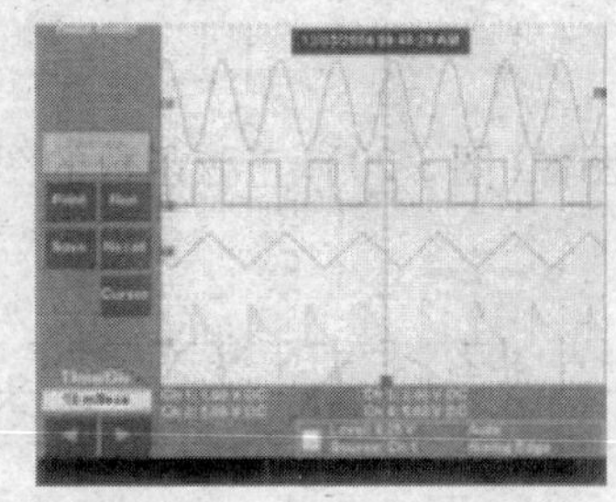

图 3-18

我们利用单位圆中的正弦线，来作正弦函数的图像.

在直角坐标系的 x 轴的负半轴上任取一点 O_1，以 O_1 为圆心作单位圆（图 3-19），以$\odot O_1$ 与 x 轴的右交点 A 为起点，把$\odot O_1$ 分为 12 等份（份数宜取 6 的倍数，等份越多，作出的图像越精确）. 过圆周上各分点分别作 y 轴的垂线，可以得到对应于 $0,\frac{\pi}{6},\frac{\pi}{3},\frac{\pi}{2},\cdots,2\pi$ 等角的正弦线（例如，有向线段 O_1B 对应于$\frac{\pi}{2}$角的正弦线）. 相应地，再把 x 轴上从 0 到 2π 这一段（$2\pi\approx6.28$）分成 12 等份（例如，从原点起向右的第四个点，就是对应于$\frac{\pi}{2}$角的点）. 把角 x 的正弦线向右平移，使它的起点与 x 轴上的点 x 重合（例如，把正弦线 O_1B 向右平移，使点 O_1 与 x 轴上的点$\frac{\pi}{2}$重合）. 再用光滑的曲线把这些正弦线的终点连接起来，就得到了函数 $y=\sin x, x\in[0,2\pi]$ 的图像（图 3-19）.

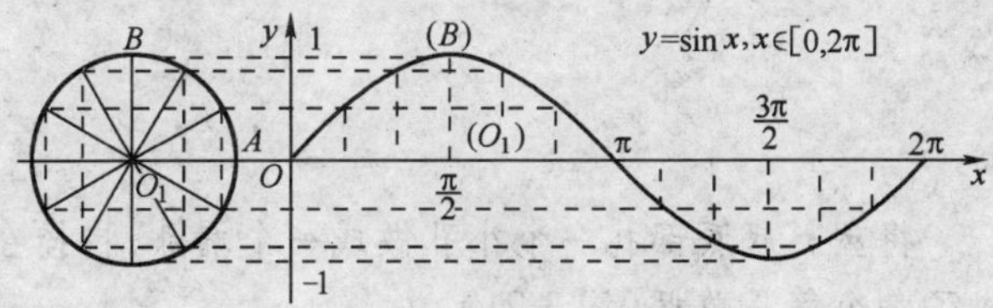

图 3-19

因为终边相同的角有相同的三角函数值，所以函数

$$y=\sin x, x\in[2k\pi,2(k+1)\pi], k\in\mathbf{Z}\text{ 且 }k\neq0$$

的图像，与函数

$$y=\sin x, x\in[0,2\pi)$$

的图像的形状完全一样,只是位置不同. 于是我们只要将函数

$$y=\sin x, x\in[0,2\pi)$$

的图像向左、右平行移动(每次平移 2π 个单位长度),就可以得正弦函数

$$y=\sin x, x\in\mathbf{R}$$

的图像(图 3-20). 正弦函数的图像叫做**正弦曲线**.

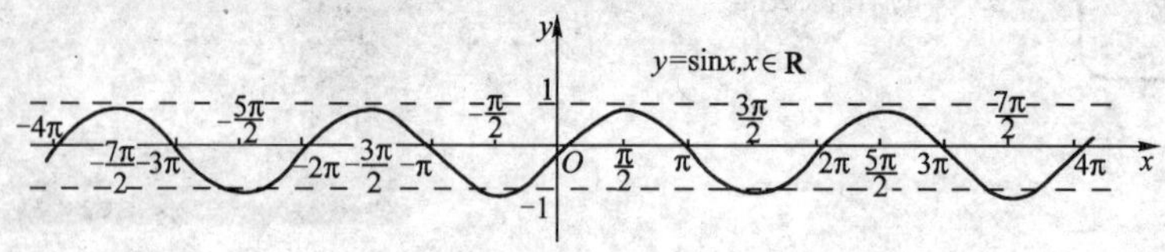

图 3-20

由图 3-19 可以看出,在函数 $y=\sin x, x\in[0,2\pi]$ 的图像上,起着关键作用的点有以下五个:

$$(0,0), \left(\frac{\pi}{2},1\right), (\pi,0), \left(\frac{3\pi}{2},-1\right), (2\pi,0).$$

事实上,描出这五个点后,函数 $y=\sin x, x\in[0,2\pi]$ 的图像的形状就基本上确定了. 因此,在精确度要求不太高时,常常先找出这五个关键点,然后用光滑曲线把它们连接起来,就得到函数 $y=\sin x, x\in[0,2\pi]$ 的简图. 今后,我们将经常使用这种近似的"**五点(画图)法**".

能否用折线将五个关键点连接起来?

将塑料瓶底部扎一个小孔做成一个漏斗,再挂在架子上,就做成了一个简易单摆(图 3-21).

在漏斗下方放一块纸板，板的中间画一条直线作为坐标系的横轴. 把漏斗灌上细沙并拉离平衡位置，放手使它摆动，同时匀速拉动纸板. 这样就可在纸板上得到一条曲线，这是一条什么样的曲线呢？动手做做看.

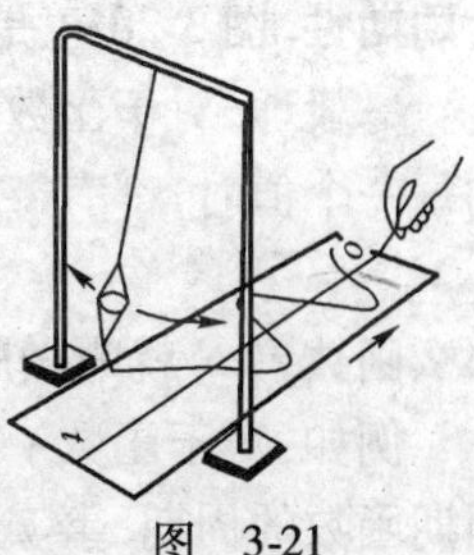
图 3-21

例1 作函数 $y=1+\sin x, x\in[0,2\pi]$ 的简图.

解： 列表如下(表3-3)

描点连线，得 $y=1+\sin x$ 在 $[0,2\pi]$ 上的简图，如图3-22所示.

表 3-3

x	0	$\frac{\pi}{2}$	π	$\frac{3\pi}{2}$	2π
$\sin x$	0	1	0	−1	0
$1+\sin x$	1	2	1	0	1

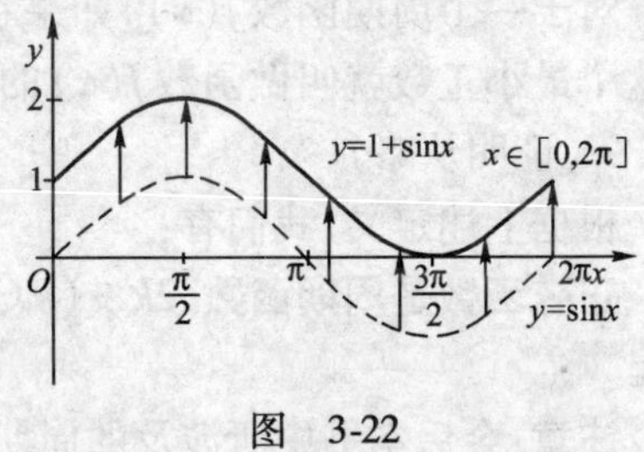

图 3-22

练　　习

1. 利用“五点法”作函数 $y=2\sin x, x\in[0,2\pi]$ 的简图.
2. 利用“五点法”作函数 $y=\sin x-2, x\in[0,2\pi]$ 的简图.

2. 正弦函数的性质

观察正弦函数的图像，你能找出正弦函数有什么性质吗？下面我们来研究正弦函数的性质.

(1) **定义域** 由三角函数的定义可知，正弦函数 $y=\sin x$ 的定义域是实数集 $\mathbf{R}$.

(2) **值域** 因为在单位圆中，正弦线的长都小于或等于半径的长1，所以 $|\sin x|\leqslant 1$，即 $-1\leqslant \sin x\leqslant 1$. 这就是说，正弦函数的值域为 $[-1,1]$，并且函数 $y=\sin x$ 在 $x=\frac{\pi}{2}+k\cdot 2\pi\ (k\in\mathbf{Z})$ 时取得最大值 $y_{max}=1$；在 $x=-\frac{\pi}{2}+k\cdot 2\pi\ (k\in\mathbf{Z})$ 时取得最小值 $y_{min}=-1$.

(3) **周期性** 由诱导公式 $\sin(x+2k\pi)=\sin x\ (k\in\mathbf{Z})$ 可知，正弦函数值是按一定规律不断重复出现的，这是正弦函数的一个重要性质，我们将这种性质称为**周期性**. 图 3-20 正是按此性质画出的.

一般地,对于函数 $y=f(x)$,如果存在一个非零常数 T,使得当 x 取定义域内的每一个值时,都有

$$f(x+T)=f(x),$$

那么函数 $f(x)$ 就叫做**周期函数**. 非零常数 T 叫做这个函数的**周期**.

例如,对于函数 $y=\sin x, x\in\mathbf{R}$ 来说,$\cdots -4\pi$、-2π、2π、$4\pi\cdots$都是这个周期函数的周期. 事实上,任何一个常数 $2k\pi$($k\in\mathbf{Z}$ 且 $k\neq0$)都是正弦函数的周期. 这说明,如果一个周期函数有周期,则它的周期往往不止一个.

对于一个周期函数 $f(x)$,如果在它的所有周期中存在一个最小的正数,那么这个最小正数就叫做函数 $f(x)$ 的**最小正周期**. 显然,正弦函数的最小正周期是 2π(证明从略).

根据上述定义,我们有:

正弦函数是周期函数,$2k\pi$($k\in\mathbf{Z}$ 且 $k\neq0$)都是正弦函数的周期,最小正周期是 2π.

注意:今后本书中所涉及的周期,如果不加特别说明,一般都指函数的最小正周期.

一般地,函数 $y=A\sin(\omega x+\varphi), x\in\mathbf{R}$(其中 A,ω,φ 为常数,且 $A>0,\omega>0$)的周期为

$$T=\frac{2\pi}{\omega}.$$

(4)**奇偶性**　由诱导公式 $\sin(-x)=-\sin x$ 可知,正弦函数 $y=\sin x, x\in\mathbf{R}$ 是奇函数,反映在图像上,正弦曲线关于坐标原点对称.

(5)**单调性**　由正弦曲线(图 3-20)可以看出,当 x 从 $-\frac{\pi}{2}$ 增大到 $\frac{\pi}{2}$ 时,曲线逐渐上升,$\sin x$ 从 -1 增大到 1;当 x 从 $\frac{\pi}{2}$ 增大到 $\frac{3\pi}{2}$ 时,曲线逐渐下降,$\sin x$ 从 1 减小到 -1. 这种变化情况如表 3-4 所示:

表　3-4

x	$-\frac{\pi}{2}$	…	0	…	$\frac{\pi}{2}$	…	π	…	$\frac{3\pi}{2}$
$\sin x$	-1	↗	0	↗	1	↘	0	↘	-1

由正弦函数的周期可知:

正弦函数在每一个闭区间

$$\left[-\frac{\pi}{2}+2k\pi,\frac{\pi}{2}+2k\pi\right](k\in\mathbf{Z})$$

上都是增函数,其值从 -1 增大到 1;在每一个闭区间

$$\left[\frac{\pi}{2}+2k\pi,\frac{3\pi}{2}+2k\pi\right](k\in\mathbf{Z})$$

上都是减函数,其值从 1 减小到 -1.

例 2 求下列函数的周期:

(1) $y=\sin 2x, x\in\mathbf{R}$; (2) $y=2\sin\left(\frac{1}{2}x-\frac{\pi}{6}\right), x\in\mathbf{R}$.

解:(1) $T=\frac{2\pi}{\omega}=\frac{2\pi}{2}=\pi$;

(2) $T=\frac{2\pi}{\omega}=\frac{2\pi}{\frac{1}{2}}=4\pi$.

例 3 利用正弦函数的有关性质,比较下列各组值的大小:

(1) $\sin\left(-\frac{\pi}{18}\right)$与$\sin\left(-\frac{\pi}{10}\right)$; (2) $\sin\frac{16\pi}{3}$与$\sin\left(-\frac{13\pi}{4}\right)$.

解:(1) $\because -\frac{\pi}{2}<-\frac{\pi}{10}<-\frac{\pi}{18}<\frac{\pi}{2}$,且函数 $y=\sin x$ 在$\left[-\frac{\pi}{2},\frac{\pi}{2}\right]$上是增函数,

$\therefore \sin\left(-\frac{\pi}{18}\right)>\sin\left(-\frac{\pi}{10}\right)$.

(2) $\sin\frac{16\pi}{3}=\sin\left(4\pi+\frac{4\pi}{3}\right)=\sin\frac{4\pi}{3}$,

$\sin\left(-\frac{13\pi}{4}\right)=\sin\left(-4\pi+\frac{3\pi}{4}\right)=\sin\frac{3\pi}{4}$.

$\because \frac{\pi}{2}<\frac{3\pi}{4}<\frac{4\pi}{3}<\frac{3\pi}{2}$,且函数 $y=\sin x$ 在$\left[\frac{\pi}{2},\frac{3\pi}{2}\right]$上是减函数,

$\therefore \sin\frac{3\pi}{4}>\sin\frac{4\pi}{3}$,

$\therefore \sin\frac{16\pi}{3}<\sin\left(-\frac{13\pi}{4}\right)$.

例 4 求函数 $y=\sin\left(\frac{1}{2}x-\frac{\pi}{3}\right), x\in[-2\pi,2\pi]$的单调递增区间.

解:令 $z=\frac{1}{2}x-\frac{\pi}{3}$,则函数 $y=\sin z$ 的单调递增区间是

$$\left[-\frac{\pi}{2}+2k\pi,\frac{\pi}{2}+2k\pi\right].$$

由

$$-\frac{\pi}{2}+2k\pi\leqslant\frac{1}{2}x-\frac{\pi}{3}\leqslant\frac{\pi}{2}+2k\pi,k\in\mathbf{Z},$$

得

$$-\frac{\pi}{3}+4k\pi\leqslant x\leqslant\frac{5\pi}{3}+4k\pi.$$

$\because x\in[-2\pi,2\pi]$,

$\therefore\ -2\pi\leqslant-\frac{\pi}{3}+4k\pi$ 且 $\frac{5\pi}{3}+4k\pi\leqslant 2\pi,k\in\mathbf{Z}$,

于是，$-\frac{5}{12}\leqslant k\leqslant\frac{1}{12}$.

又$\because k\in\mathbf{Z}$,

$\therefore k=0$，即函数 $y=\sin\left(\frac{1}{2}x-\frac{\pi}{3}\right),x\in[-2\pi,2\pi]$ 的单调递增区间是 $\left[-\frac{\pi}{3},\frac{5\pi}{3}\right]$.

练　　习

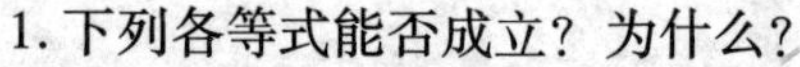

1. 下列各等式能否成立？为什么？

(1) $2\cos x=-3$；　　(2) $\sin^2 x=0.5$.

2. 判断题(正确的画“✓”，错误的画“×”).

(1) 正弦函数 $y=\sin x$ 是增函数　　(　　)；

(2) 正弦函数 $y=\sin x$ 是偶函数　　(　　)；

(3) $\sin350°>\sin340°$　　(　　)；

(4) $\sin260°>\sin250°$　　(　　).

3. 当 $x=$____时，函数 $y=\sin x$ 取得最大值，其最大值为____；

当 $x=$____时，函数 $y=\sin x$ 取得最小值，其最小值为____.

4. 正弦函数的图像关于____对称.

5. 求下列各函数的最大值、最小值和周期：

(1) $y=\sin x-3$；　　(2) $y=-6+\sin x$.

6. 求下列函数的周期：

(1) $y=\sin\left(2x+\frac{\pi}{3}\right),x\in\mathbf{R}$；　　(2) $y=\sqrt{3}\sin\left(\frac{1}{3}x-\frac{\pi}{4}\right),x\in\mathbf{R}$.

7. 利用正弦函数的有关性质，比较下列各组值的大小：

(1) $\sin250°$与$\sin260°$；　　　　(2) $\sin\left(-\frac{55\pi}{7}\right)$与$\sin\left(-\frac{63\pi}{8}\right)$.

8. 求函数$y=\sin\left(\frac{1}{3}x+\frac{\pi}{6}\right), x\in[-2\pi,4\pi]$的单调递减区间.

9. 求下列函数的定义域：

(1) $y=\frac{1}{1+\sin x}$；　　　　(2) $y=\sqrt{\sin x}$.

二、函数 $y=A\sin(\omega x+\varphi)$ 的图像

在物理和工程技术的许多问题中，经常会遇到形如$y=A\sin(\omega x+\varphi)$（其中$A$、$\omega$、$\varphi$都是常数）的函数解析式，这种函数通常叫做**正弦型函数**. 正弦型函数的图像称为**正弦型曲线**. 例如，在物理中，物体作简谐振动时离开平衡位置的位移s与时间t的关系，交流电中电流i与时间t的关系等，都可以表示成这类函数解析式. 那么，函数$y=A\sin(\omega x+\varphi)$与函数$y=\sin x$有什么关系呢？

从解析式来看，函数$y=\sin x$就是函数$y=A\sin(\omega x+\varphi)$在$A=1,\omega=1,\varphi=0$时的情况.

下面，我们通过例题来研究A、ω、φ对函数$y=A\sin(\omega x+\varphi)$图像的影响.

1. A 对函数 $y=A\sin x, x\in\mathbf{R}$ 的图像的影响

例5　画出$y=2\sin x, x\in R$及$y=\frac{1}{2}\sin x, x\in\mathbf{R}$的简图.

解：依题意可知，这两个函数的周期都是2π，我们先画出$x\in[0,2\pi]$时的简图.

列表如下（表3-5）：

表　3-5

x	0	$\frac{\pi}{2}$	π	$\frac{3\pi}{2}$	2π
$\sin x$	0	1	0	-1	0
$2\sin x$	0	2	0	-2	0
$\frac{1}{2}\sin x$	0	$\frac{1}{2}$	0	$-\frac{1}{2}$	0

描点画图如下（图3-23）：

利用这两个函数的周期性，我们可以把它们在$[0,2\pi]$上的简图向左、右分别扩展，从而得到它们的简图（这里从略）.

从图3-23可以看出，对于同一个 x 值，函数 $y=2\sin x, x\in[0,2\pi]$ 的图像上的点的纵坐标等于函数 $y=\sin x, x\in[0,2\pi]$ 的图像上的点的纵坐标的2倍. 因此，函数 $y=2\sin x, x\in[0,2\pi]$ 的图像，可以看作把正弦曲线上所有点的纵坐标伸长到原来的2倍（横坐标不变）而得到. 因此，函数 $y=2\sin x, x\in\mathbf{R}$ 的值域是 $[-2,2]$，最大值是2，最小值 -2.

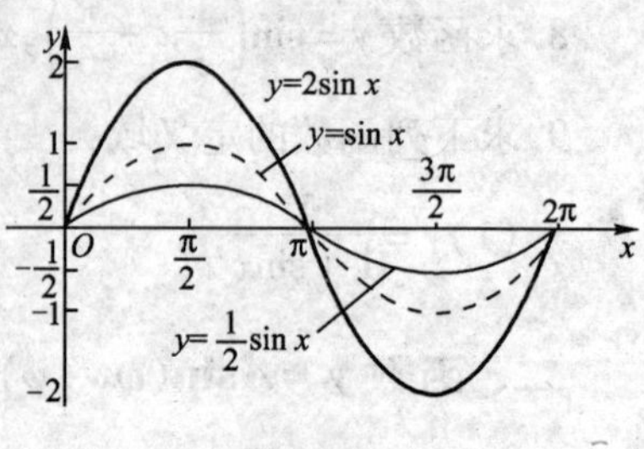

图 3-23

类似地，函数 $y=\frac{1}{2}\sin x, x\in\mathbf{R}$ 的图像，可以看作把正弦曲线上所有点的纵坐标缩短到原来的 $\frac{1}{2}$ 倍（横坐标不变）而得到. 因此，函数 $y=\frac{1}{2}\sin x, x\in\mathbf{R}$ 的值域是 $\left[-\frac{1}{2},\frac{1}{2}\right]$，最大值是 $\frac{1}{2}$，最小值是 $-\frac{1}{2}$.

因此，函数 $y=A\sin x, x\in\mathbf{R}$（其中 $A>0$ 且 $A\neq1$）的图像，可以看作把正弦曲线上所有点的纵坐标伸长（当 $A>1$ 时）或缩短（当 $0<A<1$ 时）到原来的 A 倍，横坐标不变而得到. 函数 $y=A\sin x, x\in\mathbf{R}$ 的值域为 $[-A,A]$，最大值是A，最小值 $-A$.

2. ω 对函数 $y=\sin\omega x, x\in\mathbf{R}$，的图像的影响

例6 画出函数 $y=\sin2x, x\in\mathbf{R}$ 和函数 $y=\sin\frac{1}{2}x, x\in\mathbf{R}$ 的简图.

解：函数 $y=\sin2x, x\in\mathbf{R}$ 的周期 $T=\frac{2\pi}{2}=\pi$，我们先画出它在 $[0,\pi]$ 上的简图.

令 $X=2x$，那么 $\sin X=\sin2x$. 当 $X=0,\frac{\pi}{2},\pi,\frac{3\pi}{2},2\pi$ 时，所对应的五点是函数

$$y=\sin X, X\in[0,2\pi]$$

的图像上起关键作用的点. 这里 $x=\frac{X}{2}$，所以当 $x=0,\frac{\pi}{4},\frac{\pi}{2},\frac{3\pi}{4},\pi$ 时，所对应的五点是函数

$$y=\sin2x, x\in[0,\pi]$$

的图像上起关键作用的点.

列表如下（表3-6）：

表 3-6

x	0	$\frac{\pi}{4}$	$\frac{\pi}{2}$	$\frac{3\pi}{4}$	π
$2x$	0	$\frac{\pi}{2}$	π	$\frac{3\pi}{2}$	2π
$\sin 2x$	0	1	0	-1	0

描点画图如下(图 3-24):

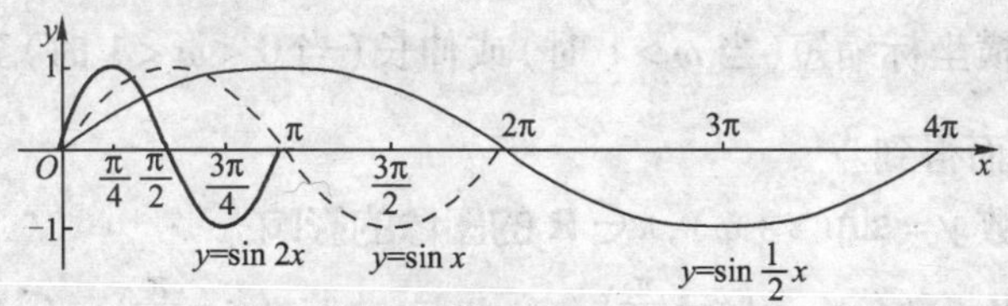

图 3-24

类似地,函数 $y=\sin\frac{1}{2}x, x\in\mathbf{R}$ 的周期 $T=\frac{2\pi}{\frac{1}{2}}=4\pi$,我们再画出它在 $[0,4\pi]$上的简图.

列表如下(表 3-7):

表 3-7

x	0	π	2π	3π	4π
$\frac{x}{2}$	0	$\frac{\pi}{2}$	π	$\frac{3\pi}{2}$	2π
$\sin\frac{x}{2}$	0	1	0	-1	0

描点画图,如图 3-24 所示.

利用题目中这两个函数的周期性,我们可以把它们各自在长度为一个周期的半开半闭区间上的简图向左、右分别扩展,从而得到它们的简图(这里从略).

从图 3-24 可以看出,在函数 $y=\sin 2x, x\in[0,\pi]$ 的图像上,横坐标为 $\frac{x_0}{2}$ ($x_0\in[0,\pi]$)的点的纵坐标,同正弦曲线上横坐标为 x_0 的点的纵坐标相等(例如,当 $x_0=\frac{\pi}{2}$ 时,$\sin\left(2\cdot\frac{x_0}{2}\right)=\sin x_0=\sin\frac{\pi}{2}=1$).因此,函数 $y=\sin 2x, x\in\mathbf{R}$ 的

图像,可以看作把正弦曲线上所有点的横坐标缩短到原来的$\frac{1}{2}$倍(纵坐标不变)而得到.

类似地,函数$y=\sin\frac{1}{2}x, x\in\mathbf{R}$的图像,可以看作把正弦曲线上所有点的横坐标伸长到原来的2倍(纵坐标不变)而得到.

因此,函数$y=\sin\omega x, x\in\mathbf{R}$(其中$\omega>0$且$\omega\neq1$)的图像,可以看作把正弦曲线上所有点的横坐标缩短(当$\omega>1$时)或伸长(当$0<\omega<1$时)到原来的$\frac{1}{\omega}$倍(纵坐标不变)而得到.

3. φ对函数$y=\sin(x+\varphi), x\in\mathbf{R}$的图像的影响

例7 画出函数$y=\sin\left(x+\frac{\pi}{3}\right), x\in R$与$y=\sin\left(x-\frac{\pi}{4}\right), x\in\mathbf{R}$的简图.

解:依题意可知,这两个函数的周期都是2π,我们先画出$y=\sin\left(x+\frac{\pi}{3}\right)$,$x\in\mathbf{R}$在一个周期$\left[-\frac{\pi}{3},\frac{5\pi}{3}\right]$内的简图.

列表如下(表3-8):

表 3-8

x	$-\frac{\pi}{3}$	$\frac{\pi}{6}$	$\frac{2\pi}{3}$	$\frac{7\pi}{6}$	$\frac{5\pi}{3}$
$x+\frac{\pi}{3}$	0	$\frac{\pi}{2}$	π	$\frac{3\pi}{2}$	2π
$\sin\left(x+\frac{\pi}{3}\right)$	0	1	0	-1	0

描点画图如下(图3-25):

观察函数$y=\sin\left(x+\frac{\pi}{3}\right), x\in\mathbf{R}$的图像,它可以看作把正弦曲线上所有的点向左平行移动$\frac{\pi}{3}$个单位长度而得到.

类似地,函数$y=\sin\left(x-\frac{\pi}{4}\right), x\in\mathbf{R}$的图像可以看作把正弦曲线上所有的点向右平行移动$\frac{\pi}{4}$个单位长度而得到(图3-25).

函数

$$y=\sin x, x\in[0,2\pi],$$

$$y=\sin\left(x+\frac{\pi}{3}\right),x\in\left[-\frac{\pi}{3},\frac{5\pi}{3}\right],$$

$$y=\sin\left(x-\frac{\pi}{4}\right),x\in\left[\frac{\pi}{4},\frac{9\pi}{4}\right].$$

的图像如图 3-25 所示.

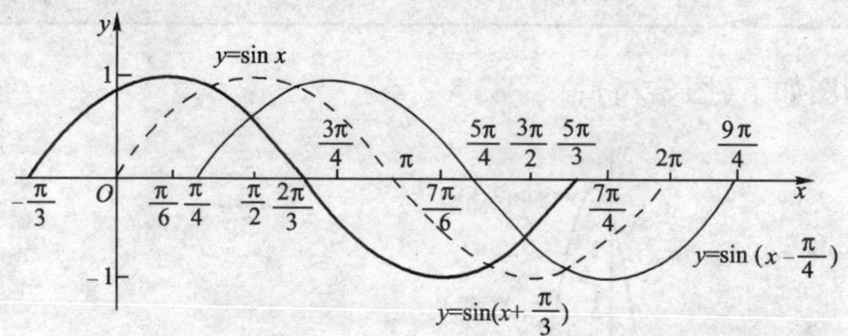

图 3-25

因此,函数 $y=\sin(x+\varphi),x\in\mathbf{R}$(其中 $\varphi\neq0$)的图像,可以看作把正弦曲线上所有的点向左(当 $\varphi>0$ 时)或向右(当 $\varphi<0$ 时)平行移动 $|\varphi|$ 个单位长度而得到.

4. A、ω、φ 对函数 $y=A\sin(\omega x+\varphi),x\in\mathbf{R}$ 的图像的影响

例 8 画出函数 $y=3\sin\left(2x+\frac{\pi}{3}\right),x\in\mathbf{R}$ 的简图.

解:方法一:五点法作图

函数 $y=3\sin\left(2x+\frac{\pi}{3}\right),x\in\mathbf{R}$ 的周期 $T=\frac{2\pi}{2}=\pi$,我们先画出它在长度为一个周期的闭区间上的简图.

令 $X=2x+\frac{\pi}{3}$,那么 $3\sin X=3\sin\left(2x+\frac{\pi}{3}\right)$,且 $x=\frac{X-\frac{\pi}{3}}{2}=\frac{X}{2}-\frac{\pi}{6}$.

当 $X=0,\frac{\pi}{2},\pi,\frac{3\pi}{2},2\pi$ 时,x 相应取 $-\frac{\pi}{6},\frac{\pi}{12},\frac{\pi}{3},\frac{7\pi}{12},\frac{5\pi}{6}$ 等值,所对应的五点是函数

$$y=3\sin\left(2x+\frac{\pi}{3}\right),x\in\left[-\frac{\pi}{6},\frac{5\pi}{6}\right]$$

的图像上起关键作用的点.

列表如下(表 3-9):

表 3-9

x	$-\frac{\pi}{6}$	$\frac{\pi}{12}$	$\frac{\pi}{3}$	$\frac{7\pi}{12}$	$\frac{5\pi}{6}$
$2x+\frac{\pi}{3}$	0	$\frac{\pi}{2}$	π	$\frac{3\pi}{2}$	2π
$3\sin\left(2x+\frac{\pi}{3}\right)$	0	3	0	-3	0

描点画图如下(图 3-26):

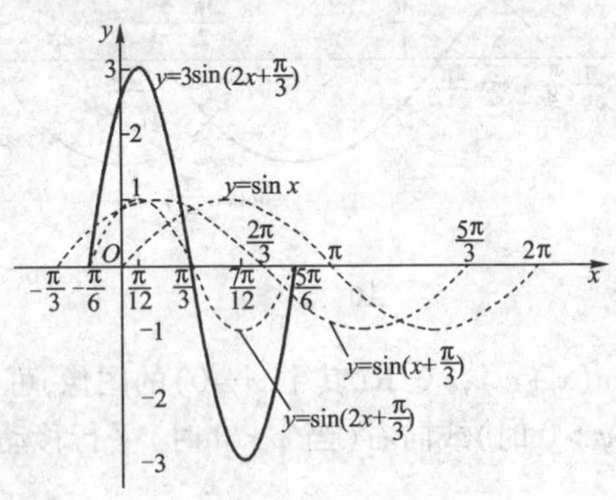

图 3-26

利用题目中函数的周期性,我们可以把它在长度$\left[-\frac{\pi}{6},\frac{5\pi}{6}\right]$上的简图向左、右分别扩展,从而得到它们的简图(这里从略).

方法二:图像变换法作图

函数 $y=3\sin\left(2x+\frac{\pi}{3}\right),x\in\mathbf{R}$ 的图像,可以看作用下面的方法得到:

先把正弦曲线上所有的点向左平行移动$\frac{\pi}{3}$个单位长度,得到函数 $y=\sin\left(x+\frac{\pi}{3}\right),x\in\mathbf{R}$ 的图像;然后使所得曲线上各点的横坐标缩短到原来的$\frac{1}{2}$倍(纵坐标不变),得到函数 $y=\sin\left(2x+\frac{\pi}{3}\right),x\in\mathbf{R}$ 的图像;最后把所得曲线上各点的纵坐标伸长到原来的 3 倍(横坐标不变),从而得到函数 $y=3\sin\left(2x+\frac{\pi}{3}\right),x\in\mathbf{R}$ 的图像.

一般地,函数

$$y=A\sin(\omega x+\varphi),x\in\mathbf{R}$$

(其中 $A>0,\omega>0$)的图像,可以看作用下面的方法得到:先把正弦曲线上所有的点向左(当 $\varphi>0$ 时)或向右(当 $\varphi<0$ 时)平行移动 $|\varphi|$ 个单位长度,然后使所得曲线上各点的横坐标缩短(当 $\omega>1$ 时)或伸长(当 $0<\omega<1$ 时)到原来的 $\frac{1}{\omega}$ 倍(纵坐标不变),最后把所得曲线上各点的纵坐标伸长(当 $A>1$ 时)或缩短(当 $0<A<1$ 时)到原来的 A 倍(横坐标不变),这时的曲线就是函数 $y=A\sin(\omega x+\varphi)$, $x\in\mathbf{R}$ 的图像.

在物理学中,当物体做简谐运动时,可以用正弦型函数 $y=A\sin(\omega t+\varphi)$ $(A>0,\omega>0)$, $t\in[0,+\infty]$ 来表示简谐运动的位移 y 随时间 t 的变化规律,其中:

(1)A 称为简谐运动的**振幅**,它表示物体做简谐运动时离开平衡位置的最大位移;

(2)$T=\frac{2\pi}{\omega}$ 称为简谐运动的**周期**,它表示做简谐运动的物体往复运动一次所需要的时间;

(3)$f=\frac{1}{T}=\frac{\omega}{2\pi}$ 称为简谐运动的**频率**,它表示做简谐运动的物体在单位时间内往复运动的次数;

(4)$\omega t+\varphi$ 称为**相位**, $t=0$ 时的相位 φ 称为**初相**.

振幅、周期、频率、相位

人体是一个包含各种周期运动的生物体,医学上把周期为 24h 的生理运动称为中周期运动,如血压、血糖浓度的变化;小于 24h 的叫短周期运动,如心跳、脉搏每分钟 50 ~ 70 次,呼吸每分钟 16 ~ 24 次;大于 24h 的叫长周期运动,如人的情绪、体力、智力等.

声音中也包含着正弦函数,声音是由于物体的振动产生的能引起听觉的波,每一个音都是由纯音合成的,纯音的数学模型是函数 $y=A\sin\omega t$. 音调、响度、音长和音色等音的四要素都与正弦函数及其参数有关. 响度与振幅有关,即与声波的能量有关,振幅越大,响度越大;音长也与振幅有关,声音消失过程是由于声波在传播过程中受阻尼振动,系统的机械能随时间逐渐减小,振动的振幅也逐渐减小;音调与声波的振动频率是一一对应的,频率低的声音低沉,频率高的声音尖利.

平时我们听到的每一个音都不只是一个音在响，而是许多个音的结合，称为复合音.复合音的产生是因为发声体在全段振动，产生频率 f 的基音的同时，其各部分，如二分之一、三分之一、四分之一也在振动，产生的频率恰好是全段振动的频率的倍数，如 $2f$、$3f$、$4f$ 等.这些音叫谐音，因为其振幅较小，一般不易听出来.所以我们听到的声音的函数是 $y=\sin x+\frac{1}{2}\sin 2x+\frac{1}{3}\sin 3x+\frac{1}{4}\sin 4x+\cdots$

音色一般由基音和谐音的混合作用所决定.不同乐器、不同人发出的音调可以相同，但音色不同，人们由此分辨出不同的声音.

周期函数产生了美妙的音乐！

例 9 已知一正弦电流 i/A 随时间 t/s 的部分变化曲线如图 3-27 所示，试写出 i 与 t 的函数关系式.

解：由于已知曲线是正弦型曲线，所以设所求函数关系式为

$$i=A\sin(\omega t+\varphi).$$

由图可知，正弦电流 i 的最大值 $A=30$，周期

$T=2.25\times10^{-2}-0.25\times10^{-2}=2\times10^{-2}$.

图 3-27

又 $\because T=\frac{2\pi}{\omega}$，

$$\therefore \omega=\frac{2\pi}{T}=\frac{2\pi}{2\times10^{-2}}=100\pi.$$

$\because$ 起点的横坐标 $t_1=-\frac{\varphi}{\omega}=0.25\times10^{-2}$，

$$\therefore \varphi=-\omega\times0.25\times10^{-2}=-100\pi\times0.25\times10^{-2}=-0.25\pi=-\frac{\pi}{4}.$$

所求函数关系式为

$$i=30\sin\left(100\pi t-\frac{\pi}{4}\right).$$

练　习

1. 选择题：为了得到函数 $y=\sin 5x, x\in\mathbf{R}$ 的图像，只需把正弦曲线上所有的点(　　)：

A. 横坐标伸长到原来的 5 倍，纵坐标不变

B. 横坐标缩短到原来的 $\frac{1}{5}$ 倍，纵坐标不变

C. 纵坐标伸长到原来的 5 倍，横坐标不变

D. 纵坐标缩短到原来的$\frac{1}{5}$倍,横坐标不变

2. 画出下列函数在长度为一个周期的闭区间上的简图,并分别指出它们的振幅和周期:

(1) $y=\frac{3}{2}\sin x, x\in\mathbf{R}$; (2) $y=\sin 3x, x\in\mathbf{R}$;

(3) $y=\sin\left(x+\frac{\pi}{6}\right), x\in\mathbf{R}$; (4) $y=4\sin\left(\frac{1}{2}x-\frac{\pi}{6}\right), x\in\mathbf{R}$.

3. 函数 $y=\sin\left(x-\frac{\pi}{4}\right)$,当 $x=$______时,函数取得最大值,最大值为______.

4. 试说明正弦曲线 $y=\sin x$ 经过怎样的变化可得到函数 $y=2\sin\left(3x+\frac{\pi}{4}\right)$, $x\in\mathbf{R}$的图像.

5. 函数 $y=\frac{1}{2}\sin\left(3x-\frac{\pi}{4}\right), x\in[0,+\infty)$的振幅、周期、频率、初相分别是多少?

6. 一根长为 $l$cm 的线,一端固定,另一端悬挂一个小球. 小球摆动时,离开平衡位置的位移 S(单位:cm)与时间 t(单位:s)的函数关系是

$$S=3\sin\left(\sqrt{\frac{g}{l}}t+\frac{\pi}{3}\right), t\in[0,+\infty),$$

(1)求小球摆动的周期;

(2)已知 $g\approx 980\mathrm{cm/s^2}$,要使小球摆动的周期是1s,线的长度 l 应当是多少(精确到0.1cm,π取3.14)?

三、余弦函数、正切函数的图像和性质

1. 余弦函数的图像和性质

我们利用诱导公式可得

$$\sin\left(x+\frac{\pi}{2}\right)=\sin\left[\pi-\left(x+\frac{\pi}{2}\right)\right]=\sin\left(\frac{\pi}{2}-x\right)=\cos x.$$

由此可以看出:余弦函数 $y=\cos x, x\in\mathbf{R}$ 与函数 $y=\sin\left(x+\frac{\pi}{2}\right), x\in\mathbf{R}$ 是同一个函数;余弦函数的图像可以通过将正弦曲线向左平行移动$\frac{\pi}{2}$个单位长度而得到,如图 3-28 所示. 余弦函数的图像叫做**余弦曲线**.

由图 3-28 还可以看出,在函数

$$y=\cos x, x\in[0,2\pi]$$

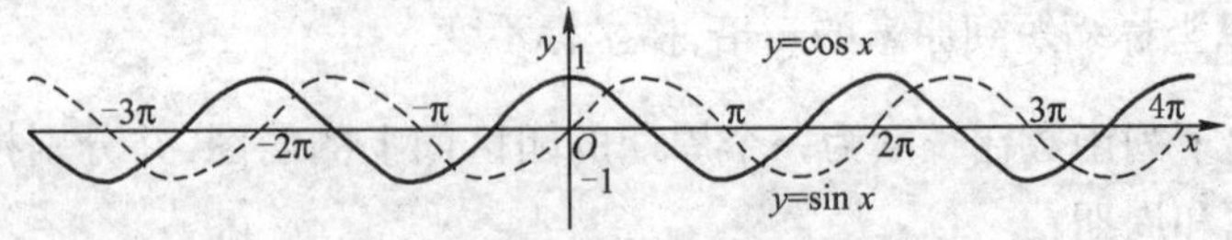

图 3-28

的图像上,起着关键作用的点是以下五个:

$$(0,1),\left(\frac{\pi}{2},0\right),(\pi,-1),\left(\frac{3\pi}{2},0\right),(2\pi,1).$$

与画函数 $y=\sin x, x\in[0,2\pi]$ 的简图类似,通过这五个点,可以画出函数 $y=\cos x, x\in[0,2\pi]$ 的简图.

由余弦函数的图像,可以得到余弦函数的性质如下:

(1)**定义域** 由三角函数的定义可知,余弦函数 $y=\cos x$ 的定义域是实数集 **R**.

(2)**值域** 余弦函数的值域为 $[-1,1]$,并且函数 $y=\cos x$ 在 $x=2k\pi$ $(k\in\mathbf{Z})$ 时取得最大值 $y_{max}=1$;在 $x=(2k+1)\pi$ $(k\in\mathbf{Z})$ 时取得最小值 $y_{min}=-1$.

(3)**周期性** 余弦函数的周期 $T=2\pi$.

(4)**奇偶性** 由诱导公式 $\cos(-x)=\cos x$ 可知,余弦函数 $y=\cos x, x\in\mathbf{R}$ 是偶函数,它的图像关于 y 轴对称.

(5)**单调性** 余弦函数在每一个闭区间 $[(2k-1)\pi,2k\pi]$ $(k\in\mathbf{Z})$ 上都是增函数,其值从 -1 增大到 1;在每一个闭区间 $[2k\pi,(2k+1)\pi]$ $(k\in\mathbf{Z})$ 上都是减函数,其值从 1 减小到 -1.

一般地,函数 $y=A\cos(\omega x+\varphi)$(其中 A,ω,φ 为常数,且 $A>0,\omega>0$)的值域是 $[-A,A]$,最大值是 A,最小值是 $-A$,周期

$$T=\frac{2\pi}{\omega}.$$

例 10 求下列函数的最大值、最小值和周期 T:

(1) $y=5\cos x$; (2) $y=8\cos\left(2x+\frac{\pi}{4}\right)$.

解:(1) $y_{max}=5, y_{min}=-5, T=2\pi$;

(2) $y_{max}=8, y_{min}=-8, T=\frac{2\pi}{\omega}=\frac{2\pi}{2}=\pi$.

例 11 利用余弦函数的有关性质,比较下列各组值的大小:

(1) $\cos\frac{5\pi}{4}$和$\cos\frac{7\pi}{5}$；　　(2) $\cos\left(-\frac{23\pi}{5}\right)$和$\cos\left(-\frac{17\pi}{4}\right)$.

解：(1) $\because \pi<\frac{5\pi}{4}<\frac{7\pi}{5}<2\pi$，且函数 $y=\cos x$ 在 $[\pi,2\pi]$ 上是增函数，

$\therefore \cos\frac{5\pi}{4}<\cos\frac{7\pi}{5}$.

(2) $\cos\left(-\frac{23\pi}{5}\right)=\cos\frac{23\pi}{5}=\cos\left(4\pi+\frac{3\pi}{5}\right)=\cos\frac{3\pi}{5}$,

$\cos\left(-\frac{17\pi}{4}\right)=\cos\frac{17\pi}{4}=\cos\left(4\pi+\frac{\pi}{5}\right)=\cos\frac{\pi}{4}$.

$\because 0<\frac{\pi}{4}<\frac{3\pi}{5}<\pi$，且函数 $y=\cos x$ 在 $[0,\pi]$ 上是减函数，

$\therefore \cos\frac{3\pi}{5}<\cos\frac{\pi}{4}$,

即 $\cos\left(-\frac{23\pi}{5}\right)<\cos\left(-\frac{17\pi}{4}\right)$.

练　　习

1. 函数 $y=\cos x$ 的图像关于____对称.
2. 当 $x=$____时，函数 $y=\cos x$ 取得最大值，最大值为____；
   当 $x=$____时，函数 $y=\cos x$ 取得最小值，最小值为____.
3. 函数 $y=\cos x$ 在区间____上单调增加；在区间____上单调减少.
4. 判断题(正确的画“✓”，错误的画“×”)
   (1) 正弦函数 $y=\cos x$ 是增函数　　(　　).
   (2) 正弦函数 $y=\cos x$ 是偶函数　　(　　).
   (3) $\cos250°>\cos200°$　　(　　).
   (4) $\cos80°>\cos110°$　　(　　).
5. 求下列各函数的最大值、最小值和周期：
   (1) $y=\cos\left(3x-\frac{\pi}{3}\right)$；　　(2) $y=\sqrt{3}\cos\left(\frac{2}{3}x+\frac{\pi}{4}\right)$.
6. 利用余弦函数的有关性质，比较下列各组值的大小：
   (1) $\cos125°$和$\cos156°$；　　(2) $\cos\frac{15\pi}{8}$和$\cos\frac{14\pi}{9}$.
7. x 取何值时，函数 $y=2-\cos\left(x+\frac{\pi}{6}\right)$ 取得最大值和最小值？最大值和最小值分别为多少？

2. 正切函数的性质和图像

下面我们先用描点法作出 $y=\tan x$ 在 $\left(-\frac{\pi}{2},\frac{\pi}{2}\right)$ 内的图像.

列表如下(表 3-10):

表 3-10

x	…	$-\frac{5\pi}{12}$	$-\frac{\pi}{3}$	$-\frac{\pi}{4}$	$-\frac{\pi}{6}$	$-\frac{\pi}{12}$	0	$\frac{\pi}{12}$	$\frac{\pi}{6}$	$\frac{\pi}{4}$	$\frac{\pi}{3}$	$\frac{5\pi}{12}$	…
$\tan x$	…	−3.7	−1.7	−1	−0.6	−0.3	0	0.3	0.6	1	1.7	3.7	…

描点作图如下(图 3-29):

根据正切函数的周期性,把 $y=\tan x$ 在 $\left(-\frac{\pi}{2},\frac{\pi}{2}\right)$ 内的图像,分别向左、右扩展,得到正切函数

$$y=\tan x, x\in\mathbf{R}, 且\ x\neq\frac{\pi}{2}+k\pi, k\in\mathbf{Z}$$

的图像,并把它叫做**正切曲线**,如图 3-30 所示.

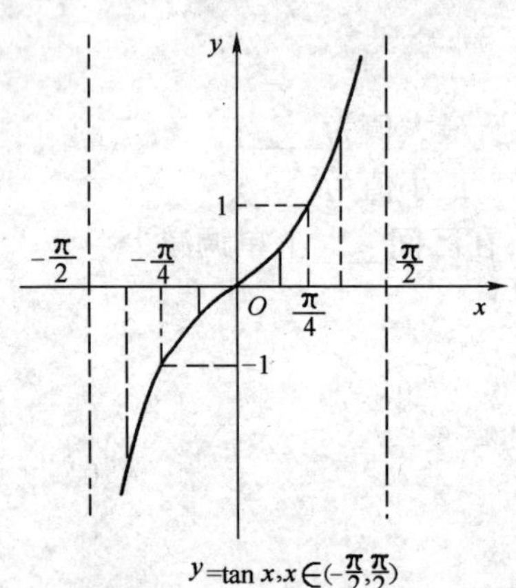

图 3-29

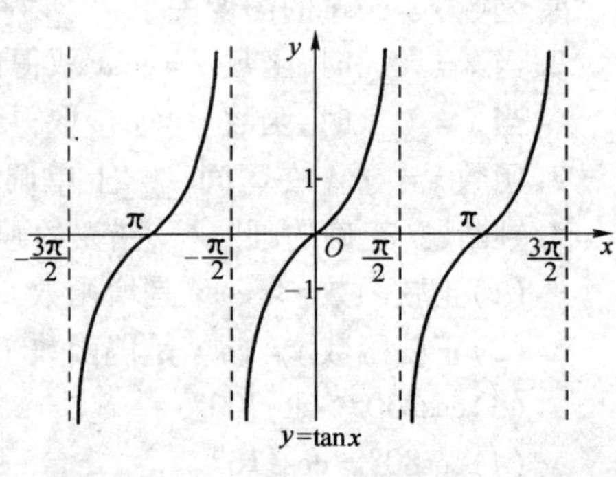

图 3-30

我们根据正切函数 $y=\tan x$ 的图像再来研究它的性质:

(1)**定义域** 正切函数 $y=\tan x$ 的定义域为 $\{x\mid x\neq\frac{\pi}{2}+k\pi, k\in\mathbf{Z}\}$.

(2)**值域** 正切函数的值域为 $(-\infty,+\infty)$,无最大值和最小值.

(3)**周期性** 由诱导公式

$$\tan(x+\pi)=\tan x, x\in\mathbf{R}, 且\ x\neq\frac{\pi}{2}+k\pi, k\in\mathbf{Z}$$

可知，正切函数是周期函数，周期 $T=\pi$.

一般地，函数 $y=\tan\omega x$ 的周期

$$T=\frac{\pi}{\omega}.$$

(4)**奇偶性**　由诱导公式

$$\tan(-x)=-\tan x, x\in\mathbf{R}, 且\ x\neq\frac{\pi}{2}+k\pi, k\in\mathbf{Z}$$

可知，正切函数是奇函数，它的图像关于原点对称.

(5)**单调性**

正切函数在每一个开区间$\left(-\frac{\pi}{2}+k\pi,\frac{\pi}{2}+k\pi\right)(k\in\mathbf{Z})$上都是增函数.

例 12　求函数 $y=\tan\left(x-\frac{\pi}{3}\right)$的定义域.

解:函数的自变量 x 应满足

$$x-\frac{\pi}{3}\neq\frac{\pi}{2}+k\pi, k\in\mathbf{Z},$$

即

$$x\neq\frac{5\pi}{6}+k\pi, k\in\mathbf{Z},$$

所以 $y=\tan\left(x-\frac{\pi}{3}\right)$的定义域为

$$\left\{x \mid x\neq\frac{5\pi}{6}+k\pi, k\in\mathbf{Z}\right\}.$$

例 13　利用正切函数的有关性质，比较 $\tan\left(-\frac{15\pi}{4}\right)$与 $\tan\left(-\frac{19\pi}{5}\right)$的大小.

解:$\because \tan\left(-\frac{15\pi}{4}\right)=-\tan\frac{15\pi}{4}=-\tan\left(4\pi-\frac{\pi}{4}\right)=-\tan\left(-\frac{\pi}{4}\right)=\tan\frac{\pi}{4}$,

$\tan\left(-\frac{19\pi}{5}\right)=-\tan\frac{19\pi}{5}=-\tan\left(4\pi-\frac{\pi}{5}\right)=-\tan\left(-\frac{\pi}{5}\right)=\tan\frac{\pi}{5}$,

$0<\frac{\pi}{5}<\frac{\pi}{4}<\frac{\pi}{2}$且函数 $y=\tan x$ 在$\left(0,\frac{\pi}{2}\right)$上是增函数,

$\therefore \tan\frac{\pi}{5}<\tan\frac{\pi}{4}$,

$$\therefore \tan\left(-\frac{15\pi}{4}\right) > \tan\left(-\frac{19\pi}{5}\right).$$

练　　习

1. 函数 $y=\tan x$ 的图像关于____对称.

2. (1)正切函数在整个定义域内是增函数吗？为什么？

(2)正切函数会不会在某个区间内是减函数？为什么？

3. 求函数 $y=\tan\left(3x-\frac{\pi}{4}\right)$ 的定义域.

4. 利用正切函数的有关性质，比较下列各组值的大小：

(1) $\tan(-34°)$ 与 $\tan(-18°)$；(2) $\tan 702°$ 与 $\tan 710°$.

四、已知三角函数值求角

已知任意一个角（角必须属于所涉及的三角函数的定义域），可以求出它的三角函数值；反过来，已知一个三角函数值，也可以求出与之对应的角. 下面，我们就来研究给定某一个三角函数值的对应角.

1. 反正弦函数的概念

我们已经学过了正弦函数 $y=\sin x, x\in \mathbf{R}$ 和它的图像（图 3-20），从图像上可以看出，对于 x 在定义域 $(-\infty,+\infty)$ 上的每一个值，在 $[-1,1]$ 上，y 都有唯一的值和它对应. 例如，对于 $x=\frac{\pi}{6}$，有 $y=\sin\frac{\pi}{6}=\frac{1}{2}$ 和它对应. 反过来，对于 y 在 $[-1,1]$ 上的每一个 x 有无穷多个值和它对应. 例如，$y=\frac{1}{2}$，x 有 $\frac{\pi}{6}$、$\frac{5\pi}{6}$、$\frac{11\pi}{6}$…无穷多个值和它对应. 由此可见，对于 y 在 $[-1,1]$ 上的每一个值，不是唯一的 x 值和它对应. 因此，函数 $y=\sin x$ 在区间 $(-\infty,+\infty)$ 上没有反函数. 但由图 3-31 可以看到，在正弦函数的单调区间 $\left[-\frac{\pi}{2},\frac{\pi}{2}\right]$ 上，对于 x 的每一个值，$y=\sin x$ 在 $[-1,1]$ 上有唯一的值和 x 对应，反过来，对于 y 在 $[-1,1]$ 上的每一个值，x 在 $\left[-\frac{\pi}{2},\frac{\pi}{2}\right]$ 上，也有唯一的值与 y 对应，所以，函数 $y=\sin x$ 在区间 $\left[-\frac{\pi}{2},\frac{\pi}{2}\right]$ 上有反函数.

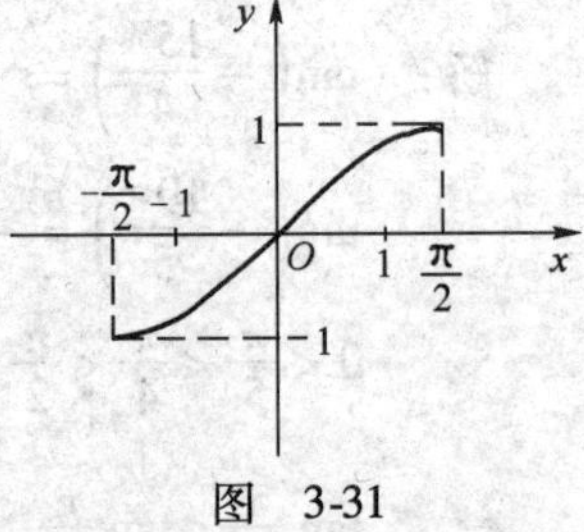

图 3-31

正弦函数 $y=\sin x, x\in[-\frac{\pi}{2},\frac{\pi}{2}]$ 的反函数叫做**反正弦函数**（简称**反正弦**），记作 $x=\arcsin y$.

习惯上用字母 x 表示自变量，用 y 表示函数，所以反正弦函数可以写成

$$y=\arcsin x, x\in[-1,1],$$

它的值域是 $[-\frac{\pi}{2},\frac{\pi}{2}]$.

例如，当 $x=\frac{1}{2}$ 时，$y=\arcsin\frac{1}{2}=\frac{\pi}{6}$，即 $\sin(\arcsin\frac{1}{2})=\sin\frac{\pi}{6}=\frac{1}{2}$.

注意：对于符号 $\arcsin x$，我们要理解并记忆以下三点：

(1) $\arcsin x$ 表示一个角；

(2) 这个角的正弦值就等于 x，即

$$\sin(\arcsin x)=x, x\in[-1,1];$$

(3) 这个角在 $-\frac{\pi}{2}\sim\frac{\pi}{2}$ 之间，即

$$-\frac{\pi}{2}\leqslant\arcsin x\leqslant\frac{\pi}{2}, x\in[-1,1].$$

例 14　用反正弦表示下列各角：

(1) $\frac{\pi}{3}$；(2) $-\frac{\pi}{4}$.

解：(1) $\because \sin\frac{\pi}{3}=\frac{\sqrt{3}}{2}$，且 $\frac{\pi}{3}\in[-\frac{\pi}{2},\frac{\pi}{2}]$，

$\therefore \frac{\pi}{3}=\arcsin\frac{\sqrt{3}}{2}$.

(2) $\because \sin\left(-\frac{\pi}{4}\right)=-\sin\frac{\pi}{4}=-\frac{\sqrt{2}}{2}$，且 $-\frac{\pi}{4}\in[-\frac{\pi}{2},\frac{\pi}{2}]$，

$\therefore -\frac{\pi}{4}=\arcsin\left(-\frac{\sqrt{2}}{2}\right)$.

例 15　求下列各反正弦函数的值：

(1) $\arcsin 1$；(2) $\arcsin\left(-\frac{\sqrt{3}}{2}\right)$.

解：(1) $\because$ 在 $[-\frac{\pi}{2},\frac{\pi}{2}]$ 上，$\sin\frac{\pi}{2}=1$，

$\therefore \arcsin 1=\frac{\pi}{2}$.

(2) $\because$ 在 $[-\frac{\pi}{2},\frac{\pi}{2}]$ 上，$\sin\left(-\frac{\pi}{3}\right)=-\frac{\sqrt{3}}{2}$，

$$\therefore \arcsin\left(-\frac{\sqrt{3}}{2}\right)=-\frac{\pi}{3}.$$

2. 反余弦函数的概念

从余弦函数的图像(图 3-32)同样可以看到,余弦函数在区间$(-\infty,+\infty)$上不存在反函数,但在单调区间$[0,\pi]$上,对于x的每一个值,$y=\cos x$在$[-1,1]$上有唯一的值和x对应;反过来,对于y在$[-1,1]$上的每一个值,x在$[0,\pi]$上,也有唯一的值与y对应,所以,函数$y=\cos x$在区间$[0,\pi]$上有反函数.

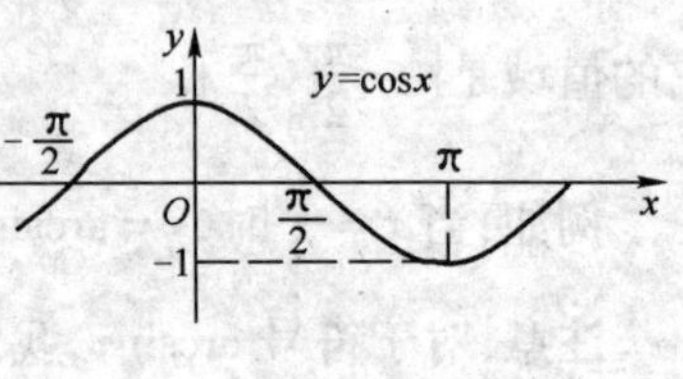

图 3-32

余弦函数$y=\cos x, x\in[0,\pi]$的反函数叫做**反余弦函数**(简称**反余弦**),记作

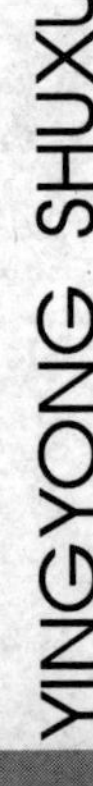

$$y=\arccos x,$$

其定义域为$[-1,1]$,值域为$[0,\pi]$.

说明:对于符号$\arccos x$,我们要理解并记忆以下三点:

(1)$\arccos x$表示一个角;

(2)这个角的正弦值就等于x,即

$$\cos(\arccos x)=x, x\in[-1,1];$$

(3)这个角在$0\sim\pi$之间,即

$$0\leqslant\arccos x\leqslant\pi, x\in[-1,1].$$

例 16 求下列各反余弦函数的值:

(1)$\arccos\frac{1}{2}$;(2)$\arccos\left(-\frac{\sqrt{2}}{2}\right)$.

解:(1)$\because$ 在$[0,\pi]$上,$\cos\frac{\pi}{3}=\frac{1}{2}$,

$$\therefore \arccos\frac{1}{2}=\frac{\pi}{3}.$$

(2)$\because$ 在$[0,\pi]$上,$\cos\frac{3\pi}{4}=-\frac{\sqrt{2}}{2}$,

$$\therefore \arccos\left(-\frac{\sqrt{2}}{2}\right)=\frac{3\pi}{4}.$$

例 17 (1)已知$\sin x=\frac{\sqrt{2}}{2}$,且$x\in[0,2\pi]$,求$x$的取值集合;

(2)已知 $\sin x=-0.3$，且 $x\in[0,2\pi]$，求 x 的取值集合.

解：(1)$\because \sin x=\frac{\sqrt{2}}{2}>0$，

$\therefore x$ 是第一或第二象限角(图 3-33).

又$\because x\in[0,2\pi]$，

①当 $x\in[0,\frac{\pi}{2}]$时，根据反正弦函数的定义，得 $x=\arcsin\frac{\sqrt{2}}{2}$；

②当 $x\in[\frac{\pi}{2},\pi]$时，由 $\sin(\pi-x)=\sin x$，得 $x=\pi-\arcsin\frac{\sqrt{2}}{2}$.

于是所求的 x 的集合是

$$\{\arcsin\frac{\sqrt{2}}{2},\pi-\arcsin\frac{\sqrt{2}}{2}\}(\text{也可表示为}\{\frac{\pi}{4},\frac{3\pi}{4}\}).$$

(2)$\because \sin x=-0.3<0$，$\therefore x$ 是第三或第四象限角(图 3-34).

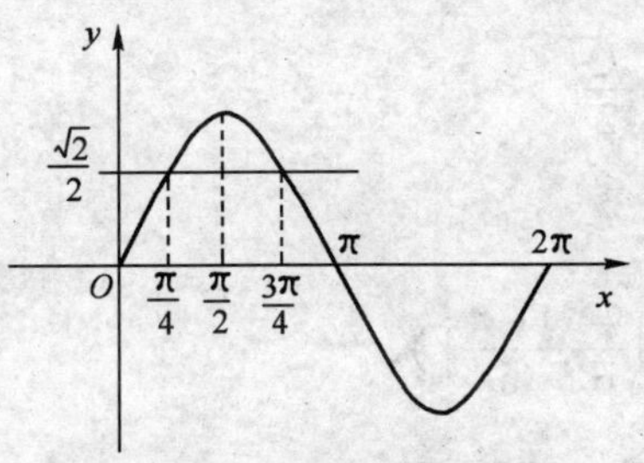

图 3-33

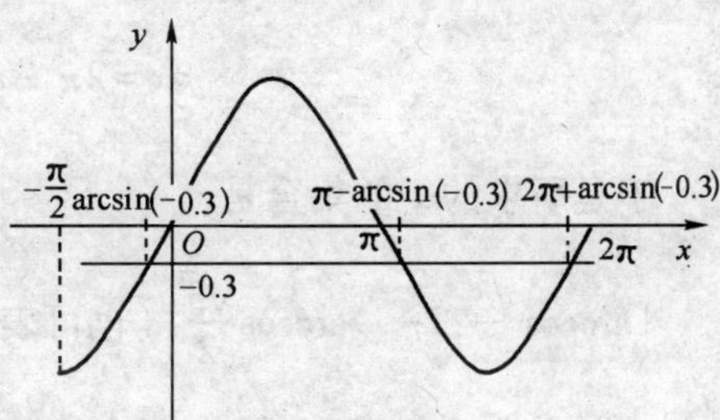

图 3-34

根据反正弦函数的定义得

$$x=\arcsin(-0.3)\in\left(-\frac{\pi}{2},0\right).$$

又$\because x\in[0,2\pi]$，

①当 $x\in[\pi,\frac{3\pi}{2}]$时，由 $\sin(\pi-x)=\sin x$ 得

$$x=\pi-\arcsin(-0.3);$$

②当 $x\in[\frac{3\pi}{2},2\pi]$时，由 $\sin(2\pi+x)=\sin x$ 得

$$x=2\pi+\arcsin(-0.3).$$

于是所求 x 的集合是

$$\{\pi-\arcsin(-0.3),2\pi+\arcsin(-0.3)\}.$$

例 18 (1)已知 $\cos x=\frac{\sqrt{3}}{2}$，且 $x\in[0,2\pi]$，求 x 的取值集合.

(2)已知 $\cos x=-0.76$，且 $x\in[0,2\pi]$，求 x 的取值集合.

解：(1)$\because \cos x=\frac{\sqrt{3}}{2}>0$，所以 x 是第一或第四象限角(图 3-35).

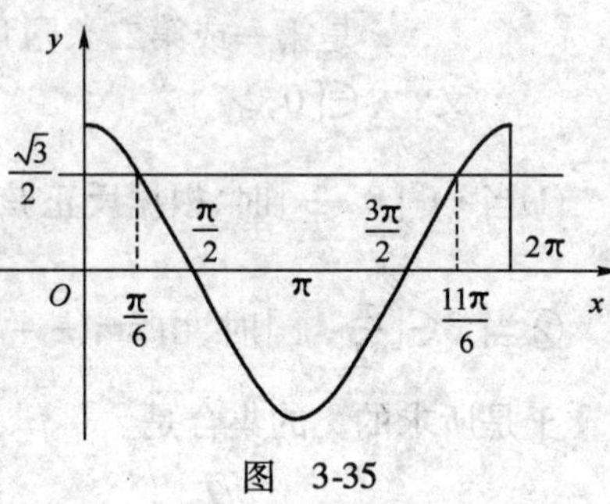

图 3-35

又$\because x\in[0,2\pi]$，

①当 $x\in[0,\frac{\pi}{2}]$ 时，根据反余弦函数的定义得

$$x=\arccos\frac{\sqrt{3}}{2};$$

②当 $x\in[\frac{3\pi}{2},2\pi]$ 时，由 $\cos(2\pi-x)=\cos x$ 得

$$x=2\pi-\arccos\frac{\sqrt{3}}{2}.$$

于是所求的 x 的集合是

$$\{\arccos\frac{\sqrt{3}}{2},2\pi-\arccos\frac{\sqrt{3}}{2}\}（也可表示为\{\frac{\pi}{6},\frac{11\pi}{6}\}）.$$

(2)$\because \cos x=-0.76<0$，所以 x 是第二或第三象限角(图 3-36).

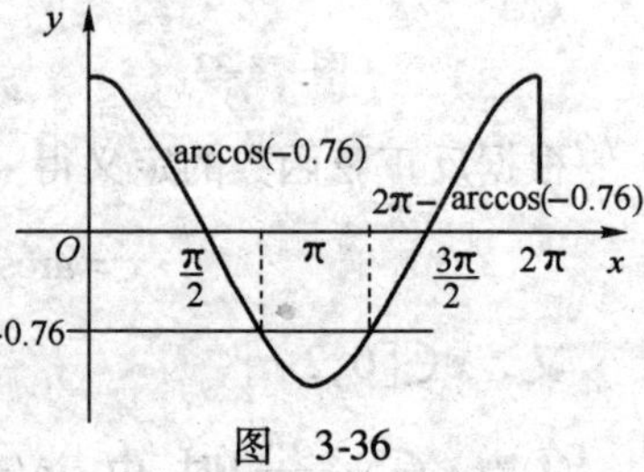

图 3-36

又$\because x\in[0,2\pi]$，

①当 $x\in[\frac{\pi}{2},\pi]$ 时，根据反余弦函数的定义得

$$x=\arccos(-0.76);$$

②当 $x\in[\pi,\frac{3\pi}{2}]$ 时，由 $\cos(2\pi-x)=\cos x$ 得

$$x=2\pi-\arccos(-0.76).$$

于是所求的 x 的集合是

$$\{\arccos(-0.76),2\pi-\arccos(-0.76)\}.$$

练　　习

1. 反正弦函数 $y=\arcsin x$ 的定义域是____，值域是____；

反正弦函数 $y=\arccos x$ 的定义域是____，值域是____.

2. 用反正弦的形式，表示下列各式中的 x，$x\in\left[-\frac{\pi}{2},\frac{\pi}{2}\right]$：

(1) $\sin x=\frac{2}{3}$；(2) $\sin x=-0.4$.

3. 用反余弦的形式，表示下列各式中的 x，$x\in[0,\pi]$：

(1) $\cos x=\frac{1}{4}$；(2) $\cos x=-\frac{2}{5}$.

4. $\arcsin\frac{\sqrt{3}}{2}=$____________，$\arcsin\left(-\frac{\sqrt{3}}{2}\right)=$____________；

$\arccos\frac{\sqrt{2}}{2}=$____________，$\arccos\left(-\frac{\sqrt{2}}{2}\right)-$____________.

5. (1) $\arcsin 1.2$ 有意义吗？为什么？

(2) $\cos\left(\arccos\frac{\sqrt{5}}{2}\right)=\frac{\sqrt{5}}{2}$ 是否成立？为什么？

6. 求适合下列关系式的 x 的集合. 如果 x 不是特殊角，用反正弦、反余弦的符号把所求集合表示出来：

(1) $\cos x=-\frac{\sqrt{3}}{2}$，$x\in[0,2\pi]$；(2) $\sin x=0.36$，$x\in[0,2\pi]$.

习　　题

1. 等式 $\sin(30°+120°)=\sin 30°$ 是否成立？如果这个等式成立，能否说 $120°$ 是正弦函数 $y=\sin x$，$x\in\mathbf{R}$ 的一个周期？为什么？

2. 选择题：

(1) 函数 $y=-3\sin x$，$x\in[-\pi,\pi]$ 的单调性是(　　).

A. 在 $[-\pi,0]$ 上是增函数，在 $[0,\pi]$ 上是减函数

B. 在 $\left[-\frac{\pi}{2},\frac{\pi}{2}\right]$ 上是增函数，在 $\left[-\pi,-\frac{\pi}{2}\right]$ 及 $\left[\frac{\pi}{2},\pi\right]$ 上是减函数

C. 在 $[0,\pi]$ 上是增函数，在 $[-\pi,0]$ 上是减函数

D. 在 $\left[\frac{\pi}{2},\pi\right]$ 及 $\left[-\pi,-\frac{\pi}{2}\right]$ 上是增函数，在 $\left[-\frac{\pi}{2},\frac{\pi}{2}\right]$ 上是减函数

(2)函数 $y=2\sin 3x, x\in\mathbf{R}$(　　).

A. 是奇函数　　B. 是偶函数

C. 既不是奇函数也不是偶函数　　D. 有无奇偶性不能确定

(3)为了得到函数 $y=\sin\left(x-\frac{1}{3}\right), x\in\mathbf{R}$ 的图像,只需把正弦曲线上所有的点(　　).

A. 向左平行移动$\frac{\pi}{3}$个单位长度

B. 向右平行移动$\frac{\pi}{3}$个单位长度

C. 向左平行移动$\frac{1}{3}$个单位长度

D. 向右平行移动$\frac{1}{3}$个单位长度

(4)为了得到函数 $y=\frac{1}{4}\sin x, x\in\mathbf{R}$ 的图像,只需把正弦曲线上所有的点的(　　).

A. 横坐标伸长到原来的 4 倍,纵坐标不变

B. 横坐标缩短到原来的$\frac{1}{4}$倍,纵坐标不变

C. 纵坐标伸长到原来的 4 倍,横坐标不变

D. 纵坐标缩短到原来的$\frac{1}{4}$倍,横坐标不变

(5)下列判断正确的是(　　).

A. $y=\sin x$ 在$[0,\pi]$上是增函数

B. $y=\cos x$ 在$[\pi,2\pi]$上是增函数

C. $y=\tan x$ 在$(0,\pi)$上是增函数

D. $y=\tan x$ 在 $\mathbf{R}$ 上是增函数

3. 求下列函数的周期:

(1)$y=2\sin\left(\frac{2}{3}x+\frac{\pi}{6}\right), x\in\mathbf{R}$;　　(2)$y=\frac{\sqrt{2}}{2}\sin\left(5x-\frac{\pi}{5}\right), x\in\mathbf{R}$.

4. 利用三角函数的有关性质,比较下列各组值的大小:

(1)$\sin 508°$和$\sin 144°$;　　(2)$\sin\left(-\frac{12\pi}{5}\right)$和$\sin\frac{17\pi}{4}$;

(3)$\cos 515°$和$\cos 530°$;　　(4)$\cos\left(-\frac{25\pi}{6}\right)$和$\cos\left(-\frac{31\pi}{7}\right)$;

(5) $\tan 1\ 519°$和$\tan 1\ 493°$；　　(6) $\tan\left(-\frac{\pi}{5}\right)$和$\tan\left(-\frac{3\pi}{7}\right)$.

5. 求函数$y=\sin(2x-\frac{\pi}{4})$, $x\in[0,\pi]$的单调递减区间.

6. 画出下列函数在长度为一个周期的闭区间上的简图：

(1) $y=4\sin\frac{1}{2}x$, $x\in\mathbf{R}$；　　(2) $y=3\sin(2x+\frac{\pi}{3})$, $x\in\mathbf{R}$.

7. 求下列函数的振幅、周期、频率、初相：

(1) $y=8\sin\left(\frac{x}{4}-\frac{\pi}{8}\right)$, $x\in[0,+\infty]$；(2) $y=\frac{1}{3}\sin\left(3x+\frac{\pi}{7}\right)$, $x\in[0,+\infty]$.

8. 用“五点法”作出电流$i=50\sin 100\pi\ t$在一个周期内的图像，并根据图像回答下列问题（其中i的单位为A，t的单位为s）.

(1) 电流变化的周期T是多少？

(2) 电流i的最大值是多少？

(3) 电流的频率f是多少？

(4) 求$t=0\text{s}$、$\frac{1}{200}\text{s}$、$\frac{1}{100}\text{s}$、$\frac{1}{50}\text{s}$时的电流值.

9. 求下列各函数的最大值、最小值和周期：

(1) $y=3\cos\left(\frac{2}{3}x-\frac{\pi}{4}\right)$；　　(2) $y=\frac{1}{5}\cos\left(4x+\frac{\pi}{6}\right)$.

10. 求下列函数的定义域：

(1) $y=\tan\left(\frac{x}{3}-\frac{\pi}{4}\right)$；　　(2) $y=-\tan\left(x+\frac{\pi}{6}\right)+2$.

11. 填空题：

(1) 在长度为π的闭区间$[-\frac{\pi}{2},____]$上，适合关系式$\sin x=-\frac{1}{2}$的角x有且只有一个；在开区间$(\pi,\frac{3\pi}{2})$内，适合这个关系式的角x有且只有____个，x的值是____.

(2) 在闭区间$[0,\pi]$上，适合关系式$\cos x=\frac{\sqrt{2}}{2}$的角$x$有且只有____个；在开区间$(\frac{3\pi}{2},2\pi)$内，适合这个关系式的角$x$有且只有____个，$x$的值是____.

12. 根据下列条件，求$(0,2\pi)$内的角x：

(1) $\sin x=-\frac{\sqrt{3}}{2}$；　　(2) $\cos x=\frac{1}{2}$.

13. 求适合下列关系式的 x 的集合. 如果 x 不是特殊角，再用反正弦、反余弦、反正切的符号把所求集合表示出来：

(1) $\cos x=-1, x\in[0,2\pi]$；　　(2) $\sin x=\dfrac{12}{13}, x\in[0,2\pi]$；

(3) $1+\sqrt{3}\cos x=0, x\in[0,2\pi]$.

第四节　解 三 角 形

一、正弦定理

研究任意角三角函数的目的之一，就是解任意三角形. 在初中，我们学过直角三角形的解法. 下面我们先来考虑直角三角形的边和角的关系.

如图 3-37 所示，在 Rt$\triangle ABC$ 中，$\angle C$ 是直角（最大的角），所对的斜边 c 是最大的边，要考虑边长之间的数量关系，就涉及到了锐角三角函数，根据正弦函数的定义：

$$\frac{a}{c}=\sin A, \frac{b}{c}=\sin B.$$

图 3-37

所以

$$\frac{a}{\sin A}=\frac{b}{\sin B}=c.$$

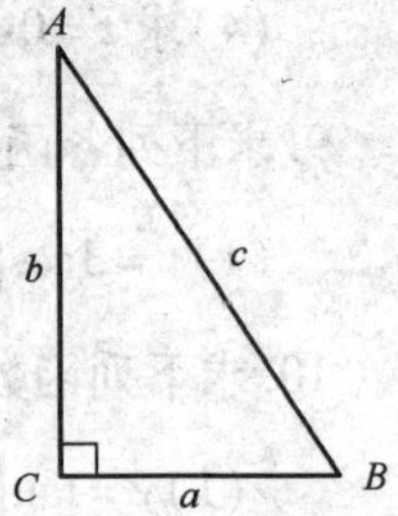

又∵ $\sin C=1$，所以

$$\frac{a}{\sin A}=\frac{b}{\sin B}=\frac{c}{\sin C}.$$

那么，对于一般的三角形，以上关系式是否仍然成立？

如图 3-38 所示，当$\triangle ABC$ 是锐角三角形时，设边 AB 上的高是 CD，根据三角函数的定义：

$$CD=a\sin B, CD=b\sin A.$$

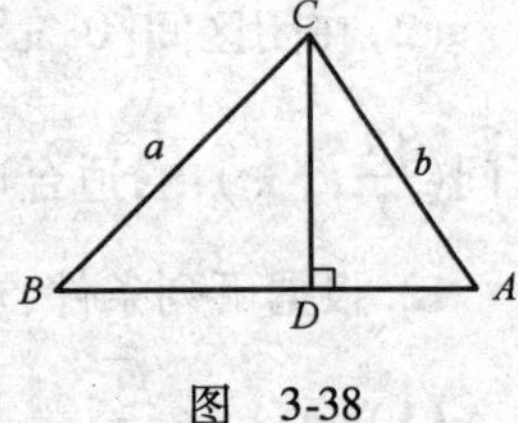

图 3-38

所以

$$a\sin B=b\sin A,$$

得到

$$\frac{a}{\sin A}=\frac{b}{\sin a}.$$

同理,在$\triangle ABC$中,

$$\frac{b}{\sin B}=\frac{c}{\sin C}.$$

当$\triangle ABC$是钝角三角形时,以上等式是否仍然成立?

从上面的讨论和探究,我们得到下面的定理:

正弦定理 在任意三角形中,各边与它所对角的正弦之比相等,即

$$\frac{a}{\sin A}=\frac{b}{\sin B}=\frac{c}{\sin C} \tag{3-20}$$

一般地,我们把三角形的三个角A、B、C和它们的对边a、b、c叫做**三角形的元素**.已知三角形的几个元素求其他元素的过程叫做**解三角形**.

利用正弦定理求三角形的未知元素,主要有以下两种情形:

(1)已知两个角和一条边,求其他元素;

(2)已知两条边和其中一条边所对的角,求其他元素.

例1 如图3-39所示,在$\triangle ABC$中,已知$a=5$,$\angle B=45°$,$\angle C=105°$,求$\angle A$,b,c.

解:$\because \angle A+\angle B+\angle C=180°$,

$\therefore \angle A=180°-\angle B-\angle C=180°-45°-105°=30°$.

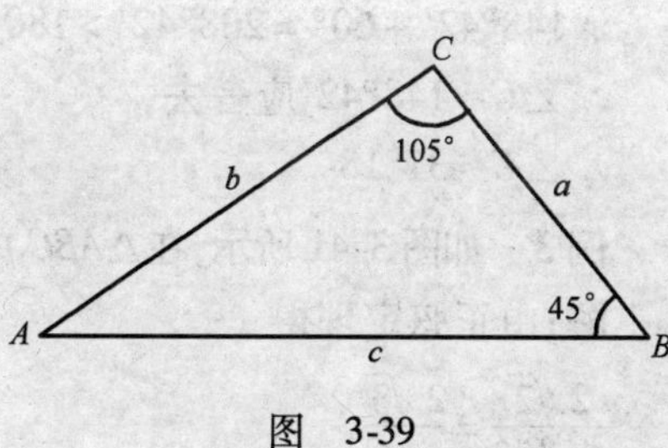

图 3-39

由正弦定理得

$$\frac{5}{\sin 30°}=\frac{b}{\sin 45°},$$

$$\therefore\ b=\frac{5\sin 45°}{\sin 30°}=\frac{5\times\frac{\sqrt{2}}{2}}{\frac{1}{2}}=5\sqrt{2}.$$

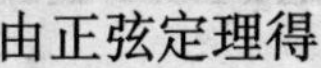

由正弦定理得

$$\frac{5}{\sin30°}=\frac{c}{\sin105°},$$

而

$$\begin{aligned}\sin105° &= \sin(60°+45°)\\ &= \sin60°\cos45°+\cos60°\sin45°\\ &= \frac{\sqrt{3}}{2}\times\frac{\sqrt{2}}{2}+\frac{1}{2}\times\frac{\sqrt{2}}{2}=\frac{\sqrt{6}+\sqrt{2}}{4},\end{aligned}$$

$$\therefore c=\frac{5\sin105°}{\sin30°}=\frac{5\times\frac{\sqrt{6}+\sqrt{2}}{4}}{\frac{1}{2}}=\frac{5(\sqrt{6}+\sqrt{2})}{2}.$$

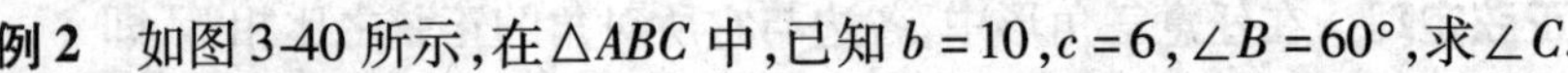

例 2 如图 3-40 所示,在 $\triangle ABC$ 中,已知 $b=10$,$c=6$,$\angle B=60°$,求 $\angle C$.

解:由正弦定理得

$$\frac{10}{\sin60°}=\frac{6}{\sin C},$$

$$\therefore \sin C=\frac{6\sin60°}{10}\approx\frac{6\times0.8660}{10}=0.5196.$$

$\because 0°<C<180°$,

$\therefore \angle C$ 可以是锐角,也可以是钝角,

使用计算器,得

$\therefore \angle C\approx31°18'$ 或 $\angle C\approx180°-31°18'=148°42'$.

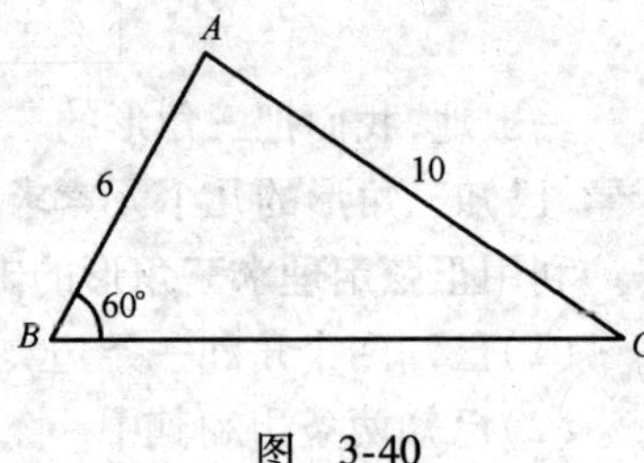

图 3-40

$\because 148°42'+60°=208°42'>180°$,

$\therefore \angle C\approx148°42'$应舍去,

$\therefore \angle C\approx31°18'$.

例 3 如图 3-41 所示,在 $\triangle ABC$ 中,已知 $\angle B=45°$,$b=2\sqrt{2}$,$c=2\sqrt{3}$,求 $\angle C$.

解:由正弦定理得

$$\frac{2\sqrt{2}}{\sin45°}=\frac{2\sqrt{3}}{\sin C},$$

$$\therefore \sin C=\frac{2\sqrt{3}\sin45°}{2\sqrt{2}}=\frac{2\sqrt{3}\times\frac{\sqrt{2}}{2}}{2\sqrt{2}}=\frac{\sqrt{3}}{2},$$

$\therefore \angle C=60°$或$\angle C=180°-60°=120°$.

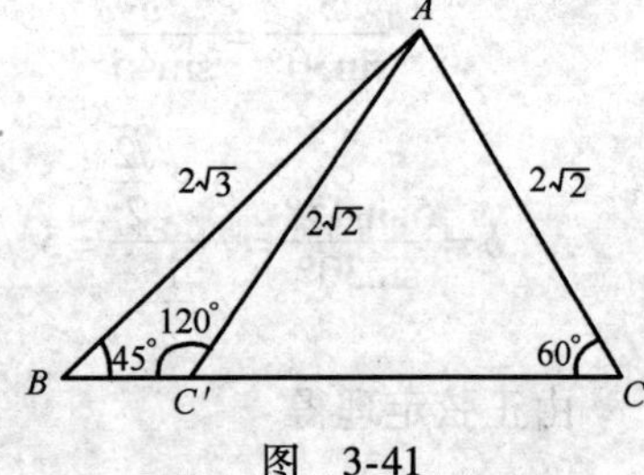

图 3-41

练　　习

1. 在$\triangle ABC$中,已知$c=\sqrt{3}$, $\angle B=60°$, $\angle A=45°$,求a, b, $\angle C$.

2. 在$\triangle ABC$中,已知$a=2$, $b=3$, $\angle B=75°$,求$\angle A$, $\angle C$, c.

二、余弦定理

如果已知一个三角形的两条边及其所夹的角,那么我们如何求三角形的另一边和另两个角呢?

显然,要解决这个问题,我们用正弦定理已无法解决. 接下来,我们继续学习另一定理:

余弦定理　在任意三角形中,任何一边的平方等于其他两边的平方和,减去这两边与它们夹角的余弦乘积的2倍,即

$$\begin{aligned} a^2&=b^2+c^2-2bc\cos A\\ b^2&=c^2+a^2-2ca\cos B\\ c^2&=a^2+b^2-2ab\cos C \end{aligned} \tag{3-21}$$

余弦定理的三个式子还可分别变形为

$$\begin{aligned} \cos A&=\frac{b^2+c^2-a^2}{2bc}\\ \cos B&=\frac{c^2+a^2-b^2}{2ca}\\ \cos C&=\frac{a^2+b^2-c^2}{2ab} \end{aligned} \tag{3-22}$$

在余弦定理中,如果$\angle C=90°$,则$c^2=a^2+b^2$,这就是勾股定理. 由此可见,余弦定理是勾股定理的推广,而勾股定理是余弦定理的特例.

利用余弦定理求三角形的未知元素,主要有以下两种情形:

(1) 已知两边及其夹角,求其他元素;

(2) 已知三边,求其他元素.

已知三角，利用正弦定理和余弦定理能否求三边？

例 4　如图 3-42 所示，在△ABC 中，已知 $a=6,b=3,\angle C=120°$，求 $c,\angle A,\angle B$.

解：$\because c^2=a^2+b^2-2ab\cos C$

$$=6^2+3^2-2\times6\times3\times\cos120°$$

$$=45-36\times\left(-\frac{1}{2}\right)=63,$$

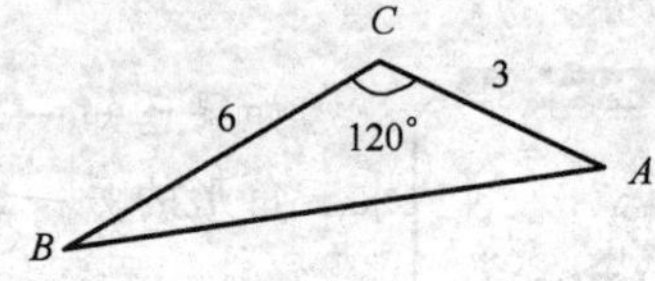

图　3-42

$\therefore c=\sqrt{63}.$

由

$$\cos A=\frac{b^2+c^2-a^2}{2bc}=\frac{9+63-36}{2\times3\times\sqrt{63}}=\frac{6}{\sqrt{63}}\approx0.755\,9,$$

使用计算器得，$\angle A\approx40°54'$.

由 $\cos B=\dfrac{c^2+a^2-b^2}{2ca}=\dfrac{63+36-9}{2\times6\times\sqrt{63}}=\dfrac{15}{2\sqrt{63}}\approx0.944\,9,$

使用计算器得 $\angle B\approx19°06'$.

例 5　如图 3-43 所示，在△ABC 中，已知 $a=5,b=7,c=4$，求 $\angle A,\angle B,\angle C$.

解：由 $\cos A=\dfrac{b^2+c^2-a^2}{2bc}$

$$=\frac{7^2+4^2-5^2}{2\times7\times4}=\frac{5}{7}\approx0.714\,3,$$

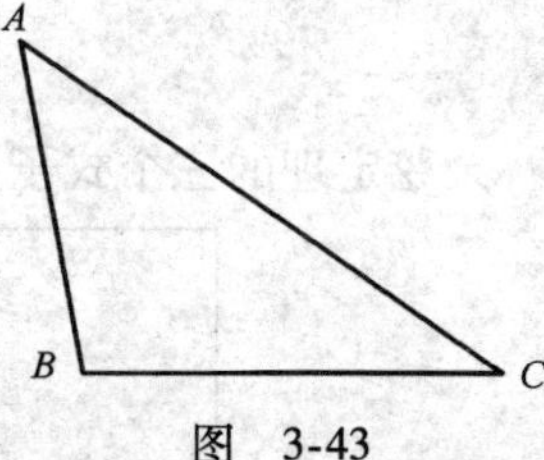

图　3-43

使用计算器得

$\angle A\approx44°25'$.

由 $\cos C=\dfrac{a^2+b^2-c^2}{2ab}=\dfrac{5^2+7^2-4^2}{2\times5\times7}=\dfrac{29}{35}\approx0.828\,6,$

使用计算器得

$$\angle C\approx34°03'.$$

$\because \angle A+\angle B+\angle C=180°,$

$\therefore \angle A=180°-\angle B-\angle C=180°-44°25'-34°03'=101°32'.$

练　　习

1. 在$\triangle ABC$中,已知$a=3\sqrt{3}$,$c=2$,$\angle B=150°$,求b,$\angle A$,$\angle C$.

2. 在$\triangle ABC$中,已知$a=2$,$b=5$,$c=4$,求$\angle A$,$\angle B$,$\angle C$.

三、解三角形应用举例

正弦定理和余弦定理的应用十分广泛.在解决有关实际问题时,要先把已知条件和待求元素归结到同一个三角形中,然后灵活运用正弦定理和余弦定理.

例6　渔船在航行中遇到飓风,发生险情时发出呼救信号,舰艇在点A处收到呼救信号后,立即测得渔船的方位角(从正北方向开始按顺时针方向转过的水平角)为45°,且在距离点A为10n mile的点C处.同时,舰艇测得,渔船正在以9n mile/h的速度按105°的方位角向一小岛靠拢.舰艇立即以21n mile/h的速度前去营救,求舰艇的航向和与渔船相遇所需要的时间.

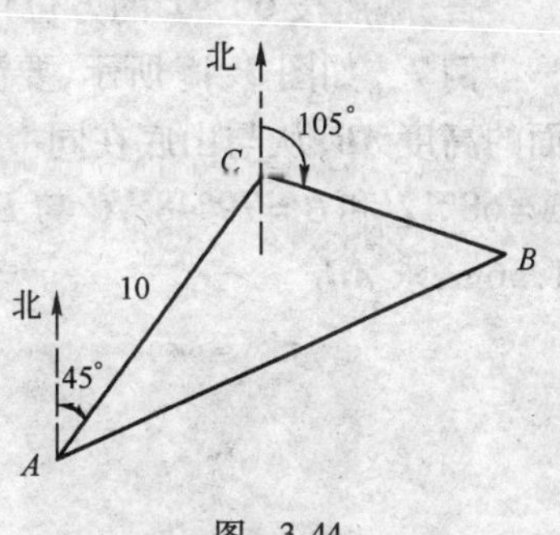

图　3-44

分析:设经过th,舰艇与渔船在B处相遇,则问题归结为:在$\triangle ABC$中(图3-44),已知$AC=10$,$AB=21t$,$BC=9t$,$\angle C=45°+(180°-105°)=120°$,求$t$和$\angle A$.

解:设经过th,舰艇与渔船在B处相遇,则$AB=21t$,$BC=9t$,在$\triangle ABC$中,因为$AC=10$,$\angle C=45°+(180°-105°)=120°$,

由余弦定理得

$$AB^2=AC^2+BC^2-2\cdot AC\cdot BC\cdot\cos120°,$$

即
$$(21t)^2=10^2+(9t)^2-2\times10\times9t\times\left(-\frac{1}{2}\right),$$

将此式化简整理,得

$$36t^2-9t-10=0,$$

解这个关于t的一元二次方程,得

$t_1=-\frac{5}{12}$(舍去),$t_2=\frac{2}{3}$　$h=40\text{min}$.

所以　$AB=21t=21\times\frac{2}{3}=14\text{n mile}$,

$$BC=9t=9\times\frac{2}{3}=6\text{n mile}.$$

在$\triangle ABC$中，由正弦定理得

$$\frac{BC}{\sin A}=\frac{AB}{\sin C}，即\frac{6}{\text{sim}A}=\frac{14}{\sin 120^\circ},$$

所以 $\sin A=\dfrac{6\sin 120^\circ}{14}=\dfrac{6\times\frac{\sqrt{3}}{2}}{14}=\dfrac{3\sqrt{3}}{14}\approx 0.371\ 1$，

所以$\angle A\approx 21^\circ 47'$.

所以舰艇航行的方位角约为$45^\circ+21^\circ 47'=66^\circ 47'$.

答：舰艇按$66^\circ 47'$的方位角航行40min，即与渔船相遇.

例7 如图3-45所示，要测量底部无法到达的山顶上电视塔的塔顶到地平面的高度AB，从与山底在同一水平直线上的C、D两处，测得塔顶的仰角分别为$\alpha=68^\circ 12'$和$\beta=79^\circ 48'$，C与D两点间的距离为64.15m. 已知测量仪的高度为1.56m，求AB.

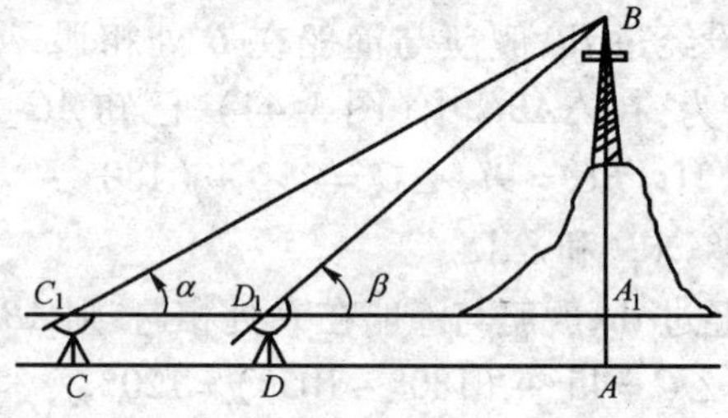

图 3-45

分析：所求高度$AB=AA_1+A_1B\cdot AA_1=1.56\text{m}$，而在$\text{Rt}\triangle A_1BD_1$中，$A_1B=BD_1\cdot\sin\beta$. 这样，问题就归结为：在$\triangle BC_1D_1$中，已知$C_1D_1=64.15\text{m}$，$\alpha=68^\circ 12'$，$\angle D_1=180^\circ-\beta=180^\circ-79^\circ 48'=100^\circ 12'$，求$BD_1$的长. 由于已知$\triangle BC_1D_1$的两角和一边，所以可用正弦定理求出$BD_1$.

解：在$\triangle BC_1D_1$中，

因为 $\angle D_1=180^\circ-\beta=180^\circ-79^\circ 48'=100^\circ 12'$，

所以 $\angle B=180^\circ-\alpha-\angle D_1=180^\circ-68^\circ 12'-100^\circ 12'=11^\circ 36'$.

由正弦定理得

$$\frac{BD_1}{\sin\alpha}=\frac{C_1D_1}{\sin B},$$

所以 $BD_1=\frac{C_1D_1\cdot\sin\alpha}{\sin B}=\frac{64.15\times\sin68°12'}{\sin11°36'}$

$\approx\frac{64.15\times0.9285}{0.2011}\approx296.19\text{m}.$

在 $\text{Rt}\triangle BA_1D_1$ 中，

因为 $A_1B=\text{BD}_1\cdot\sin\beta\approx296.19\cdot\sin79°48'$

$\approx296.18\times0.9842\approx291.51\text{m},$

所以 所求高度 $AB=AA_1+A_1B\approx1.56+291.51=293.07\text{m}.$

例 8 滚珠轴承的内外圆的半径分别为 6cm 和 1cm，问这种滚珠轴承里最多可放几颗滚珠？

分析：解决本题的关键是要先画出滚珠轴承的截面图，找到圆心与球心连线之间的关系，要求这滚珠轴承里最多可放滚珠的颗数，也就是要求出相邻两颗滚珠球心连线所对圆心角的度数，再用周角除以所求角的度数，取整数部分，即为所求.

解：如图 3-46(1)所示，过内外圆的圆心 O 和滚珠的球心作截面，设内圆和滚珠的半径分别为 R 和 r.

如图 3-46(2)所示，设两个相切的滚珠的中心分别为 P、Q，并设 $\angle POQ=\alpha$，则有

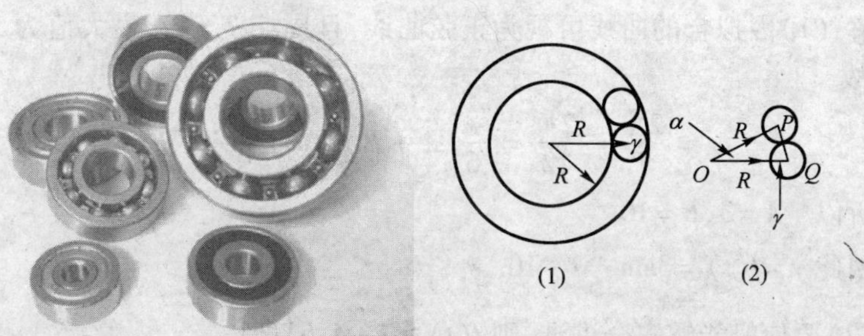

图 3-46

$$\sin\frac{\alpha}{2}=\frac{r}{R+r}=\frac{1}{6+1}=\frac{1}{7},$$

则

$$\alpha\approx2\times8.2°=16.4°.$$

也就是说，圆心角为 α 时，可放一个滚珠，所以圆心角为 360°时，可放的滚珠数为

$$\frac{360}{16.4} \approx 21.9.$$

但滚珠数应是整数，因此能放滚珠的最多数目是21.

例9 某港口水的深度 y(m) 是时间 t(h) 的函数，其中 $0 \leqslant t < 24$，$t=0$ 时为零点. 下面是该港口某一天的水的深度表（表3-11）：

表 3-11

t(h)	0	3	6	9	12	15	18	21
y(m)	10	12.8	9.8	7.1	10.2	13.2	10	7.1

经过长期统计，描出港口每天水的深度曲线，经拟合，该曲线可近似地看作函数 $y = A\sin\omega x + B\ (A > 0)$ 的图像.

(1) 根据上述数据和曲线（为了方便起见，可将小数四舍五入到整数），求出 $y = f(t)$ 的表达式.

(2) 在一般情况下，船底距海底4.5m和4.5m以上时能安全行驶. 若某船的吃水深度（船底与水面距离）为7m，那么该船在什么时间能够安全进港？

(3) 若该船必须在当天安全进港和离港，由(2)的计算，它在港口停留的时间最长能有多少？

分析：首先我们要根据正弦函数的相关知识，求出 $y = f(t)$ 的表达式；再根据表达式和船安全行驶的条件求出安全进港和离港的时间.

解：(1) 因拟合的曲线可视为正弦曲线，且周期 $T = 12$，最大值为13，最小值为7，故

$$\omega = \frac{2\pi}{T} = \frac{2\pi}{12} = \frac{\pi}{6}, A + B = 13, -A + B = 7,$$

所以 $A = 3, B = 10$.

因此 $y = f(t) = 3\sin\frac{\pi}{6}t + 10$.

(2) 要使船能够安全进港，则 $f(t) \geqslant 7 + 4.5$，即

$$3\sin\frac{\pi}{6}t + 10 \geqslant 7 + 4.5,$$

$$\therefore \sin\frac{\pi}{6}t \geqslant \frac{1}{2},$$

所以

$$\frac{\pi}{6} \leqslant \frac{\pi}{6}t \leqslant \frac{5\pi}{6},$$

或

$$2\pi+\frac{\pi}{6}\leqslant\frac{\pi}{6}t\leqslant 2\pi+\frac{5\pi}{6},$$

解得

$$1\leqslant t\leqslant 5 \text{ 或 } 13\leqslant t\leqslant 17.$$

故该船在1:00～5:00或13:00～17:00可以安全进港.

(3)最长能停留16h,即1:00进港到17:00离港.

在我国古代就有嫦娥奔月的神话故事.明月高悬,我们仰望夜空,会有无限遐想,不禁会问,遥不可及的月亮离地球究竟有多远呢?早在1671年,两个法国天文学家就测出了地球与月球之间的距离大约为385400km.他们是怎样测出两者之间距离的呢?

借助于正弦定理和余弦定理,我们可以进一步解决一些有关三角形的计算问题,以及一些三角恒等式的证明问题.

在△ABC中,边BC,CA,AB上的高分别记为h_a,h_b,h_c,那么容易证明:

$$h_a=b\sin C=c\sin B,$$

$$h_b=c\sin A=a\sin C,$$

$$h_c=a\sin B=b\sin A.$$

根据三角形的面积公式$S=\frac{1}{2}ah$,应用以上高的公式$h_a=b\sin C$,可以推导出下面的三角形的面积公式:

$$S=\frac{1}{2}ab\sin C.$$

同理,得

$$S=\frac{1}{2}bc\sin A,$$

$$S=\frac{1}{2}ca\sin B.$$

例10 在△ABC中,根据下列条件,求三角形的面积S(精确到$0.1\ \mathrm{cm}^2$):

(1)已知$a=14.8\mathrm{cm}$,$c=23.5\mathrm{cm}$,$B=148.5°$;

(2)已知$B=62.7°$,$C=65.8°$,$b=3.16\mathrm{cm}$;

(3)已知三边的长分别为$a=41.4\mathrm{cm}$,$b=27.3\mathrm{cm}$,$c=38.7\mathrm{cm}$.

解:(1)应用$S=\frac{1}{2}ca\sin B$,得

$$S = \frac{1}{2} \times 23.5 \times 14.8 \times \sin 148.5° \approx 90.9\text{cm}^2.$$

(2)根据正弦定理,得

$$\frac{b}{\sin B} = \frac{c}{\sin C},$$

$$c = \frac{b \sin C}{\sin B} = \frac{3.16 \times \sin 65.8°}{\sin 62.7°}$$

$$= \frac{3.16 \times 0.9121}{0.8886} \approx 3.24,$$

又$\because A = 180° - (B + C) = 180° - (62.7° + 65.8°) = 51.5°$,

$\therefore S = \frac{1}{2}bc \sin A = \frac{1}{2} \times 3.16 \times 3.24 \times \sin 51.5° \approx 4.0\text{cm}^2$.

(3)根据余弦定理的推论,得

$$\cos B = \frac{c^2 + a^2 - b^2}{2ca}$$

$$= \frac{38.7^2 + 41.4^2 - 27.3^2}{2 \times 38.7 \times 41.4} \approx 0.7697,$$

$\sin B = \sqrt{1 - \cos^2 B} \approx \sqrt{1 - 0.7697^2} \approx 0.6384$,

$\therefore S = \frac{1}{2}ca \sin B \approx \frac{1}{2} \times 38.7 \times 41.4 \times 0.6384 \approx 511.4\text{cm}^2$.

例 11 在$\triangle ABC$中,求证:

$$a^2 + b^2 + c^2 = 2(bc \cos A + ca \cos B + ab \cos C).$$

证明:根据余弦定理的推论,得

$$\text{右边} = 2\left(bc\frac{b^2 + c^2 - a^2}{2bc} + ca\frac{c^2 + a^2 - b^2}{2ca} + ab\frac{a^2 + b^2 - c^2}{2ab}\right)$$

$$= (b^2 + c^2 - a^2) + (c^2 + a^2 - b^2) + (a^2 + b^2 - c^2)$$

$$= a^2 + b^2 + c^2 = \text{左边}.$$

$\therefore a^2 + b^2 + c^2 = 2(bc \cos A + ca \cos B + ab \cos C)$.

练　习

1. 某人身高 $a = 1.77\text{m}$,在黄浦江边测得对岸东方明珠塔尖的仰角 $\alpha =$

75.5°，测得在黄浦江的倒影中塔尖的俯角 $\beta = 75.6°$，如题图 3-1 所示，求东方明珠塔的高度 h.

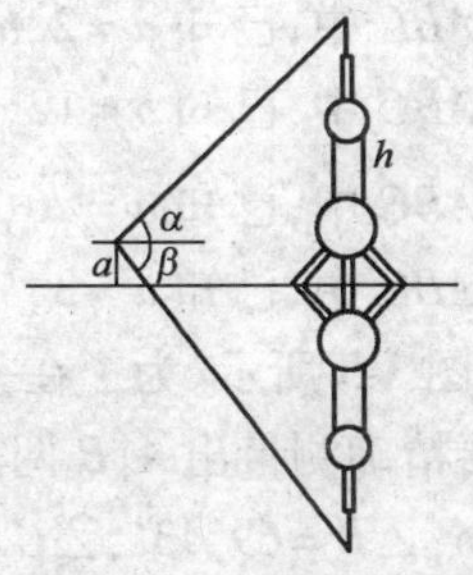

题图 3-1

2. 我海军某舰在 A 处测得东北方向 C 处有一敌舰，离我舰 9n mile，并发现敌舰正沿东南 75°的方向以 20n mile/h 的速度逃跑，如题图 3-2 所示，我舰立即以 28n mile/h 的速度前去追捕，求我舰应沿什么方向，并要用多少时间才能追上敌舰.

3. 缝纫机上的挑线杆形状如题图 3-3 所示，加工过程中需要计算 A 和 C 两个孔的中心距. 已知 $BC = 60.5\text{mm}$，$AB = 15.8\text{mm}$，$\angle ABC = 80°$，求 AC 的长（精确到 0.1mm）.

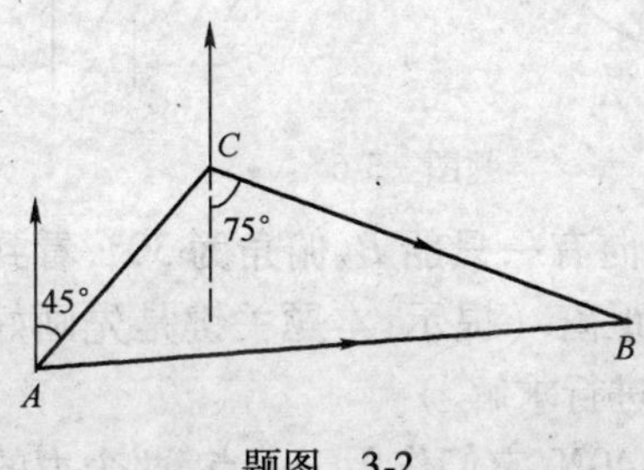

题图 3-2

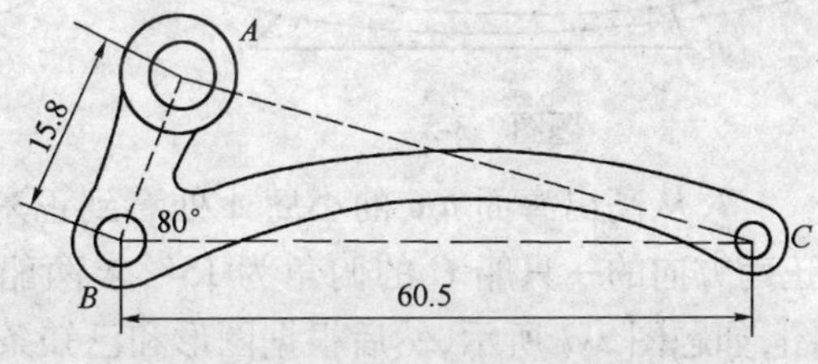

题图 3-3 （尺寸单位：mm）

4. 如题图 3-4 所示，有一长为 100m 的斜坡 BD 的坡度为 45°，现要把坡度改为 30°，求坡底 CD 要伸长多少？

5. 在 $\triangle ABC$ 中，根据下列条件，求三角形的面积 S（精确到 1cm^2）.

(1) 已知 $a = 18\text{cm}$，$b = 35\text{cm}$，$C = 45°$；

(2) 已知 $A = 52°$，$C = 68°$，$a = 36\text{cm}$；

(3) 已知三边的长分别为 $a = 54\text{cm}$，$b = 42\text{cm}$，$c = 70\text{cm}$.

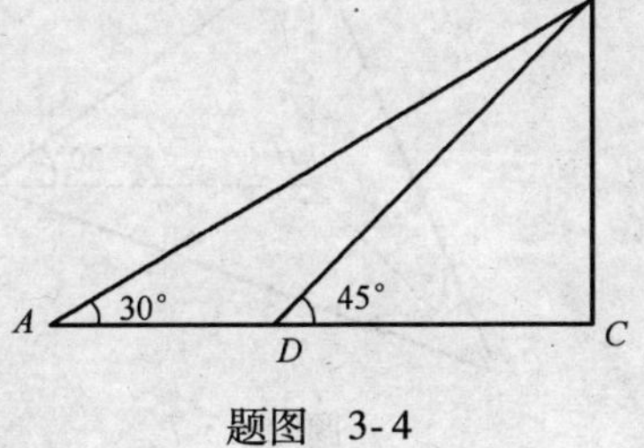

题图 3-4

习　题

1. 在$\triangle ABC$中，已知$a=2$，$b=6$，$\angle B=135°$，求c，$\angle A$，$\angle C$.

2. 在$\triangle ABC$中，已知$b=12$，$\angle A=30°$，$\angle B=120°$，求a，c，$\angle C$.

3. 在$\triangle ABC$中，已知$a=\sqrt{6}$，$b=2$，$c=\sqrt{3}-1$，求$\angle A$，$\angle B$，$\angle C$.

4. 在$\triangle ABC$中，已知$a=3$，$b=2$，$\angle C=60°$，求c，$\angle A$，$\angle B$.

5. 如题图3-5所示，为了在一条河上建一座桥，施工前在河两岸打上两个桥桩A和B. 要精确测量出A、B两点间的距离，测量人员在岸边定出基线BC，测得$BC=78.35\text{m}$，$\angle B=69°43'$，$\angle C=41°12'$，求AB的长（精确到1m）.

6. 题图3-6为一曲柄连杆机构的简图，连杆BP的长$L=125\text{cm}$，曲柄半径$r=25\text{cm}$，当α由0°（即活塞B在B'点时）增加到50°时，求活塞B移动的距离x（精确到1cm）.

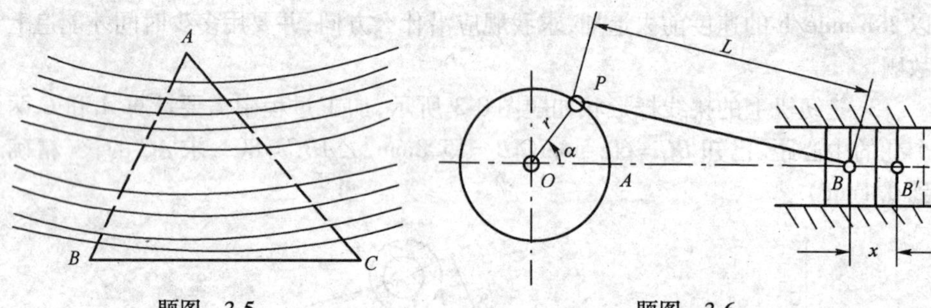

题图　3-5　　　　题图　3-6

7. 从高出海面hm的小岛A处看到正东方向有一只船B，俯角为30°，看到正南方向的一只船C的俯角为15°，求两船的距离.（提示：本题关键是先画好图，如题图3-7所示，然后根据图形和已知条件进行求解.）

8. 已知两个力分别满足$|\boldsymbol{F}_1|=28\text{N}$、$|\boldsymbol{F}_2|=40\text{N}$，它们作用于一点，两个力的夹角为$\alpha=62°$，求合力$\boldsymbol{F}$的大小及其与$\boldsymbol{F}_2$所成的夹角$\theta$，如题图3-8所示.

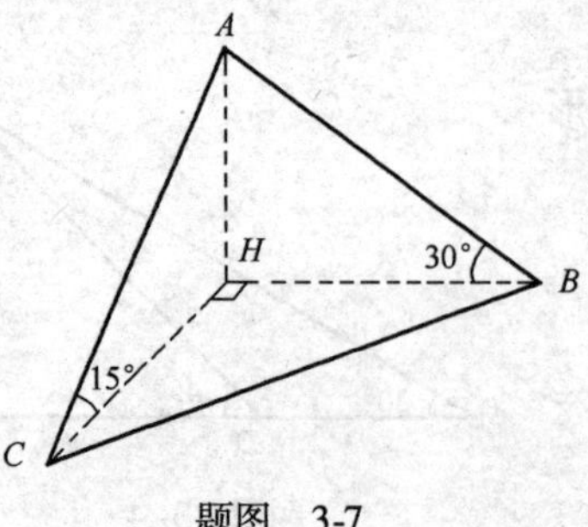

题图　3-7

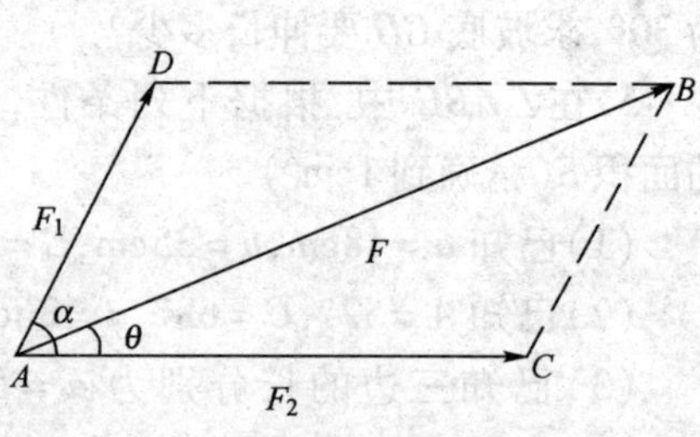

题图　3-8

9. 判断$\triangle ABC$是锐角三角形、直角三角形还是钝角三角形：

(1) $a=2\sqrt{3}, b=2\sqrt{2}, c=\sqrt{6}+\sqrt{2}$;

(2) $a=5, b=12, c=13$;

(3) $a=2, b=\sqrt{2}, c=\sqrt{3}+1$.

(提示：根据$\triangle ABC$中最大边所对角的余弦值大于、等于或小于零，来判断该角为锐角、直角或钝角.)

三角学的起源与发展

三角学的起源可追溯到很早的时期. 古埃及纸草书(兰德纸草书)中有一些涉及棱锥体底上二面角余切的问题. 古巴比伦楔形书板普林顿 322 号实际上已包括一个重要的余割表. 但早期三角学不是一门独立的学科，它是依附于天文学，是天文观测结果推算的一种方法. 1450 年以前，三角学主要是球面三角学，这是航海、历法推算以及天文观测等人类实际活动的需要，同时也是宇宙的奥秘对人类的巨大吸引力所致，这种“量天的学问”确实太诱人了. 希腊、印度、阿拉伯数学中都有三角学的内容. 例如，古希腊门纳劳斯(Menelaus of Alexandria，公元 100 年左右)著《球面学》，提出了三角学的基础问题和基本概念，特别是提出了球面三角学的门纳劳斯定理；50 年后，另一个古希腊学者托勒密(Ptolemy)著《天文学大成》，初步发展了三角学. 而在公元 499 年，印度数学家阿耶波多(Aryabhata I)也表述出古代印度的三角学思想；其后的瓦拉哈米希拉(Varahamihira，约 505—587)最早引入正弦概念，并给出最早的正弦表；公元 10 世纪的一些阿拉伯学者进一步探讨了三角学. 当然，所有这些工作都是天文学研究的组成部分.

直到纳西尔丁(Nasir ed-Dinal Tusi，1201—1274)的《横截线原理书》才开始使三角学脱离天文学，成为纯粹数学的一个独立分支. 而在欧洲，最早将三角学从天文学独立出来的数学家是德国人雷格蒙塔努斯(J · Regiomontanus，1436—1476). 他在 1464 年完成的《论各种三角形》，是欧洲第一部独立于天文学的三角学著作，这部著作首次对三角学作出了完整、独立的阐述. 全书共 5 卷，前 2 卷论述平面三角学，采用印度人的正弦，即圆弧的半弦，明确使用了正弦函数，讨论了一般三角形的正弦定理，提出了求三角形边长的代数解法；后 3 卷讨论球面三角学，给出了球面三角的正弦定理和关于边的余弦定理. 这部著作为三角学在平面与球面几何中的应用奠定了牢固基础，是欧洲传播三角学的源泉，对 16 世纪的数学家产生了相当大的影响,也对哥白尼等一批天文学家产生了直接或间接的影响.

雷格蒙塔努斯还较早地制成了一些三角函数表,但他仅仅采用正弦函数和余弦函数,而且函数值也限定在正数范围内,因而不能推出应有的三角公式,导致计算的困难.后来,奥地利数学家雷提库斯(G. J. Rhaeticus,1514—1576)于1539年赴波兰跟随著名天文学家哥白尼学习天文学,1542年受聘为莱比锡大学数学教授,他将传统的圆中的弧与弦的关系改进为角的三角函数关系,把三角函数定义为直角三角形的边长之比,从而使平面三角学从球面三角学中独立出来,还采用了六个函数(正弦、余弦、正切、余切、正割、余割),并首次编制出全部6种三角函数的数表,包括第一张详尽的正切表和第一张印刷的正割表.这些工作都极大地推进了三角学的发展.实际上,由于天文学研究的需要,制定更加精确的三角函数表一直是数学家奋斗的目标,这不但大大推动了三角学的发展,而且在某种程度上还导致了对数的发明.

文艺复兴后期,法国数学家韦达(F. Vieta)成为三角公式的集大成者.他的《应用于三角形的数学定律》(1579)是较早系统论述平面和球面三角学的专著之一.其中第一部分列出6种三角函数表,有些以分和度为间隔.给出精确到5位和10位小数的三角函数值,还附有与三角值有关的乘法表、商表等.第二部分给出造表的方法,解释了三角形中诸如三角线量值关系的运算公式.除汇集前人的成果外,还补充了自己发现的新公式,如正切定律、和差化积公式等等.他将这些公式列在一个总表中,使得任意给出某些已知量后,可以从表中得出未知量的值.韦达仿效古人的方法将解斜三角形的问题化为解直角三角形的问题.对球面直角三角形,他给出了计算的方法和一套完整的公式及其记忆法则,这是非常重要的工作.

1722年英国数学家棣莫弗(A. De Meiver)得到以他的名字命名的三角学定理

$$(\cos\theta + i\sin\theta)^n = \cos n\theta \pm i\sin n\theta,$$

并证明了 n 是正有理数时公式成立;1748年欧拉(L. Euler)证明了 n 是任意实数时公式也成立,他还给出另一个著名公式

$$e^{i\theta} = \cos\theta + i\sin\theta,$$

这对三角学的发展起到了重要的推动作用.

近代三角学是从欧拉的《无穷分析引论》开始的.他定义了单位圆,并以函数线与半径的比值定义三角函数,他还创用小写拉丁字母 a、b、c 表示三角形三

条边，大写拉丁字母 A、B、C 表示三角形三个角，从而简化了三角公式. 使三角学从研究三角形解法进一步转化为研究三角函数及其应用，成为一个比较完整的数学分支学科. 而由于上述诸人及 19 世纪许多数学家的努力，形成了现代的三角函数符号和三角学的完整的理论.

一连串的改进一直延续至今，现代三角学实质上已广泛地应用于天文、航海、地理测绘、建筑、测量、物理、微积分、工程、航空、生物医学、音乐、经济学等各个方面. 三角学可以说是最实际与最具应用性的数学分支之一.

本 章 小 结

1. 主要内容

本章的主要内容是任意角的概念、弧度制、任意角的三角函数的概念、同角三角函数间的关系、诱导公式、两角和与差的三角函数、二倍角的三角函数，以及三角函数的图像和性质、已知三角函数值求角等内容. 内容结构如下：

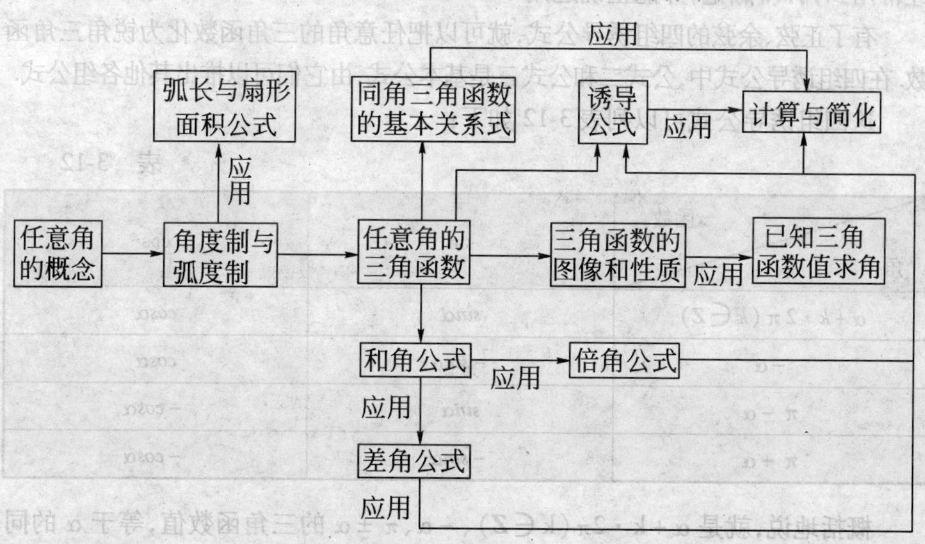

2. 弧度制

根据生产实际和进一步学习数学的需要，我们引入了任意角的概念，并学习了角的另一种单位制——弧度制. 在角的概念推广后，无论采用角度制还是弧度制，都能在角的集合与实数集 R 之间建立起一种一一对应的关系. 采用弧度制时，弧长公式十分简单，成为

$$l = |\alpha| r,$$

这样的形式(其中 l 为弧长,r 为半径,α 为圆弧所对圆心角的弧度数),这就使一些与弧长有关的公式(如扇形面积公式等)也得到了简化.

3. 任意角的正弦、余弦、正切

在角的概念推广后,我们定义了任意角的正弦、余弦、正切这三种三角函数.它们都是以角为自变量,以比值为函数值的函数.由于角的集合与实数集之间可以建立一一对应关系,三角函数可以看成以实数为自变量的函数.

我们还学习了同一个角 α 的这三种函数之间的两个关系式:

$$\sin^2\alpha+\cos^2\alpha=1,$$

$$\frac{\sin\alpha}{\cos\alpha}=\tan\alpha,$$

它们是进行三角恒等变换的重要基础,在求值、化简三角函数式等问题中要经常用到,必须熟记,并能正确运用.

有了正弦、余弦的四组诱导公式,就可以把任意角的三角函数化为锐角三角函数.在四组诱导公式中,公式二和公式三是基本公式,由它们可以推出其他各组公式.

这四组诱导公式可以列表 3-12 如下:

表 3-12

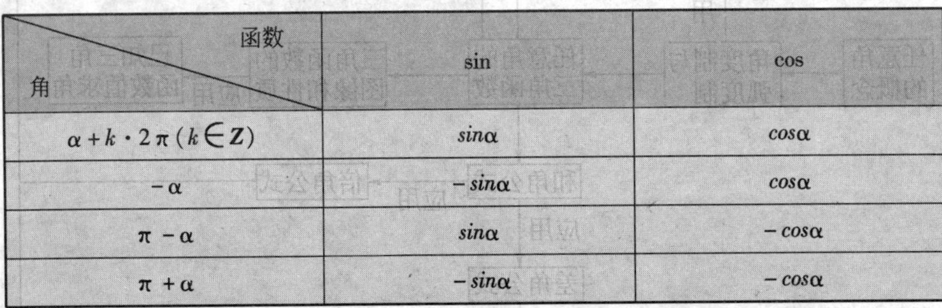

角 \ 函数	sin	cos
$\alpha+k\cdot 2\pi\,(k\in \mathbf{Z})$	$\sin\alpha$	$\cos\alpha$
$-\alpha$	$-\sin\alpha$	$\cos\alpha$
$\pi-\alpha$	$\sin\alpha$	$-\cos\alpha$
$\pi+\alpha$	$-\sin\alpha$	$-\cos\alpha$

概括地说,就是 $\alpha+k\cdot 2\pi\,(k\in \mathbf{Z})$、$-\alpha$、$\pi\pm\alpha$ 的三角函数值,等于 α 的同名函数值,前面加上一个把 α 看成锐角时原函数值的相应符号,即**函数名不变,符号看象限.**

此外,我们还学习了诱导公式五:

$$\cos\left(\frac{\pi}{2}-\alpha\right)=\sin\alpha,$$

$$\sin\left(\frac{\pi}{2}-\alpha\right)=\cos\alpha.$$

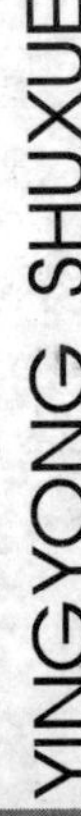

4. 和角公式、差角公式、倍角公式

和角公式、差角公式、倍角公式主要用于三角函数式的计算、化简与推导中，它们在数学和许多其他学科中都有广泛的应用，要熟练掌握. 主要公式如下：

和（差）角公式：

$$\sin(\alpha \pm \beta) = \sin\alpha\cos\beta \pm \cos\alpha\sin\beta,$$

$$\cos(\alpha \pm \beta) = \cos\alpha\cos\beta \mp \sin\alpha\sin\beta,$$

$$\tan(\alpha \pm \beta) = \frac{\tan\alpha \pm \tan\beta}{1 \mp \tan\alpha\tan\beta}.$$

二倍角公式：

$$\sin 2\alpha = 2\sin\alpha\cos\alpha,$$

$$\cos 2\alpha = \cos^2\alpha - \sin^2\alpha$$

$$= 2\cos^2\alpha - 1$$

$$= 1 - 2\sin^2\alpha,$$

$$\tan 2\alpha = \frac{2\tan\alpha}{1 - \tan^2\alpha}.$$

它们之间的内在联系及其推导线索如下：

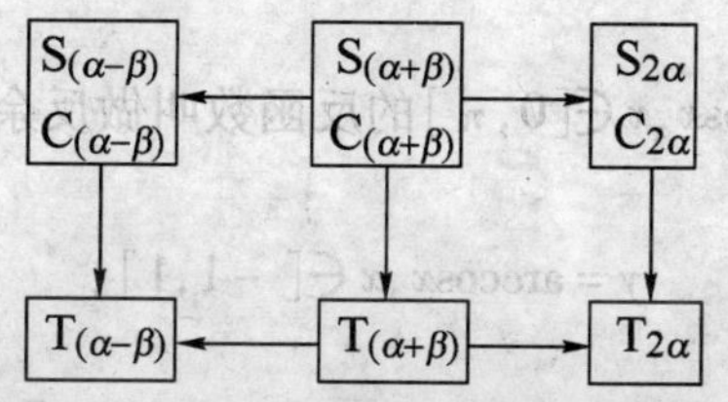

可以认为，和角公式 $S_{(\alpha+\beta)}$、$C_{(\alpha+\beta)}$ 是这些公式的基础.

5. 五点法

利用五点法，可以比较粗略地画出正弦函数的图像；利用正弦函数的图像和诱导公式，可以画出余弦函数的图像. 可以看出，在长度为一个周期的闭区间上，有五个点（即函数值最大和最小的点以及函数值为 0 的点）在确定正弦函数、余弦函数图像的形状时起着关键的作用. 因此，在精确度要求不大高时，可找出这五个点来画出正弦、余弦函数以及与它们类似的一些函数（特别是函数 $y = A\sin(\omega x + \varphi)$）的简图.

正弦、余弦、正切函数的主要性质可以列表归纳如下（表 3-13）：

表 3-13

函数	正 弦 函 数	余 弦 函 数	正 切 函 数
定义域	**R**	**R**	$\left\{x \mid x \neq \frac{\pi}{2}+k\pi, k \in \mathbf{Z}\right\}$
值域	$[-1,1]$ 最大值为1,最小值为−1	$[-1,1]$ 最大值为1,最小值为−1	**R** 无最大值、最小值
周期性	周期为2π	周期为2π	周期为π
奇偶性	奇函数	偶函数	奇函数
单调性	在$\left[-\frac{\pi}{2}+2k\pi, \frac{\pi}{2}+2k\pi\right]$上都是增函数; 在$\left[\frac{\pi}{2}+2k\pi, \frac{3\pi}{2}+2k\pi\right]$上都是减函数($k \in \mathbf{Z}$)	在$[(2k-1)\pi, 2k\pi]$上都是增函数; 在$[2k\pi, (2k+1)\pi]$上都是减函数($k \in \mathbf{Z}$)	在$\left(-\frac{\pi}{2}+k\pi, \frac{\pi}{2}+k\pi\right)$内都是增函数($k \in \mathbf{Z}$)

6. 已知三角函数值求角,会用反三角函数表示角

(1)正弦函数$y=\sin x, x \in\left[-\frac{\pi}{2}, \frac{\pi}{2}\right]$的反函数叫做反正弦函数(简称反正弦),记作

$$y=\arcsin x, x \in[-1,1],$$

其值域是$\left[-\frac{\pi}{2}, \frac{\pi}{2}\right]$.

(2)余弦函数$y=\cos x, x \in[0, \pi]$的反函数叫做反余弦函数(简称反余弦),记作

$$y=\arccos x, x \in[-1,1],$$

其值域为$[0, \pi]$.

7. 两个在解三角形中起着重要作用的定理

(1)正弦定理:

$$\frac{a}{\sin A}=\frac{b}{\sin B}=\frac{c}{\sin C}.$$

(2)余弦定理:

$$a^2=b^2+c^2-2bc\cos A$$
$$b^2=c^2+a^2-2ca\cos B$$
$$c^2=a^2+b^2-2ab\cos C.$$

它们的知识结构如下

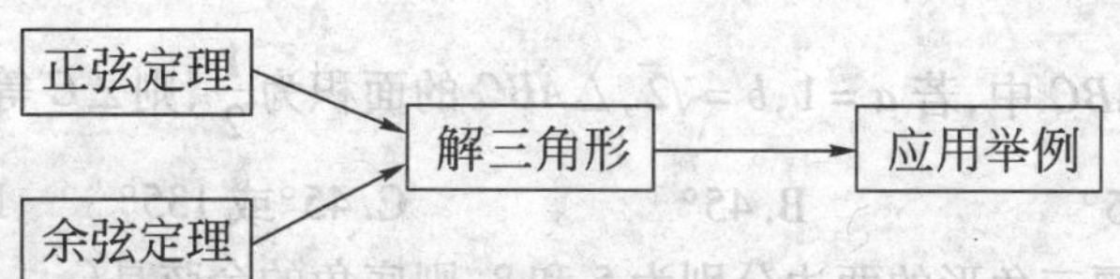

8. 三角形面积公式

$$S=\frac{1}{2}ab\sin C,$$

$$S=\frac{1}{2}bc\sin A,$$

$$S=\frac{1}{2}ca\sin B.$$

复 习 题

1. 填空题:

(1) 所有与角$\frac{3\pi}{5}$终边相同的角是__________.

(2) 角 1400°是第__________象限角.

(3) $(1+\tan\alpha)^2+(1-\tan\alpha)^2=$__________.

(4) 设 $\sin\alpha=\frac{15}{17},\alpha\in\left(\frac{\pi}{2},\pi\right)$,则 $\tan\alpha=$__________.

(5) $\sin\frac{25\pi}{6}+\cos\frac{25\pi}{3}+\tan\left(-\frac{25\pi}{4}\right)=$__________.

(6) 函数 $y=\sin x$ 和 $y=\cos x$ 同时单调递增的区间是__________.

(7) 函数 $y=\sqrt{2\sin x-1}$的定义域是__________.

(8) 使函数 $y=\sin\left(2x-\frac{\pi}{5}\right)$取得最大值的角 x 的集合是__________.

(9) 在$\triangle ABC$ 中,若$\sqrt{3}a=2b\sin A$,则 $B=$__________.

(10) 在△ABC 中,若 $a\cos A=b\cos B$,则此三角形的形状是__________.

2. 选择题:

(1) $\sqrt{1-\sin^2 1180°}$的化简结果是(　　).

A. cos100°　　B. cos80°　　C. cos10°　　D. sin80°

(2) 已知 $\sin\alpha+\cos\alpha=\frac{\sqrt{2}}{2}$,则 $\cos4\alpha=$(　　).

A. 1　　B. −1　　C. $\frac{1}{2}$　　D. $-\frac{1}{2}$

(3)在$\triangle ABC$中,若$a=1$,$b=\sqrt{2}$,$\triangle ABC$的面积为$\frac{1}{2}$,则$\angle C$等于(　　).

A. 135°　　B. 45°　　C. 45°或135°　　D. 75°

(4)若等腰三角形的两边分别为5和8,则底角的余弦是(　　).

A. $\frac{5}{8}$　　B. $\frac{5}{16}$　　C. $\frac{5}{9}$　　D. $\frac{4}{5}$或$\frac{5}{16}$

(5)在$\triangle ABC$中,若$A=105°$,$B=45°$,$c=\sqrt{2}$,则b的长是(　　).

A. 4　　B. 3　　C. 2　　D. 1

3. 确定下列三角函数值的符号:

(1)$\sin 437°$;　(2)$\cos 5$;　(3)$\tan 845°$;　(4)$\cos 1578°$.

4. 已知$\cos\alpha=-\frac{19}{41}$,且$\pi<\alpha<\frac{3\pi}{2}$,求$\tan\left(\frac{\pi}{4}-\alpha\right)$的值.

5. 已知$\sin\alpha=\frac{40}{41}$,求$\cos\alpha$、$\tan\alpha$的值.

6. 化简:

(1)$\sin^4\alpha-\sin^2\alpha+\cos^2\alpha$;　(2)$\frac{\sqrt{1-2\sin 10°\cos 10°}}{\cos 10°-\sqrt{1-\cos^2 170°}}$.

7. 已知$\tan\alpha=3$,计算:

(1)$\frac{4\sin\alpha-2\cos\alpha}{5\cos\alpha+3\sin\alpha}$;　(2)$\sin\alpha\cos\alpha$;　(3)$(\sin\alpha+\cos\alpha)^2$.

8. 已知$\sin(\pi+\alpha)=-\frac{1}{2}$,计算:

(1)$\cos(2\pi-\alpha)$;　(2)$\tan(\alpha-7\pi)$.

9. 用诱导公式进行化简:

(1)$\sin(-879°)$;　(2)$\tan\left(-\frac{33\pi}{4}\right)$;　(3)$\cos\left(-\frac{13\pi}{10}\right)$.

10. 求下列函数的定义域:

(1)$y=3\tan\left(2x-\frac{\pi}{3}\right)$;　(2)$y=\frac{1}{1-\tan x}$.

11. 下列函数中哪些是奇函数?哪些是偶函数?

(1)$y=x^2+\cos x,x\in\mathbf{R}$;　(2)$y=|2\sin x|,x\in\mathbf{R}$.

12. 求下列函数的周期:

(1)$y=\frac{1}{2}\sin\left(3x-\frac{\pi}{3}\right)$;　(2)$y=-2\sin\left(x+\frac{\pi}{4}\right)$;

(3) $y=1-\sin\left(2x-\frac{\pi}{5}\right)$;　　　　(4) $y=3\sin\left(\frac{\pi}{6}-\frac{x}{3}\right)$.

13. 不通过画图，写出下列函数 $y=\frac{1}{3}\sin\left(5x+\frac{\pi}{6}\right)$ 的振幅、周期、初相.

14. 在闭区间 $[0,2\pi]$ 上，求适合下列条件的角 x 的集合：

(1) $\sin x=1$;　　　　(2) $\sin x=-0.10$;

(3) $\cos x=\frac{4}{5}$;　　　　(4) $\cos x=-0.61$.

15. 如题图 3-9 所示，在某点 B 处测得建筑物 AE 的顶端 A 的仰角为 θ，沿 BE 方向前进 30m 至点 C 处，测得顶端 A 的仰角为 2θ，再继续前进 $10\sqrt{3}$ m 至点 D 处，测得顶端 A 的仰角为 4θ，求 θ 的大小和建筑物 AE 的高度.

16. 如题图 3-10 所示，在铁路建设中需要确定隧道的长度和隧道两端的施工方向. 已测得隧道两端的两点 A、B 到某一点 C 的距离 a, b 及 $\angle ACB=\alpha$，求 A、B 两点之间的距离，以及 $\angle ABC$、$\angle BAC$

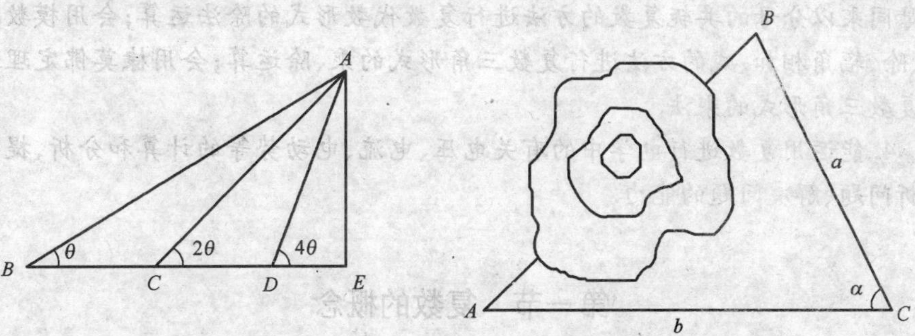

题图 3-9　　　　题图 3-10

17. 某地欲修一横断面为等腰梯形的水渠，为降低成本必须减少水与水渠的接触面，若水渠横断面面积设计为定值 S，渠深 h，则水渠壁的倾角 $\theta\left(0<\theta<\frac{\pi}{2}\right)$ 应为多大时，方能使修建成本最低？

18. 在 $\triangle ABC$ 中，若 $B=30°$, $AB=2\sqrt{3}$, $AC=2$，求 $\triangle ABC$ 的面积.

19. 在 $\triangle ABC$ 中，根据下列条件，求三角形的面积 S（精确到 1cm^2）：

(1) 已知 $a=18\text{cm}$, $b=35\text{cm}$, $C=45°$;

(2) 已知 $A=52°$, $C=68°$, $a=36\text{cm}$;

(3) 已知三边的长分别为 $a=54\text{cm}$, $b=42\text{cm}$, $c=70\text{cm}$.

第四章　复　数

1. 理解虚数单位、复数的定义、共轭复数等概念，会用复数分类的条件、复数相等的条件解决有关问题；理解复数与复平面内点的对应关系，会在复平面内用点表示复数，给定复平面内的点会写出表示该点的复数；会在复平面内用向量表示复数 $a+bi$.

2. 理解复数的三角形式 $r(\cos\theta+i\sin\theta)$ 中的模 r、辐角 θ 的概念及辐角主值的概念，会进行复数的代数形式 $a+bi$、三角形式 $r(\cos\theta+i\sin\theta)$、指数形式 $re^{i\theta}$ 三者之间的互化.

3. 能按照多项式运算法则进行复数代数形式的加、减、乘运算；能按照分子、分母同乘以分母的共轭复数的方法进行复数代数形式的除法运算；会用模数相乘、除，辐角相加、减的方法进行复数三角形式的乘、除运算；会用棣莫佛定理进行复数三角形式的乘法.

4. 能运用复数进行电学中的有关电压、电流、电动势等的计算和分析，提高分析问题、解决问题的能力.

第一节　复数的概念

一、复数的有关概念

在实数范围内，方程 $x^2=-1$ 是否有解？

为了使方程 $x^2=-1$ 在一定范围内有解，下面我们引入复数的有关概念.

如果 $i^2=-1$，则称 i 为**虚数单位**.

规定：i 可以与实数一起进行加减乘除四则运算，运算时，原有的加、乘运算律仍然成立.

例如，$4i$，$-0.9i$，$4-3i$，$1+\sqrt{2i}$，$(-1+i)\cdot(2-4i)$，$\frac{1+3i}{3-2i}$等等. 如何进行这些运算，我们将在下一节中介绍.

形如 $a+bi$ 的数叫做**复数**（$a\in\mathbf{R}$, $b\in\mathbf{R}$）；a 叫做复数的**实部**，b 叫做复数的**虚部**.

当 $b=0$ 时，复数就成为实数；当 $b\neq0$ 时，叫做**虚数**；当 $a=0$ 且 $b\neq0$ 时，复数就成为**纯虚数**.

当 $a=0$ 且 $b=0$ 时，$a+bi=$？

全体复数所构成的集合叫做**复数集**。复数集通常用 **C** 表示，即

$$\mathbf{C}=\{z\mid z=a+bi, a\in\mathbf{R}, b\in\mathbf{R}\}.$$

根据上面所述，复数可以分类如下：

$$复数(a+bi)\begin{cases}实数(b=0)\begin{cases}有理数\\无理数\end{cases}\\虚数(b\neq0)\end{cases}$$

显然，实数集 **R** 是复数集 **C** 的真子集，即 $\mathbf{R}\subsetneqq\mathbf{C}$.

如果两个复数 $a+bi$ 与 $c+di$ 的实部与虚部分别相等，我们就说这两个**复数相等**，记作

$$a+bi=c+di.$$

这就是说，如果 a、b、c、d 都是实数，那么

$$a+bi=c+di\Leftrightarrow a=c 且 b=d$$

$$a+bi=0\Leftrightarrow a=0 且 b=0$$

注意：两个实数可以比较大小，但是两个复数，只要有一个不是实数，它们就不能比较大小. 例如，0 与 i，3 与 $3+3i$，$1+3i$ 与 $2-2i$ 等，均不能比较大小.

例 1 已知 $(3x+2y)+(5x-y)i=17-2i$，其中 $x,y\in\mathbf{R}$，求 x,y.

解：根据复数相等的定义，得方程组

$$\begin{cases}3x+2y=17\\5x-y=-2\end{cases}$$

解方程组，得

$$x=1, y=7.$$

练　　习

1. 说出下列各数中，哪些是实数、哪些是虚数、哪些是复数：

$2+\sqrt{2},0,i,2i,i^2,5+2i,(1+\sqrt{3})i.$

2. 写出下列各复数的实部和虚部：

$5+2i,-\sqrt{3}i,i,-8,0.$

3. 如果 $x,y\in\mathbf{R}$，求适合下列方程的 x 和 y 的值：

(1) $(x-2y)+(2x+3y)i=3-3i$;

(2) $(3x-4)+(2y+3)i=0$;

(3) $(x+y)-xyi=24i-5$.

4. 试用集合包含符号表示复数集 **C**、实数集 **R**、有理数集 **Q** 和整数集 **Z** 之间的关系.

5. 复数集中，哪些数之间能比较大小？哪些数之间不能比较大小？

二、复数的向量表示

在物理学中，我们经常遇到力、速度等物理量，这些量即有大小又有方向. 在数学中，我们把这种既有大小又有方向的量叫做**向量**. 向量可以用一条有向线段（即规定了起点和终点的线段）来表示，有向线段的长度表示向量的大小，有向线段的方向（用箭头表示）表示向量的方向. 图 4-1 表示一个从 O 点到 A 点的向量，记作$\overrightarrow{OA}$，O 点叫做该向量的**起点**，A 点叫做该向量的**终点**. 两个向量只要它们的长度相等，方向相同，不论它们的起点在哪里，都认为是相等的向量. 长度为零的向量叫做**零向量**，并且规定所有的零向量是相等的.

根据复数相等的定义，复数 $z=a+bi$ 对应一对有序实数 (a,b)，而每一个有序实数对 (a,b) 对应平面直角坐标系中唯一确定的一点 $Z(a,b)$ 或一个向量$\overrightarrow{OZ}$. 于是，我们可在复数 $z=a+bi$、点 Z 和向量$\overrightarrow{OZ}$之间建立起一一对应关系，并用点 $Z(a,b)$ 或向量$\overrightarrow{OZ}$表示复数 z（图 4-2），即

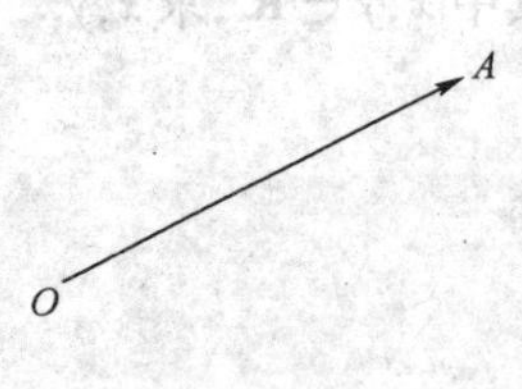

图 4-1

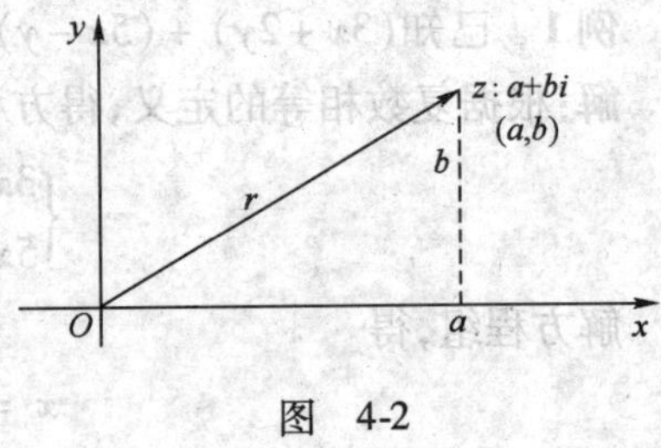

图 4-2

$$\text{复数 } z=a+bi \Leftrightarrow Z(a,b) \Leftrightarrow \text{向量} \overrightarrow{OZ}$$

用直角坐标系来表示复数的平面叫做**复平面**.

在复平面内,x 轴通常叫做**实轴**,y 轴叫做**虚轴**.

设 $z=a+bi$,则向量$\overrightarrow{OZ}$的长度叫做复数 $a+bi$ 的**模或绝对值**,记作$|a+bi|$.显然

$$|z|=|a+bi|=r=\sqrt{a^2+b^2}$$

例如,复数 $3+4i$ 的模为:

$$|3+4i|=\sqrt{3^2+4^2}=5.$$

当两个复数的实部相等、虚部互为相反数时,则这两个复数叫做**互为共轭复数**.复数 z 的共轭复数用 $\bar{z}$ 表示.当 $z=a+bi$ 时,则 $\bar{z}=a-bi$.显然,复平面内表示两个互为共轭复数的点关于实轴对称(图 4-3),并且它们的模相等.

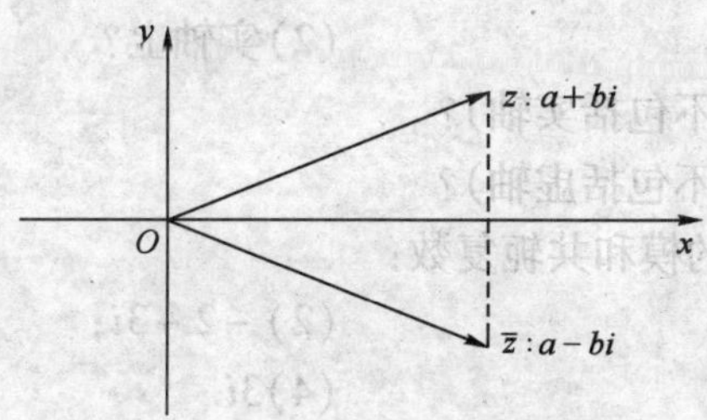

图 4-3

实数 a 的共轭复数是什么?

例 2 求 $z_1=3+4i, z_2=-\dfrac{1}{2}+\sqrt{2}i$ 的模和它们的共轭复数.

解: $|z_1|=\sqrt{3^2+4^2}=5$,

$$|z_2|=\sqrt{\left(-\frac{1}{2}\right)^2+(\sqrt{2})^2}=\frac{3}{2},$$

$$\bar{z}_1=3-4i, \bar{z}_2=-\frac{1}{2}-\sqrt{2}i.$$

例 3 设 $z\in \mathbf{C}$,满足条件$|z|=3$ 的点 Z 的集合是什么图形?

解: 复数 z 的模等于 3,则向量$\overrightarrow{OZ}$的长度等于 3,也就是点 Z 到原点的距离

等于3，所以满足条件$|z|=3$的点Z的集合是以原点为圆心，以3为半径的圆.

设$z\in\mathbf{C}$，满足条件$|z|\leqslant 3$的点Z的集合是什么图形？

练　　习

1. 在复平面内描出表示下列复数的点和向量：

(1)$5+2i$；　　(2)$-4-2i$；

(3)4；　　(4)$-3i$.

2. 设$z=a+bi$和复平面内的点$Z(a,b)$对应，a、b必须满足什么条件，才能使点Z位于：

(1)虚轴上？　　(2)实轴上？

(3)下半平面(不包括实轴)？

(4)左半平面(不包括虚轴)？

3. 求下列各复数的模和共轭复数：

(1)$2+2i$；　　(2)$-2-3i$；

(3)0；　　(4)$3i$.

4. 设$z\in\mathbf{C}$，满足条件$|z|=1$的点Z的集合是什么图形？

习　题

1. 如果a、b都是实数，在什么情况下$a+bi$是实数？是纯虚数？是虚数？

2. m取什么实数值，复数$(2m-4)+(9-6m)i$是

(1)实数？　　(2)纯虚数？

3. 写出下列复数的实部与虚部：

$12-3i$，$\dfrac{\sqrt{2}}{3}-\dfrac{\sqrt{2}}{3}i$，$\sqrt{3}i$，$\sqrt{5}$，$0$.

4. 在复平面内，作出表示下列各个复数的点：

(1)3；　　(2)$-3i$；　　(3)$1+2i$；　　(4)$1-2i$.

5. 求适合下列各方程的实数x和y的值：

(1)$(2x-4)+(3y+6)i=0$；

(2)$3x+2y+xi=3$；

(3)$(3x+2y)+(5x-y)i=17-2i$.

6. 求下列各复数的模和共轭复数：

$-4+3i$；$5-2i$；$\sqrt{3}i$；-3.

7. 证明四点 $1+2i$，$\sqrt{2}+\sqrt{3}i$，$\sqrt{3}-\sqrt{2}i$，$-2+i$ 在同一圆周上.

8. 设 $z\in\mathbf{C}$，满足条件 $1\leqslant|z|\leqslant3$ 的点的集合 Z 是什么图形？

第二节　复数的运算

一、复数的加法与减法

多项式的加法和减法运算法则？

复数的加法和减法可按照多项式的加法和减法运算法则来进行，即复数的实部与实部、虚部与虚部分别相加减.

设 $z_1=a+bi$，$z_2=c+di$，则

$z_1+z_2=(a+bi)+(c+di)=(a+c)+(b+d)i$，

$z_1-z_2=(a+bi)-(c+di)=(a-c)+(b-d)i$.

两个复数的和与差仍是唯一确定的复数.

容易验证，复数的加法运算满足交换律、结合律，即对任意复数 z_1、z_2、z_3 有：

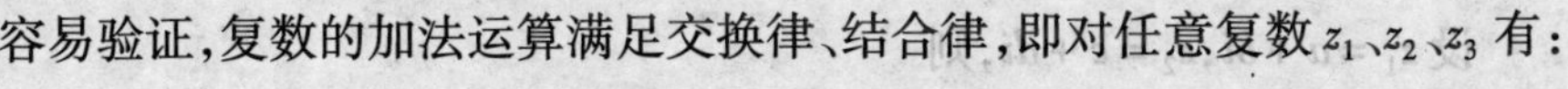

$$z_1+z_2=z_2+z_1,$$

$$(z_1+z_2)+z_3=z_1+(z_2+z_3).$$

例1　计算 $(3+2i)+(4-5i)$.

解：$(3+2i)+(4-5i)=(3+4)+(2-5)i=7-3i$.

例2　计算 $(\sqrt{3}+2i)-(2-i)$.

解：$(\sqrt{3}+2i)-(2-i)=(\sqrt{3}-2)+(2+1)i=(\sqrt{3}-2)+3i$.

例3　$(x+2yi)+(y-3xi)-(5-5i)=0$，求实数 x 和 y 的值.

解：$\because (x+2yi)+(y-3xi)-(5-5i)=0$，

$\therefore (x+y-5)+(2y-3x+5)i=0.$

根据复数相等的定义,得方程组

$$\begin{cases}x+y-5=0\\2y-3x+5=0\end{cases}$$

解这个方程组,得

$$x=3, y=2.$$

练　　习

1. 计算:

(1) $(4+5i)+(2-3i)$;　　(2) $(3-5i)+(2+3i)$;

(3) $3-(4+2i)$;　　(4) $(-3+2i)-(5-i)+(4+7i)$;

(5) $(1+i)-(1-i)-(5-4i)+(-3+7i)$.

2. 证明两个共轭复数的和一定是实数.

二、复数的乘法与除法

1. 复数的乘法

多项式乘法的法则?

两个复数相乘可以按照多项式的乘法运算法则来进行,但在所得的结果中必须把 i^2 换成 -1,并将实部与虚部分别合并,把最后的结果写成 $a+bi(a,b\in\mathbf{R})$ 的形式.

设 $z_1=a+bi, z_2=c+di$,则

$$\begin{aligned}z_1z_2&=(a+bi)(c+di)=ac+adi+bci+bdi^2\\&=(ac-bd)+(ad+bc)i.\end{aligned}$$

两个复数的积仍是唯一确定的复数.

容易验证,复数的乘法运算满足交换律、结合律和乘法对加法的结合律,即

对任意复数 z_1、z_2、z_3 有：

$$z_1z_2=z_2z_1,$$
$$(z_1z_2)z_3=z_1(z_2z_3),$$
$$z_1(z_2+z_3)=z_1z_2+z_1z_3.$$

例 4 已知 $z_1=5+i$，$z_2=1+4i$，计算 z_1z_2.

解：
$$\begin{aligned}z_1z_2&=(5+i)(1+4i)\\&=5+20i+i+4i^2\\&=(5-4)+(20+1)i\\&=1+21i.\end{aligned}$$

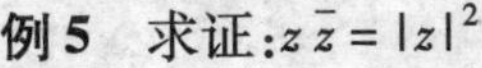

例 5 求证：$z\bar{z}=|z|^2$

证明：设 $z=a+bi$，则 $\bar{z}=a-bi$，于是

$$\begin{aligned}z\bar{z}&=a^2-abi+bai-b^2i^2\\&=a^2+b^2=(\sqrt{a^2+b^2})^2=|z|^2.\end{aligned}$$

因此 $z\bar{z}=|z|^2$.

即：两个共轭复数的乘积等于复数模的平方.

根据复数的乘法运算，容易导出下列结果：

$$i^1=i,i^2=-1,i^3=-i,i^4=1;$$
$$i^{4n+1}=i,i^{4n+2}=-1,i^{4n+3}=-i,i^{4n}=1.$$

例 6 计算：i^{21}、i^{38}、i^{43}、i^{56}.

解：$i^{21}=i^{4\times5+1}=i$，　$i^{38}=i^{4\times9+2}=i^2=-1$，

$i^{43}=i^{4\times10+3}=-i$，　$i^{56}=i^{4\times14}=1$.

例 7 计算 $(1-i)^{10}$.

解：

$$\begin{aligned}(1-i)^{10}&=[(1-i)^2]^5=[(1-2i+i^2)]^5\\&=(-2i)^5=-32i^5=-32i.\end{aligned}$$

2. 复数的除法

请将分式 $\dfrac{2-\sqrt{2}}{2+\sqrt{2}}$ 分母有理化.

两个复数相除（除数不为零）可以先把它们的商写成分式，然后分子、分母同乘分母的共轭复数，再化简整理后得所求的商，即

$$(c+di)\div(a+bi)=\frac{c+di}{a+bi}=\frac{(c+di)(a-bi)}{(a+bi)(a-bi)}=\frac{(ac+bd)+(ad-bc)i}{a^2+b^2}$$

$$=\frac{ac+bd}{a^2+b^2}+\frac{ad-bc}{a^2+b^2}i.$$

复数的除法与分式的分母有理化有什么相似之处？

两个复数的商仍是唯一确定的复数.

例 8 计算$(1+2i)\div(2-i)$.

解：$(1+2i)\div(2-i)=\frac{1+2i}{2-i}=\frac{(1+2i)(2+i)}{(2-i)(2+i)}$

$=\frac{5}{5}i=i.$

例 9 计算$\frac{\sqrt{5}+\sqrt{3}i}{\sqrt{5}-\sqrt{3}i}-\frac{\sqrt{3}+\sqrt{5}i}{\sqrt{3}-\sqrt{5}i}$.

解：$\frac{\sqrt{5}+\sqrt{3}i}{\sqrt{5}-\sqrt{3}i}-\frac{\sqrt{3}+\sqrt{5}i}{\sqrt{3}-\sqrt{5}i}$

$=\frac{5+2\sqrt{15}i-3}{5+3}-\frac{3+2\sqrt{15}i-5}{3+5}=\frac{4}{8}=\frac{1}{2}.$

例 10 计算$\left(\frac{1-i}{1+i}\right)^{20}$.

解：$\left(\frac{1-i}{1+i}\right)^{20}=\left[\frac{(1-i)^2}{(1+i)(1-i)}\right]^{20}=\left(\frac{-2i}{2}\right)^{20}=i^{20}=1.$

练　　习

1. 计算：

(1) $(4-3i)(-5-4i)$；　　(2) $(1+i)(1-i)$；

(3) $(2+3i)i$；　　(4) $\left(-\frac{1}{2}+\frac{\sqrt{3}}{2}i\right)\left(-\frac{1}{2}-\frac{\sqrt{3}}{2}i\right)$；

(5) $(3+4i)^3$；　　(6) $\frac{2i}{1-i}$；

(7) $\frac{2+i}{5+4i}$；　　(8) $\frac{1}{1-i}$；

(9) $\frac{3}{2i}$；　　(10) $\frac{1}{(1+i)^2}$.

习　题

1. 计算：

(1) $(-8+7i)+(3-3i)$；　　(2) $-5i+(1+i)$；

(3) $(3-6i)-(1-4i)$；　　(4) $2i-(4-3i)$；

(5) $(-0.2+0.3i)(0.5-0.4i)$；　　(6) $(1-2i)(2+i)(7-8i)$；

(7) $\left(-\frac{1}{2}+\frac{\sqrt{3}}{2}i\right)\left(-\frac{1}{2}-\frac{\sqrt{3}}{2}i\right)$；　　(8) $\left(\frac{\sqrt{2}}{2}+\frac{\sqrt{2}}{2}i\right)^2$；

(9) $(a+bi)^3$；　　(10) $\frac{1-2i}{3+4i}$；

(11) $\frac{1}{11-5i}$；　　(12) $\frac{1}{(9+2i)^2}$.

2. 设 $z_1=2+3i$，$z_2=1-2i$，计算：

(1) z_1+z_2；　　(2) z_1-z_2；

(3) z_1z_2；　　(4) $\frac{z_1}{z_2}$.

3. 已知：$\omega=-\frac{1}{2}+\frac{\sqrt{3}}{2}i$. 求证：$1+\omega+\omega^2=0$.

4. 计算：

(1) $(1-i)+(2-i^3)+(3-i^5)+(4-i^7)$；

(2) $(1+i)^4$；　　(3) $(1-i)\left(\cos\frac{3\pi}{2}+i\sin\frac{3\pi}{2}\right)$；

(4) $\frac{i}{1+i}+\frac{6i+1}{1-7i}$；　　(5) $\frac{\sqrt{5}+\sqrt{3}i}{\sqrt{5}-\sqrt{3}i}-\frac{\sqrt{3}+\sqrt{5}i}{\sqrt{3}-\sqrt{5}i}$.

5. 已知 $z_1=5+10i$，$z_2=3-4i$，$\frac{1}{z}=\frac{1}{z_1}+\frac{1}{z_2}$，求 z、$\bar{z}$.

第三节　复数的三角形式

一、复数的三角形式

终边相同的角有多少个?

设 $z=a+bi$,则

$$|z|=r=\sqrt{a^2+b^2}.$$

以 x 轴的正半轴为始边,向量 $\overrightarrow{OZ}$ 所在的射线 OZ 为终边的角 θ,叫做复数 $z=a+bi$ 的**辐角**(图 4-4). 非零复数 $a+bi$ 的辐角值有无数多个,它们彼此相差 2π 的整数倍. 例如,复数 $-i$ 的辐角可以是集合 $\{\theta|\theta=\frac{3}{2}\pi+2k\pi, k\in\mathbf{Z}\}$ 中的任一个角. 如果 $z=0$,则 $|z|=0$,由于向量 $\overrightarrow{OZ}$ 的方向是任意的,所以复数 0 的辐角也是任意的.

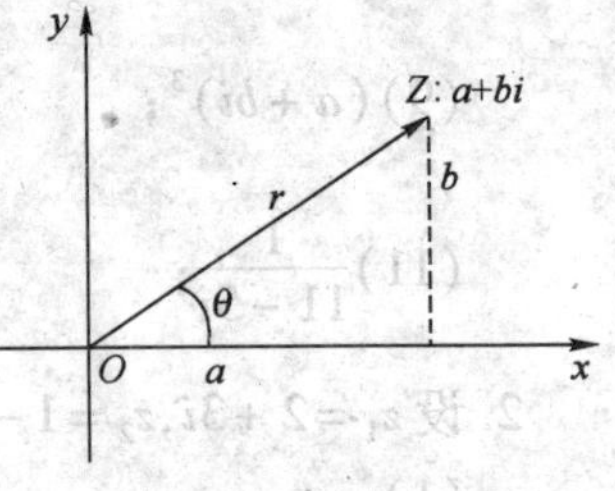

图　4-4

适合于 $0\leqslant\theta<2\pi$ 的辐角 θ 的值,叫做**辐角的主值**,而 $\tan\theta=\frac{b}{a}(a\neq0)$.

例如,设 a 是正实数,由复数的辐角的主值的定义可知,a 的辐角的主值是 0, $-a$ 的辐角的主值是 π, ai 的辐角的主值是 $\frac{\pi}{2}$, $-ai$ 的辐角的主值是 $\frac{3\pi}{2}$.

由上可知,每个非零复数都有唯一的模和辐角的主值,并且这个复数本身可以由它的模和辐角的主值唯一地确定.

若两个非零复数相等,则其模和辐角主值一定相等吗?

在图 4-4 中,根据三角函数的定义可知

$$a=r\cos\theta, b=r\sin\theta,$$

所以 $$a+bi=r\cos\theta+ir\sin\theta=r(\cos\theta+i\sin\theta),$$
即 $$a+bi=r(\cos\theta+i\sin\theta).$$

我们把 $r(\cos\theta+i\sin\theta)$ 叫做复数的**三角形式**，而把 $a+bi$ 叫做复数的**代数形式**.

例 1 求下列复数的模和辐角的主值：

(1)2； (2)$1+i$； (3)$\sqrt{3}-i$.

解：(1) $|2|=2,\tan\theta=\frac{b}{a}=\frac{0}{2}=0,\because 0\leqslant\theta<2\pi,\therefore\theta=0.$

(2) $|1+i|=\sqrt{1^2+1^2}=\sqrt{2},\tan\theta=\frac{b}{a}=\frac{1}{1}=1,\because 0\leqslant\theta<2\pi,\therefore\theta=\frac{\pi}{4}.$

(3) $|\sqrt{3}-i|=\sqrt{(\sqrt{3})^2+(-1)^2}=2,\tan\theta=\frac{b}{a}=\frac{-1}{\sqrt{3}}=-\frac{\sqrt{3}}{3},\because 0\leqslant\theta<2\pi,$

$\therefore\theta=\frac{11\pi}{6}.$

例 2 化 $3i$ 为三角形式.

解：$\because r=\sqrt{0^2+3^2}=3$，$\theta$ 的主值是 $\frac{\pi}{2}$.

$\therefore 3i=3\left(\cos\frac{\pi}{2}+i\sin\frac{\pi}{2}\right).$

例 3 化 -5 为三角形式.

解：$\because r=\sqrt{(-5)^2+0^2}=5$，$\theta$ 的主值是 π.

$\therefore -5=5(\cos\pi+i\sin\pi).$

例 4 化 $1+\sqrt{3}i$ 为三角形式.

解：$\because r=\sqrt{1^2+(\sqrt{3})^2}=2,\tan\theta=\frac{b}{a}=\frac{\sqrt{3}}{1}=\sqrt{3}$，$\theta$ 的主值是 $\frac{\pi}{3}$.

$\therefore 1+\sqrt{3}i=2\left(\cos\frac{\pi}{3}+i\sin\frac{\pi}{3}\right).$

例 5 把复数 $\sqrt{2}(\cos135°+i\sin135°)$ 化成代数形式.

解：$\sqrt{2}(\cos135°+i\sin135°)$

$=\sqrt{2}(-\cos45°+i\sin45°)$

$=\sqrt{2}\left(-\frac{\sqrt{2}}{2}+i\frac{\sqrt{2}}{2}\right)$

$=-1+i.$

练　　习

1. 把下列复数表示成三角形式，并且画出与它们对应的向量：

(1)3；　(2) -3；　(3)$4i$；

(4) $-5i$；　(5) $-1+i$；　(6) $-\sqrt{3}-i$；

(7)$\frac{\sqrt{2}}{2}-\frac{\sqrt{2}}{2}i$.

2. 把下列复数表示成代数形式：

(1)$6\left(\cos\frac{\pi}{6}+i\sin\frac{\pi}{6}\right)$；　(2)$8\left(\cos\frac{2\pi}{3}+i\sin\frac{2\pi}{3}\right)$；

(3)$\sqrt{2}\left(\cos\frac{5\pi}{4}+i\sin\frac{5\pi}{4}\right)$；　(4)$\cos\left(-\frac{\pi}{3}\right)+i\sin\left(-\frac{\pi}{3}\right)$.

3. 下列各式哪些是复数的三角形式？哪些是复数代数形式？

(1)$6\left(\cos\frac{\pi}{9}+i\sin\frac{\pi}{9}\right)$；　(2) $-3\left(\cos\frac{2\pi}{7}+i\sin\frac{2\pi}{7}\right)$；

(3) $\left(\cos\frac{5\pi}{14}+i\sin\frac{5\pi}{14}\right)$；　(4)$\cos\left(-\frac{\pi}{3}\right)-i\sin\left(-\frac{\pi}{3}\right)$.

(5)$7\left(\sin\frac{\pi}{2}+i\cos\frac{\pi}{2}\right)$.

二、复数的三角形式的运算

1. 复数的三角形式的乘法和乘方

两角和与差的正弦和余弦公式？

设复数 z_1, z_2 的三角形式分别为

$$z_1 = r_1(\cos\theta_1 + i\sin\theta_1),$$
$$z_2 = r_2(\cos\theta_2 + i\sin\theta_2).$$

它们的乘积为

$$\begin{aligned} z_1z_2 &= r_1(\cos\theta_1 + i\sin\theta_1)r_2(\cos\theta_2 + i\sin\theta_2) \\ &= r_1r_2[(\cos\theta_1\cos\theta_2 - \sin\theta_1\sin\theta_2) + i(\sin\theta_1\cos\theta_2 + \cos\theta_1\sin\theta_2)] \\ &= r_1r_2[\cos(\theta_1 + \theta_2) + i\sin(\theta_1 + \theta_2)]. \end{aligned}$$

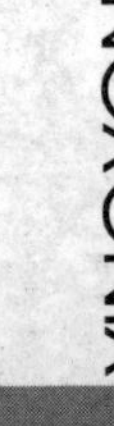

即

$$r_1\cos(\theta_1+i\sin\theta_1)\cdot r_2\cos(\theta_2+i\sin\theta_2)$$
$$=r_1r_2[\cos(\theta_1+\theta_2)+i\sin(\theta_1+\theta_2)] \quad (4\text{-}1)$$

这就是说，**两个复数的乘积是一个复数，积的模等于两个复数模的积，积的辐角等于两个复数的辐角的和**. 从而可归纳为：**两复数相乘，只要模相乘，辐角相加**.

上面的结论可以推广到 n 个复数相乘的情况，即

$$r_1(\cos\theta_1+i\sin\theta_1)\cdot r_2(\cos\theta_2+i\sin\theta_2)\cdot\cdots\cdot r_n(\cos\theta_n+i\sin\theta_n)$$
$$=r_1r_2\cdot\cdots\cdot r_n[\cos(\theta_1+\theta_2+\cdots+\theta_n)]+i\sin(\theta_1+\theta_2+\cdots+\theta_n)].$$

特殊地，当

$$r_1=r_2=\cdots=r_n=r,\theta_1=\theta_2=\cdots=\theta_n=\theta,$$

上式即为

$$[r(\cos\theta+i\sin\theta)]^n=r^n(\cos n\theta+i\sin n\theta) \quad (n\text{为正整数}) \quad (4\text{-}2)$$

这就是说，复数的 n 次幂是一个复数，它的模等于这个复数的模的 n 次幂，它的辐角等于这个复数的辐角的 n 倍. 这个定理叫做**棣莫佛定理**.

棣莫佛(Abraham de Moivre，1667—1754)，法国数学家.

例 6 计算：$2\left(\cos\frac{\pi}{3}+i\sin\frac{\pi}{3}\right)\cdot 3\left(\cos\frac{\pi}{4}+i\sin\frac{\pi}{4}\right)$.

解：$2\left(\cos\frac{\pi}{3}+i\sin\frac{\pi}{3}\right)\cdot 3\left(\cos\frac{\pi}{4}+i\sin\frac{\pi}{4}\right)$

$=6\left[\cos\left(\frac{\pi}{3}+\frac{\pi}{4}\right)+i\sin\left(\frac{\pi}{3}+\frac{\pi}{4}\right)\right]$

$=6\left(\cos\frac{7\pi}{12}+i\sin\frac{7\pi}{12}\right)$.

例 7 计算：$4(\cos77°+i\sin77°)\cdot3(\cos52°+i\sin52°)\cdot2(\cos51°+i\sin51°)$.

解：$4(\cos77°+i\sin77°)\cdot3(\cos52°+i\sin52°)\cdot2(\cos51°+i\sin51°)$

$=24[\cos(77°+52°+51°)+i\sin(77°+52°+51°)]$

$=24(\cos180°+i\sin180°)$

$=-24$.

例 8 计算：$\left(\frac{1}{2}+\frac{\sqrt{3}}{2}i\right)^7$.

解：$\left(\frac{1}{2}+\frac{\sqrt{3}}{2}i\right)^7=\left(\cos\frac{\pi}{3}+i\sin\frac{\pi}{3}\right)^7$

$$=\cos\frac{7\pi}{3}+i\sin\frac{7\pi}{3}$$

$$=\cos\frac{\pi}{3}+i\sin\frac{\pi}{3}$$

$$=\frac{1}{2}+\frac{\sqrt{3}}{2}i.$$

2. 复数的三角形式的除法

设 $z_1=r_1(\cos\theta_1+i\sin\theta_1)$，$z_2=r_2(\cos\theta_2+i\sin\theta_2)\neq 0$，则

$$\frac{z_1}{z_2}=\frac{r_1(\cos\theta_1+i\sin\theta_1)}{r_2(\cos\theta_2+i\sin\theta_2)}$$

$$=\frac{r_1(\cos\theta_1+i\sin\theta_1)(\cos\theta_2-i\sin\theta_2)}{r_2(\cos\theta_2+i\sin\theta_2)(\cos\theta_2-i\sin\theta_2)}$$

$$=\frac{r_1}{r_2(\cos^2\theta_2+\sin^2\theta_2)}[(\cos\theta_1\cos\theta_2+\sin\theta_1\sin\theta_2)+i(\sin\theta_1\cos\theta_2-\cos\theta_1\sin\theta_2)]$$

$$=\frac{r_1}{r_2}[\cos(\theta_1-\theta_2)+i\sin(\theta_1-\theta_2)].$$

即

$$\frac{r_1(\cos\theta_1+i\sin\theta_1)}{r_2(\cos\theta_2+i\sin\theta_2)}=\frac{r_1}{r_2}[\cos(\theta_1-\theta_2)+i\sin(\theta_1-\theta_2)] \quad (4\text{-}3)$$

这就是说，**两个复数的商是一个复数，商的模等于被除数的模除以除数的模所得的商，商的辐角等于被除数的辐角减去除数的辐角所得的差.** 从而可归纳为：**两复数相除，只要模相除，辐角相减.**

例 9 计算：$4\left(\cos\frac{\pi}{3}+i\sin\frac{\pi}{3}\right)\div 2\left(\cos\frac{\pi}{12}+i\sin\frac{\pi}{12}\right)$.

解：$4\left(\cos\frac{\pi}{3}+i\sin\frac{\pi}{3}\right)\div 2\left(\cos\frac{\pi}{12}+i\sin\frac{\pi}{12}\right)$

$$=2\left[\cos\left(\frac{\pi}{3}-\frac{\pi}{12}\right)+i\sin\left(\frac{\pi}{3}-\frac{\pi}{12}\right)\right]$$

$=2\left(\cos\frac{\pi}{4}+i\sin\frac{\pi}{4}\right)$

$=\sqrt{2}+\sqrt{2}i.$

例 10 计算：$(\sqrt{2}+\sqrt{2}i)\div\left(\cos\frac{3\pi}{4}+i\sin\frac{3\pi}{4}\right).$

解：$(\sqrt{2}+\sqrt{2}i)\div\left(\cos\frac{3\pi}{4}+i\sin\frac{3\pi}{4}\right)$

$=2\left(\cos\frac{\pi}{4}+i\sin\frac{\pi}{4}\right)\div\left(\cos\frac{3\pi}{4}+i\sin\frac{3\pi}{4}\right)$

$=2\left[\cos\left(\frac{\pi}{4}-\frac{3\pi}{4}\right)+i\sin\left(\frac{\pi}{4}-\frac{3\pi}{4}\right)\right]$

$=2\left[\cos\left(-\frac{\pi}{2}\right)+i\sin\left(-\frac{\pi}{2}\right)\right]$

$=-2i$

练　　习

1. 计算：

(1) $6\left(\cos\frac{\pi}{6}+i\sin\frac{\pi}{6}\right)\cdot 2\left(\cos\frac{\pi}{3}+i\sin\frac{\pi}{3}\right)$；

(2) $3\left(\cos\frac{2\pi}{7}+i\sin\frac{2\pi}{7}\right)\cdot 4\left(\cos\frac{5\pi}{7}+i\sin\frac{5\pi}{7}\right)$；

(3) $2(\cos 18°+i\sin 18°)\cdot 2(\cos 54°+i\sin 54°)\cdot(\cos 108°+i\sin 108°)$.

2. 用棣莫佛定理计算：

(1) $[2(\cos 15°+i\sin 15°)]^6$；

(2) $\left[\sqrt{2}\left(\cos\frac{\pi}{4}+i\sin\frac{\pi}{4}\right)\right]^4$；

(3) $(2+2i)^6$.

3. 计算：

(1) $6\left(\cos\frac{7\pi}{6}+i\sin\frac{7\pi}{6}\right)\div 3\left(\cos\frac{\pi}{6}+i\sin\frac{\pi}{6}\right)$；

(2) $\sqrt{6}(\cos 130°+i\sin 130°)\div\sqrt{2}(\cos 70°+i\sin 70°)$；

(3) $2\div(\cos 45°+i\sin 45°)$；

(4) $-i\div 2(\cos 120°+i\sin 120°)$.

4. 求证：

(1) $(\cos 66°+i\sin 66°)\cdot(\cos 24°+i\sin 24°)=i$；

(2) $\dfrac{1}{\cos\theta + i\sin\theta} = \cos\theta - i\sin\theta$.

三、复数的指数形式

在高等数学里，$e^{i\theta}$表示复数 $\cos\theta + i\sin\theta$. 即

$$\boxed{e^{i\theta} = \cos\theta + i\sin\theta} \tag{4-4}$$

这个公式叫做**欧拉公式**，其中 e 是我们第二章所学的自然对数的底数.

欧拉(Euler,1707—1783)，瑞士人，十八世纪最多产的数学家，虚数单位 i 由其所首创.

这样，任何一个复数

$$z = r(\cos\theta + i\sin\theta)$$

都可以表示成 $z = re^{i\theta}$ 的形式.

表达式 $re^{i\theta}$ 叫做复数 $r(\cos\theta + i\sin\theta)$ 的**指数形式**.

设 $z_1 = r_1e^{i\theta_1}$, $z_2 = r_2e^{i\theta_2}$,

容易推导出：

$$\boxed{\begin{aligned} z_1 \cdot z_2 &= r_1e^{i\theta_1} \cdot r_2e^{i\theta_2} = r_1r_2e^{i(\theta_1+\theta_2)} \\ \frac{z_1}{z_2} &= \frac{r_1e^{i\theta_1}}{r_2e^{i\theta_2}} = \frac{r_1}{r_2}e^{i(\theta_1-\theta_2)} \end{aligned}} \tag{4-5}$$

例 11 把复数 $z = -1 + \sqrt{3}i$ 化成指数形式.

解： $r = \sqrt{(-1)^2 + (\sqrt{3})^2} = 2$.

$\because$ $a = -1 < 0, b = \sqrt{3} > 0$,

$\therefore$ 辐角主值 θ 是第二象限的角.

$\because$ $\tan\theta = \dfrac{b}{a} = \dfrac{\sqrt{3}}{-1} = -\sqrt{3}$,

$\therefore$ $\theta = \dfrac{2\pi}{3}$.

$\therefore$ $Z = -1 + \sqrt{3}i = 2\left(\cos\dfrac{2\pi}{3} + i\sin\dfrac{2\pi}{3}\right) = 2e^{i\frac{2\pi}{3}}$.

例 12 把复数 $2\sqrt{3}e^{i\frac{7\pi}{6}}$ 表示成代数形式.

解: $2\sqrt{3}e^{i\frac{7\pi}{6}}=2\sqrt{3}\left(\cos\frac{7\pi}{6}+i\sin\frac{7\pi}{6}\right)$

$$=2\sqrt{3}\left(-\cos\frac{\pi}{6}-i\sin\frac{\pi}{6}\right)$$

$$=-2\sqrt{3}\left(\frac{\sqrt{3}}{2}+\frac{1}{2}i\right)$$

$$=-3-\sqrt{3}i.$$

例 13 计算下列各式,并将结果表示成代数形式:

(1) $3e^{i\frac{\pi}{6}}.2e^{i\frac{\pi}{3}}$; (2) $(2e^{-i\frac{\pi}{3}})^4$; (3) $6e^{i\frac{\pi}{3}}\div 3e^{i\frac{\pi}{6}}$.

解: (1) $3e^{i\frac{\pi}{6}}\cdot 2e^{i\frac{\pi}{3}}=6e^{i\left(\frac{\pi}{6}+\frac{\pi}{3}\right)}=6e^{i\frac{\pi}{2}}$

$$=6\left(\cos\frac{\pi}{2}+i\sin\frac{\pi}{2}\right)=6i.$$

(2) $(2e^{-i\frac{\pi}{3}})^4=2^4e^{-i\frac{4\pi}{3}}=2^4\left[\cos\left(-\frac{4\pi}{3}\right)+i\sin\left(-\frac{4\pi}{3}\right)\right]$

$$=16\left(-\frac{1}{2}+\frac{\sqrt{3}}{2}i\right)=-8+8\sqrt{3}i.$$

(3) $6e^{i\frac{\pi}{3}}\div 3e^{i\frac{\pi}{6}}=2e^{i\left(\frac{\pi}{3}-\frac{\pi}{6}\right)}=2e^{i\frac{\pi}{6}}$

$$=2\left(\cos\frac{\pi}{6}+i\sin\frac{\pi}{6}\right)=2\left(\frac{\sqrt{3}}{2}+i\,\frac{1}{2}\right)=\sqrt{3}+i.$$

练　　习

1. 将下列复数表示为指数形式:

(1) $6\left(\cos\frac{\pi}{6}+i\sin\frac{\pi}{6}\right)$;

(2) $\sqrt{3}[\cos(-225°)+i\sin(-225°)]$;

(3) $\frac{1}{2}\left(\cos\frac{\pi}{3}-i\sin\frac{\pi}{3}\right)$; (4) -1;

(5) i; (6) $2+2i$.

2. 计算下列各式,并将结果表示成代数形式:

(1) $e^{i\frac{\pi}{2}}\cdot e^{-i\frac{\pi}{4}}$;

(2) $5e^{i\frac{\pi}{2}}\cdot 2e^{i\frac{\pi}{3}}$;

(3) $(2e^{i\frac{\pi}{9}})^3$.

习　题

1. 把下列复数表示成三角形式:

(1) $3-3i$;　　(2) $\sqrt{2}+\sqrt{2}i$;

(3) $-2+2\sqrt{3}i$;　　(4) $\cos\theta-i\sin\theta$.

2. 计算:

(1) $(\cos125°+i\sin125°)\cdot(\cos55°+i\sin55°)$;

(2) $\sqrt{2}\left(\cos\frac{\pi}{12}+i\sin\frac{\pi}{12}\right)\cdot\sqrt{3}\left(\cos\frac{\pi}{6}+i\sin\frac{\pi}{6}\right)$;

(3) $12\left(\cos\frac{7\pi}{4}+i\sin\frac{7\pi}{4}\right)\div6\left(\cos\frac{2\pi}{3}+i\sin\frac{2\pi}{3}\right)$;

(4) $12\left(\cos\frac{3\pi}{2}+i\sin\frac{3\pi}{2}\right)\div6\left(\cos\frac{\pi}{6}+i\sin\frac{\pi}{6}\right)$.

3. 化简下列各式:

(1) $\frac{(\cos7\theta+i\sin7\theta)(\cos2\theta+i\sin2\theta)}{(\cos5\theta+i\sin5\theta)(\cos3\theta+i\sin3\theta)}$;

(2) $\frac{(\cos\theta-i\sin\theta)}{(\cos\theta+i\sin\theta)}$.

4. 计算下列各式,结果用三角形式表示:

(1) $[3(\cos18°+i\sin18°)]^5$;

(2) $\left(\frac{2+2i}{1-\sqrt{3}i}\right)^8$;

(3) $\frac{(1+i)^5}{1-i}+\frac{(1-i)^5}{1+i}$.

5. 当 n 是什么正整数时,$(1+\sqrt{2}i)^n$ 是一个实数?

6. 求 $-2e^{i\frac{\pi}{2}}$ 的共轭复数的辐角主值.

第四节　复数的应用

困惑 17 世纪至 18 世纪诸多数学家的虚数,发展至今,可谓虚数不虚,复数也不再是什么神秘的东西. 恰恰相反,复数在流体力学、空气动力学、几何学、电学等众多领域得到了广泛应用. 由于我们所学知识所限,下面仅介绍复数在电学中的一些应用.

例 1　电学中常见的 RLC 串联电路(如收音机的调谐电路)如图 4-5(1)所

示. 已知各元件上电压的有效值 U_R、U_L、U_C 以及电流 I 的有效值对应的矢量图，如图 4-5(2) 所示. 求总电压 U.

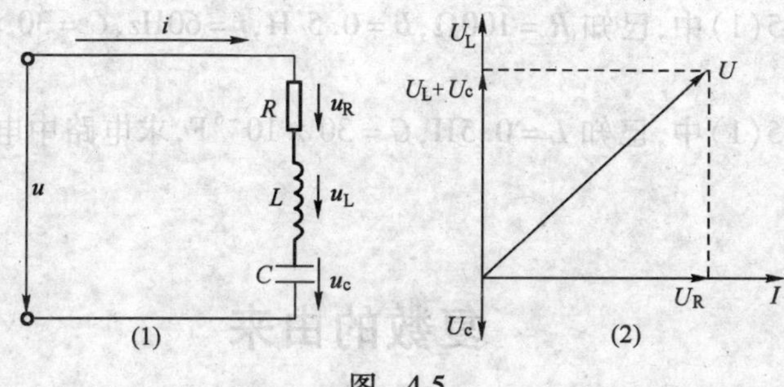

图 4-5

解:如图 4-5(2)，由交流电路理论可知，在串联电路中，流经 R、L、C 的电流相同，均等于电路中的总电流. 总电压的有效值等于各个元件上的有效值之和，

$$U = U_R + (U_L + U_C).$$

而 U_C 与 U_L 恰好反向，如果 $U_L > U_C$，那么

$$|U_L + U_C| = U_L - U_C.$$

由于矢量 U、U_R、$(U_L + U_C)$ 构成直角三角形，所以

$$U = \sqrt{U_R^2 + (U_L - U_C)^2}.$$

如果 $U_L < U_C$，同样可以得到上述结论.

如果 $U_L = U_C$，那么 $U = U_R$，此时，RLC 串联电路称为**电压谐振电路**.

例 2 如图 4-5(1) 所示的电路，求电压共振时，频率 f 与感抗 L、容抗 C 之间的关系.

解:由交流电路理论可知，当交流电路中接入电阻、电容、电感后，电流总阻抗 Z 可用复数表示为

$$Z = R + j\left(\omega L - \frac{1}{\omega C}\right),$$

其中 j 代表虚数单位 i，R 为电阻(Ω)，ω 为速度(rad/s)，L 为感抗(H)，C 为容抗(F)，且 $\omega = 2\pi f$. 电路中电压共振时的条件是，总阻抗 Z 为实数，即它的虚部等于零. 于是得

$$\omega L - \frac{1}{\omega C} = 0, \text{即} 2\pi fL - \frac{1}{2\pi fC} = 0.$$

所以 $f^2 = \dfrac{1}{4\pi^2 LC}$，即 $f = \dfrac{1}{2\pi\sqrt{LC}}$.

练　　习

1. 在图 4-5(1) 中，已知 $R=100\Omega, L=0.5\ \mathrm{H}, f=60\mathrm{Hz}, C=30\times10^{-6}\mathrm{F}$ 时的复阻抗 Z.

2. 在图 4-5(1) 中，已知 $L=0.5\mathrm{H}, C=30\times10^{-6}\mathrm{F}$，求电路中电压共振时的频率.

复数的由来

数是近代数学的基础. 人类社会对数的认识经历了自然数、整数、有理数、无理数、实数、复数等的发展过程. 在数的概念的发展过程中，有许多原因使得数的概念必须超出实数范围而引进所谓“复数”. 16 世纪的数学家们为了要解出所有的一元二次方程，不得不引进负数的平方根的表达式. 下面以求解一元二次方程

$$ax^2+bx+c=0 \tag{1}$$

(a,b,c 都是实数，$a\neq0$) 为例来重温这一历史过程. 事实上，由于方程(1)的根可以表示为

$$x=\frac{-b\pm\sqrt{b^2-4ac}}{2a}. \tag{2}$$

所以，当 $b^2-4ac\geqslant0$ 时，(2)在实数范围内可以求值，即方程(1)有解. 然而，当 $b^2-4ac<0$ 时，便出现了负数的平方根. 纵使把(2)形式地改写成

$$x=-\frac{b}{2a}\pm\frac{\sqrt{4ac-b^2}}{2a}\sqrt{-1}, \tag{2'}$$

但是表达式(2′)在实数范围内还是没有意义的. 因为不存在任何一个实数，使它的平方等于 -1.

解决这个矛盾有两种不同的思想方法：一种是，满足于方程(1)无解，这当然不足为取；另一种是，扩充数的概念，把符号$\sqrt{-1}$作为一个新数来扩充实数域使方程(1)有解.

17 世纪和 18 世纪的数学家们正是采取了这种朴素的想法，用定义 $i^2=-1$ 引进新的符号 i 来扩充实数而导出了“复数”. 但是他们对解释负数平方根的实际意义始终感到困惑和不安，认为负数的平方根是纯属虚构和不切实际的东西，因而有"虚数"之称. 直到19世纪初,当复数的重要性在数学和物理中变得越来越明显,复数及其运算有了简单的几何和物理解释时,这才消除了人们对复数的长期疑虑. 时至今日,虚数不虚,复数已在诸多领域得到了广泛的应用.

本 章 小 结

1. 复数的代数形式

$z=a+bi(a\in\mathbf{R},b\in\mathbf{R})$.

2. 复数集

$C=\{z|z=a+bi,a\in\mathbf{R},b\in\mathbf{R}\}$.

3. 复数的几何表示

在复平面内,任意复数 $z=a+bi$、点 $Z(a,b)$、向量$\overrightarrow{OZ}$三者之间一一对应.

4. 复数的三角形式

$z=a+bi=r(\cos\theta+i\sin\theta)$. 其中:

$$r=\sqrt{a^2+b^2}>0,\tan\theta=\frac{b}{a}.$$

5. 复数的指数形式

$Z=re^{i\theta}$.

6. 复数的运算

(1)复数代数形式的四则运算

设 $z_1=a+bi,z_2=c+di$,则

加减法:$z_1\pm z_2=(a+bi)\pm(c+di)=(a\pm c)+(b\pm d)i$.

乘法:$z_1z_2=(a+bi)(c+di)=(ac-bd)+(ad+bc)i$.

除法:$\dfrac{z_1}{z_2}=\dfrac{c+di}{a+bi}=\dfrac{ac+bd}{a^2+b^2}+\dfrac{ad-bc}{a^2+b^2}i$.

(2)复数三角形式的乘除运算

设 $z=r(\cos\theta+i\sin\theta),z_1=r_1(\cos\theta_1+i\sin\theta_1),z_2=r_2(\cos\theta_2+i\sin\theta_2)$:

乘法:$z_1z_2=r_1(\cos\theta_1+i\sin\theta_1)\cdot r_2(\cos\theta_2+i\sin\theta_2)$

$=r_1r_2[\cos(\theta_1+\theta_2)+i\sin(\theta_1+\theta_2)]$.

棣莫佛定理:$z^n=[r(\cos\theta+i\sin\theta)]^n=r^n(\cos n\theta+i\sin n\theta)$.

除法:$\dfrac{z_1}{z_2}=\dfrac{r_1(\cos\theta_1+i\sin\theta_1)}{r_2(\cos\theta_2+i\sin\theta_2)}=\dfrac{r_1}{r_2}[\cos(\theta_1-\theta_2)+i\sin(\theta_1-\theta_2)]$.

(3)复数指数形式的乘除运算

乘法：$z_1 \cdot z_2 = r_1 e^{i\theta_1} \cdot r_2 e^{i\theta_2} = r_1 r_2 e^{i(\theta_1+\theta_2)}$.

除法：$\frac{z_1}{z_2} = \frac{r_1 e^{i\theta_1}}{r_2 e^{i\theta_2}} = \frac{r_1}{r_2} e^{i(\theta_1-\theta_2)}$.

7. 复数的应用

复数应用很广泛，电学中的电压、电流、磁通等参量都可在复平面内用向量表示，从而使这些量的分析和计算更为简便.

复 习 题

1. 判断题：

(1)实数不是复数；

(2)$\sqrt{3}i$ 的实部是0，虚部是$\sqrt{3}$；

(3) $-2+i$ 的共轭复数是 $2-i$；

(4)起点不同，方向相同，长度相等的向量不是相等的向量；

(5)$|3-2i|$与$|3-i|$不能比较大小；

(6)在复平面内，复数 $a+bi$ 对应的点在下半平面内(包括实轴)的充要条件是 $b<0$；

(7)$z\bar{z}=|z|^2$；

(8)$|z_1 z_2| = |z_1||z_2|$；

(9)$|z_1+z_2| = |z_1|+|z_2|$；

(10)辐角 θ 在 $0 \leqslant \theta < 2\pi$ 之间的值叫辐角的主值；

(11)$z=5\left(\cos\frac{\pi}{3} - i\sin\frac{\pi}{3}\right)$的辐角是$\frac{\pi}{3}$；

(12)任一个复数 $a+bi$ 都可以化为三角形式 $z=r(\cos\theta + i\sin\theta)$；

(13)$3e^{i2\pi}$ 的模是3，辐角的主值是 2π；

(14)$a+bi$($a\neq0$，且 $b\neq0$)的倒数是$\frac{a}{a^2+b^2} - \frac{b}{a^2+b^2}i$；

(15)$i^4+5i^4+4=0$.

2. 选择题：

(1)复数$\left(\frac{1+i}{1-i}\right)^4$ 的值等于(　　).

A. i　　B. $-i$　　C. 1　　D. -1

(2)若$(m-3)+(6-5m)i$为实数,那么$m(m\in\mathbf{R})$的值为(   ).

A. 3　　B. -3　　C. $\frac{5}{6}$　　D. $\frac{6}{5}$

(3)若$(m^2-4m-7)i$与$(m-13)i$互为共轭复数,那么$m(m\in\mathbf{R})$的值为(   ).

A. 2　　B. 3　　C. 2 或 3　　D. $\frac{3\pm\sqrt{89}}{2}$

(4)下列复数已表示成复数三角形式的是(   ).

A. $5\left(\cos\frac{3\pi}{4}+i\sin\frac{3\pi}{4}\right)$　　B. $5\left(\sin\frac{3\pi}{4}+i\cos\frac{3\pi}{4}\right)$

C. $-5\left(\cos\frac{3\pi}{4}+i\sin\frac{3\pi}{4}\right)$　　D. $5\left(\cos\frac{3\pi}{4}-i\sin\frac{3\pi}{4}\right)$

(5)$(\cos80°-i\sin80°)\div(\cos20°+i\sin20°)$的值为(   ).

A. $\cos60°+i\sin60°$　　B. $\cos(-40°)+i\sin(-40°)$

C. $\cos(-100°)+i\sin(-100°)$　　D. $\cos40°+i\sin40°$

3. 计算$\left(\frac{1}{25}+\frac{18}{25}i\right)+(3+4i)\div(3-4i)$.

4. 计算$(1+i)^5-(1-i)^7$.

5. 用复数三角形式计算:

(1)$(\sqrt{3}+i)(1-i)$;

(2)$(1+i)^2\left(-\frac{1}{2}+\frac{\sqrt{3}}{2}i\right)^3$.

6. 计算:

(1)$2e^{-i\frac{\pi}{3}}\cdot\frac{1}{2}e^{-i\frac{7\pi}{6}}$;

(2)$(2e^{-i\frac{\pi}{2}})^4$.

第五章 直线、平面、简单几何体

1. 理解平面的概念;掌握平面的表示法及其基本性质;掌握水平放置的平面图形的直观图画法(斜二测画法).

2. 了解空间两条直线的位置关系;掌握公理4及等角定理;理解异面直线所成的角并会求异面直线所成的角.

3. 了解空间直线与平面的位置关系;掌握直线与平面平行的判定和性质定理及其应用.

4. 理解直线与平面垂直的定义;掌握直线与平面垂直的判定和性质定理及其应用;理解直线与平面所成角的概念;掌握三垂线定理、三垂线逆定理及其应用.

5. 了解平面与平面的位置关系;掌握两个平面平行的判定与性质定理及其应用.

6. 理解二面角及其平面角的概念;掌握两个平面垂直的判定与性质定理及其应用.

7. 理解棱柱、直棱柱、正棱柱、圆柱的有关概念;掌握正棱柱、圆柱的性质及其面积与体积公式;会画直棱柱、圆柱的直观图.

8. 理解棱锥、正棱锥、圆锥的概念;掌握正棱锥、圆锥的性质及其面积与体积公式;会画正棱锥、圆锥的直观图.

9. 了解球的有关概念;掌握球的性质及其面积与体积公式.

第一节 空间的直线与平面

一、平面

1. 平面及其表示方法

在现实生活中,静止的水面、课桌面、黑板面、教室里的地面、球场等,都给我们以平面的形象,但是并不能说它们就是平面,因为这些面是有大小、厚薄之分的.我们立体几何所说的平面是从上述物体中抽象出来的,既无大小,又无厚薄,而且可以无限延展，它是不可度量的，无边界，无面积. 静止的水面、课桌面、黑板面、教室里的地面、球场等可以看成是平面的一部分.

直线是无限延伸的，但在画直线时却只能画一条线段来表示直线；同样，我们也无法把一个无限延展的平面在纸上表示出来，但可以选取平面的一部分来表示它，将它想象成无限延展的.

我们通常用平行四边形来表示平面（图 5-1）. 当一个平面的部分被另一个平面遮住时，应把被遮住部分的线段画成虚线或不画（图 5-2）.

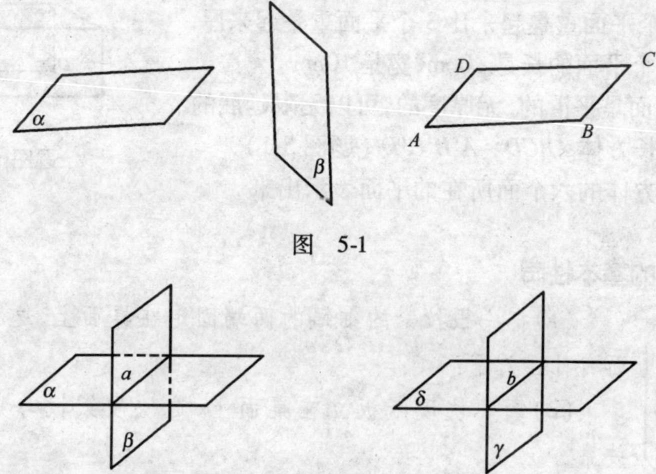

图 5-1

图 5-2

平面一般用一个希腊字母 α、β、γ…来表示；也可以用表示平行四边形的对角顶点的字母来表示，例如图 5-1 中的平面 α，平面 β，平面 AC 等；还可以用表示多边形顶点的字母表示（如平面 ABC，平面 $ABCD$ 等）.

联想到元素与集合的关系，我们可以将点和直线、点和平面的关系理解为元素与集合的关系，用 $\in$ 和 $\notin$ 表示；直线与平面的关系可理解为集合与集合的关系，用 $\subset$ 和 $\not\subset$ 表示.

点 A 在直线 a 上，记作 $A\in a$；

点 A 不在直线 a 上，记作 $A\notin a$；

点 A 在平面 α 内，记作 $A\in\alpha$；

点 A 不在平面 α 内，记作 $A\notin\alpha$；

直线 a 在平面 α 内，记作 $a\subset\alpha$；

直线 a 不在平面 α 内，记作 $a\not\subset\alpha$.

注意:平面有时根据需要也可以用其他平面图形表示(如三角形、梯形、平面多边形).

练　　习

1. 黑板面、乒乓球桌面、篮球的表面、盆中的水面中,哪一个不能认为是平面的一部分?

2. 下列命题中,正确的命题有(　　).

A. 墙面是平面

B. 4 个平面重叠起来比 3 个平面重叠起来厚

C. 一个平面的长是 20cm,宽是 10cm

D. 平面是平滑的,无厚度的,可以无限延展的

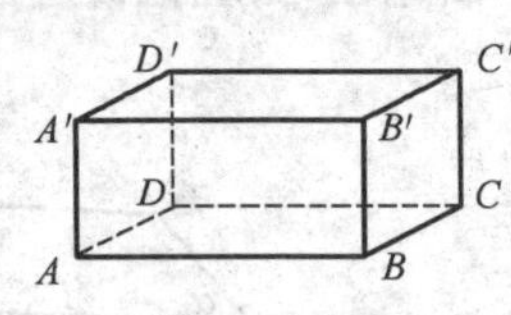

题图　5-1

3. 已知长方体 $ABCD-A'B'C'D'$(题图 5-1),试将长方体的六个面所在的平面表示出来.

2. 平面的基本性质

(1)把一根拉紧的细绳的两端固定在桌面上,这根绳子与桌面有什么关系?

(2)拿一块硬纸板立在桌面上,这块硬纸板与桌面有什么关系?

(3)在桌面上要放几颗图钉(尖朝上)才能架起一块硬纸板?

在日常生活中,人们经过长期的观察和实践总结,对平直和弯曲这两种状态都有了直观的认识,进而也就产生了平面的基本性质. 下面我们来学习平面的基本性质.

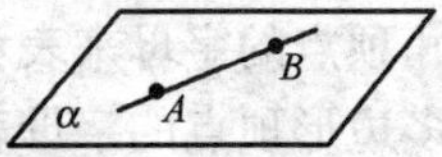

图　5-3

公理 1　如果一条直线的两点在一个平面内,那么这条直线上的所有点都在这个平面内(图 5-3).

即直线在平面内或平面经过直线.

公理 1 用集合符号可表示为:若 $A\in a, B\in a, A\in\alpha, B\in\alpha$,则有 $a\subset\alpha$.

利用这个性质,可以判断一条直线是否在一个平面内.

木工常用角尺来检查工件的表面是否是平的:把角尺的直角边紧靠在所要检查的面上任意滑动,若角尺的直角边和面处处密不见缝,这个面就是平的,否则是不平的.

公理 2　如果两个平面有一个公共点，那么他们还有其他公共点，这些公共点的集合是一条直线(图 5-4).

公理 2 用集合符号可表示为：$A\in\alpha,A\in\beta$，则有 $\alpha\cap\beta=a,A\in a$.

以后说到两个平面，如不特别说明，都是指两个不重合的平面.

如果两个平面有一条公共直线，则称这两个平面相交，这条公共直线叫做这**两个平面的交线**. 如图 5-2，平面 α 与 β 相交，交线是直线 a；平面 γ 与 δ 相交，交线是直线 b.

公理 3　经过不在同一条直线上的三点有且只有一个平面(图 5-5).

即：不共线的三点确定一个平面.

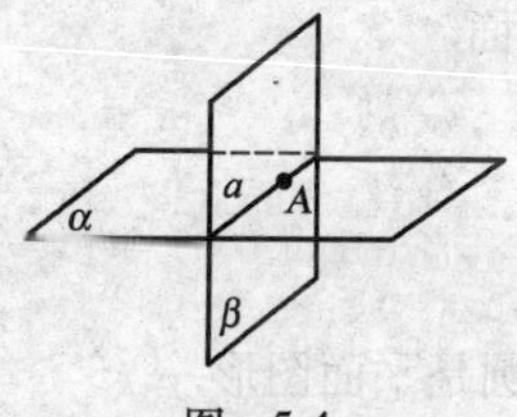

图 5-4

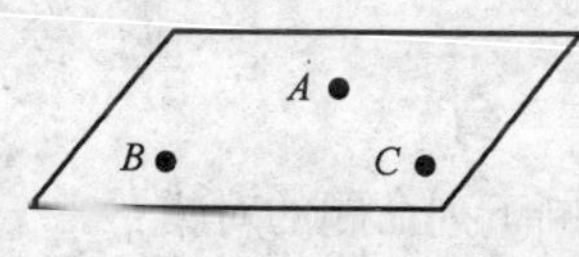
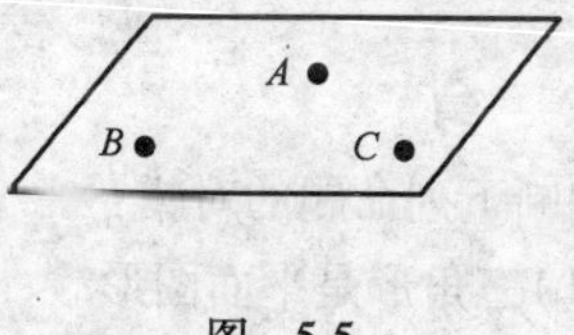

图 5-5

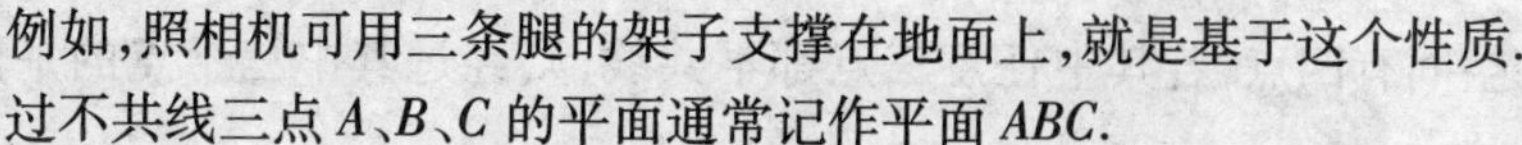

例如，照相机可用三条腿的架子支撑在地面上，就是基于这个性质.

过不共线三点 A、B、C 的平面通常记作平面 ABC.

在自行车后轮旁只装一只撑，为什么？门加一把锁就能固定住，为什么？

根据公理 1 与公理 3，可以得到以下推论：

推论 1　经过一条直线和直线外的一点有且只有一个平面(图 5-6).

推论 2　经过两条相交直线有且只有一个平面(图 5-7).

推论 3　经过两条平行直线有且只有一个平面(图 5-8).

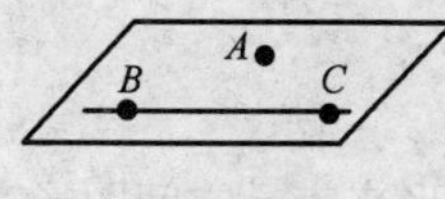

图 5-6

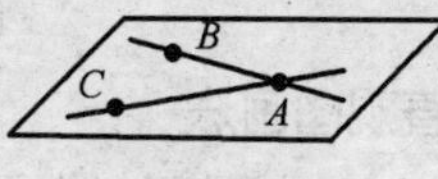

图 5-7

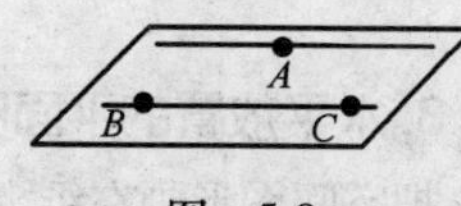

图 5-8

例 1　两两相交且不过同一点的三条直线必在同一个平面内(图 5-9).

已知：$AB\cap AC=A,AB\cap BC=B,AC\cap BC=C$,

求证：直线 AB、BC、AC 共面.

证明：$\because$ A,B,C 三点不在一条直线上，

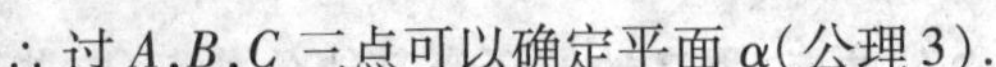

∴ 过 A,B,C 三点可以确定平面 α(公理3).

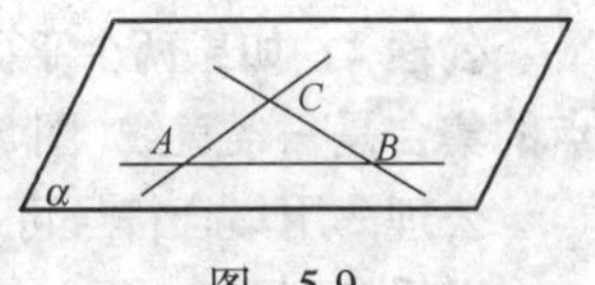

图 5-9

∵ $A\in\alpha,B\in\alpha$,

∴ $AB\subset\alpha$(公理1).

同理 $BC\subset\alpha,AC\subset\alpha$,

∴ AB,BC,AC 三直线共面.

注意:(1)公理1反映了直线与平面的位置关系,证明直线在平面内只需证明直线上两点在平面内即可;可用来检验某个物体表面是否平整.

(2)公理2反映了两个平面的位置关系,可用来证明两个平面相交及点共线.

(3)公理3可用来确定平面及证明点、线共面.

练　　习

1. 判断下列命题的对错:

(1)三角形是平面图形.　　(2)圆是平面图形.

(3)梯形是平面图形.　　(4)四边相等的四边形是菱形.

2. 在空间有四点,若其中任意三点都不共线,则经过其中三个点的平面有(　　).

A. 三个　　B. 一个或三个　　C. 四个　　D. 一个或四个

3. 当线段 AB 在平面 α 内时,直线 AB 是否在平面 α 内? 为什么?

4. 一个角一定是平面图形吗? 为什么?

5. 经过三点的平面有(　　):

A. 无数多个　　B. 一个　　C. 一个或无数多个　　D. 一个都没有

6. 三条两两相交的直线可确定(　　).

A. 三个平面　　B. 一个平面

C. 一个或三个平面　　D. 四个平面

3. 水平放置的平面图形的直观图画法

把空间图形画在纸上或黑板上,这就是用一个平面图形来表示空间图形. 这样的平面图形不是空间图形的真实形状,而是它的**直观图**. 要画空间图形的直观图,首先要学会水平放置的平面图形的直观图画法. 下面举例说明一种常用的画法.

例2　画水平放置的正六边形的直观图.

画法:(1)在已知正六边形 $ABCDEF$(图5-10)中,取对角线 AD 所在的直线

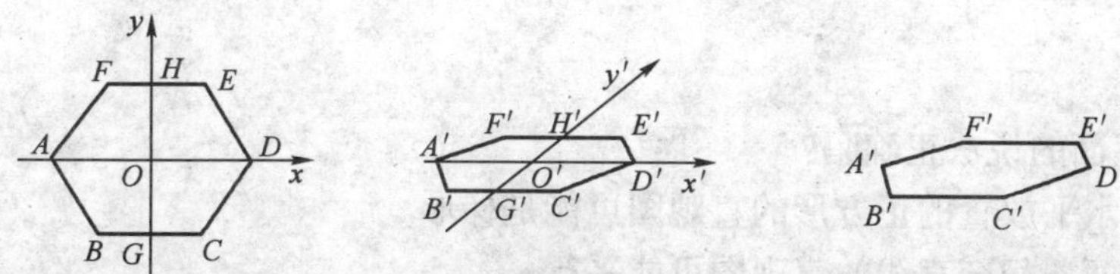

图 5-10

为 x 轴,取对称轴 GH 为 y 轴,x 轴、y 轴相交于点 O;任取点 O',画出对应的 x' 轴、y'轴,使 $\angle x'O'y'=45°$.

(2)以点 O'为中点,在 x'轴上取 $A'D'=AD$,在 y'轴上取 $G'H'=\frac{1}{2}GH$,以点 H'为中点画 $F'E'\parallel x'$轴,并使 $F'E'=FE$;再以 G'为中点画 $B'C'\parallel x'$轴,并使 $B'C'=BC$.

(3)顺次连接 A'、B'、C'、D'、E'、F',所得到的六边形 $A'B'C'D'E'F'$就是水平放置的正六边形 $ABCDEF$ 的直观图.

注意:图画好后,要擦去辅助线.

上面画直观图的方法叫做**斜二测画法**. 这种画法的规则是:

(1)在已知图形中取互相垂直的轴 Qx、Qy,画直观图时,把它们画成对应的轴 $Q'x'$、$Q'y'$,使 $\angle x'O'y'=45°$(或 135°),它们所确定的平面表示水平平面;

(2)已知图形中平行于 x 轴或 y 轴的线段,在直观图中分别画成平行于 x'轴或 y'轴的线段;

(3)已知图形中平行于 x 轴的线段,在直观图中保持长度不变;平行于 y 轴的线段,长度为原来的一半.

上面,我们介绍了水平放置的平面图形直观图的斜二测画法. 为了简便,如果要求不太严格,那么长度和角度可“适当地”选取,只要有一定立体感就可以.

例如,三角形的直观图可“适当地”画成三角形,长方形的直观图可以“适当地”画成平行四边形(图 5-11).

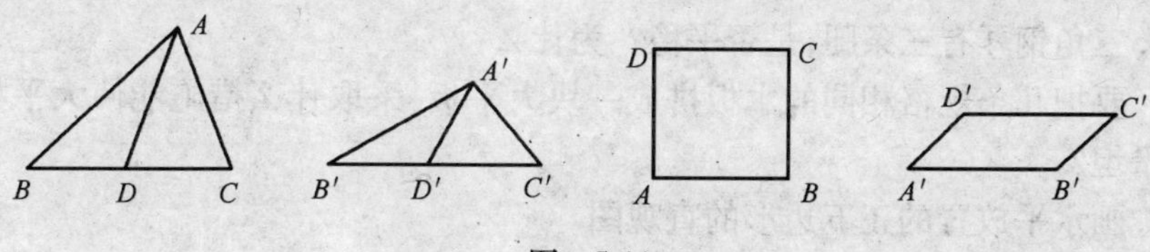

图 5-11

练　　习

1. 下面的说法正确吗？

(1) 水平放置的正方形的直观图可能是梯形.

(2) 两条相交直线的直观图可能平行.

(3) 互相垂直的两条直线的直观图仍然互相垂直.

2. 画水平放置的等腰梯形与等边三角形的直观图.

3. 画边长为 4cm 的正方形的直观图.

习　　题

1. 一条直线经过平面内一点和平面外一点，它和这个平面有几个公共点？为什么？

2. 填空：(1) 直线和直线外________点确定一个平面.

(2) 两条相交直线确定________个平面.

(3) 两条平行直线确定________个平面.

(4) 不共线的________点确定一个平面.

3. 一个平面把空间最多分成________个部分；两个平面把空间最多分成________个部分；三个平面把空间最多分成________个部分.

4. 两个平面重合的条件是它们的公共部分中有(　　).

A. 三个点　　　　B. 一个点和一条直线

C. 无数个点　　　　D. 两条相交直线

5. 已知 A、B、C 是空间不共线的三点，画直线 AB、BC、AC，X、Y、Z 分别表示直线 BC、AC、AB 上的任意一点，那么三组直线 $\{AX\}$、$\{BY\}$、$\{CZ\}$ 是否都在平面 ABC 内？为什么？(题图 5-2)

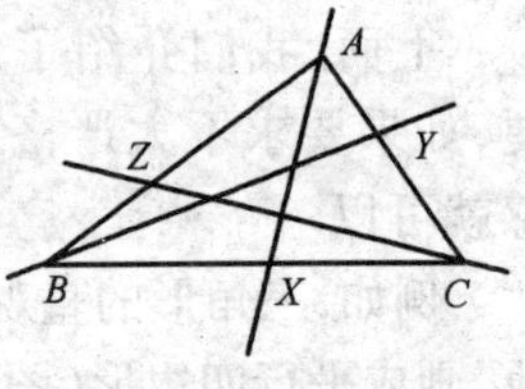

题图　5-2

6. 四条线段首尾连接，所得的图形一定是平面图形吗？为什么？

7. 三角钢琴有三条腿，是否平稳？为什么？

8. 要把几条规格相同的木板拼成一块大平板，采取什么措施能使大平板正表面平坦？

9. 画水平放置的正五边形的直观图.

10. 画边长为 2cm 的正方体的直观图.

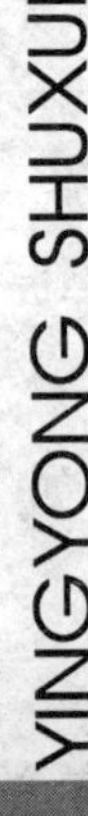

二、空间的平行直线与异面直线

1. 空间两条直线的位置关系

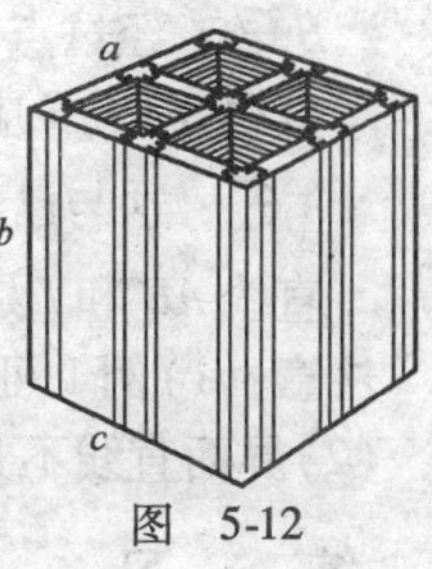

图 5-12

我们知道,平面内不重合的两条直线的位置关系只有两种:平行或相交.但空间的两条直线除上述两种位置关系外,还有另外一种位置关系.如图 5-12,城市道路沉井中三条边所在的直线 a、b、c,a 和 b 相交,b 和 c 也相交,但 a 和 c 既不相交,也不平行,而且 a 和 c 不在同一个平面内.

定义:不同在任何一个平面内的两条直线叫做**异面直线**.

显然,两条异面直线是既不平行也不相交的.

空间两条不重合的直线的位置关系有以下三种:

(1) **相交**——在同一个平面内,有且只有一个公共点;

(2) **平行**——在同一个平面内,没有公共点;

(3) **异面**——不同在任何一个平面内,没有公共点.

画异面直线时,可以画成如图 5-13 那样,以显示出它们不共面的特点.

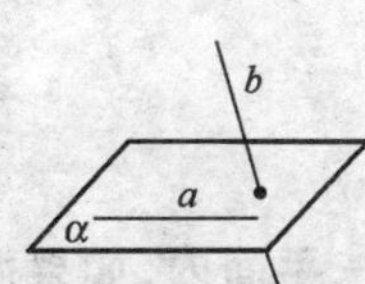

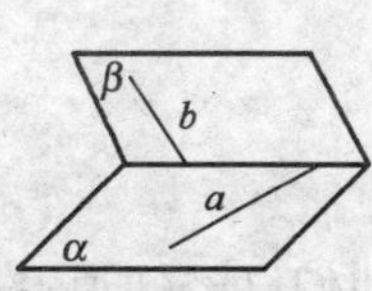

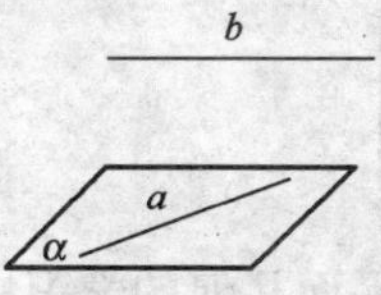

图 5-13

直线 a、b 相交于点 A,我们规定记作 $a \cap b = A$.

我们生活中有哪些线条是属于平行、相交、异面关系?

例 3 过平面外一点与平面内一点的直线,和平面内不经过该点的直线是异面直线.

已知:$l \subset \alpha, A \notin \alpha, B \in \alpha, B \notin l$(图 5-14).

求证:直线 AB 和 l 是异面直线.

证明：假设直线 AB 与 l 在同一个平面内，
那么这个平面一定经过点 B 和直线 l.
$\because B\in\alpha$，经过点 B 与直线 l 只能有一个平面 α，
$\therefore$ 直线 AB 与 l 应在平面 α 内.
$\therefore A\in\alpha$，这与已知 $A\notin\alpha$ 矛盾.
$\therefore$ 直线 AB 和 l 是异面直线.

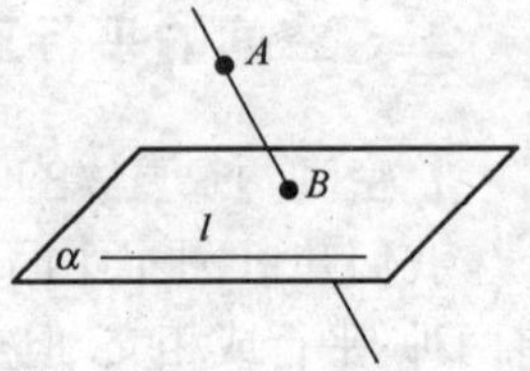

图 5-14

注意：(1)例 1 可以用来判定异面直线.
(2)异面直线不共面.

练　　习

1. 在正方体的 12 条棱所在的直线中，相交的共有________对；平行的共有________对；异面的共有________对.
2. 两条直线分别在两个平面内，它们是否一定是异面直线？
3. 空间两条直线有几种位置关系？

2. 空间的平行直线

过直线外一点作直线的平行线，可作几条？

在初中平面几何的学习中，我们已经知道：**在同一平面内，如果两条直线都和第三条直线平行，那么这两条直线也互相平行**. 即在平面内，直线的平行具有传递性. 例如，马路上的人行横道线就是依据这种平行传递性而喷涂出来的. 那么，在空间的三条线是否具有同样的性质呢？

大家都知道：三棱镜的三条棱是相互平行的，长方体的四条高也是相互平行的，生活中类似的例子还很多。实际上，直线平行的传递性在空间也是成立的. 我们可以推出关于空间直线的一个平行公理，即：

公理 4　平行于同一条直线的两条直线互相平行.

也就是说，已知直线 a,b,c，若 $a\parallel b$，$b\parallel c$，则 $a\parallel c$(图 5-15).

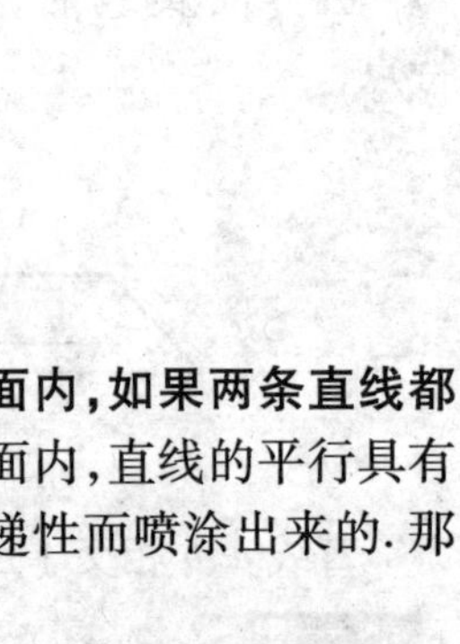

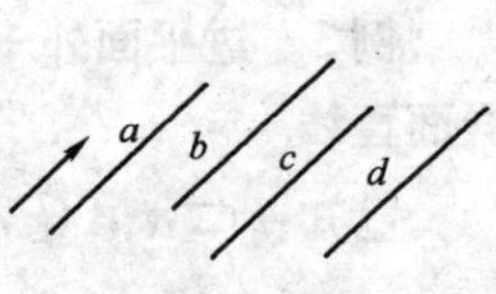

图　5-15

公理 4 所表述的性质，通常又叫做空间**平行直线的传递性**.

公理 4 表明，空间平行于一条已知直线的所有直线

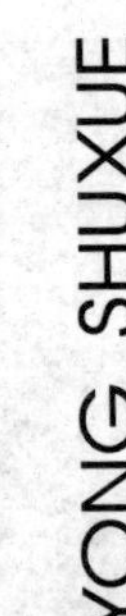

都互相平行.在几何学中,通常用互相平行的直线表示空间里一个确定的方向(图5-15).

将教室门打开成一定角度的时候,门的上边与门框的上边构成的角是否跟门的下边与门框的下边所构成的角相等?为什么?

在公理4的基础上,我们还可以得到不在同一平面内的两个角相等的情形,即:

等角定理　如果一个角的两边和另一个角的两边分别平行并且方向相同,那么这两个角相等.

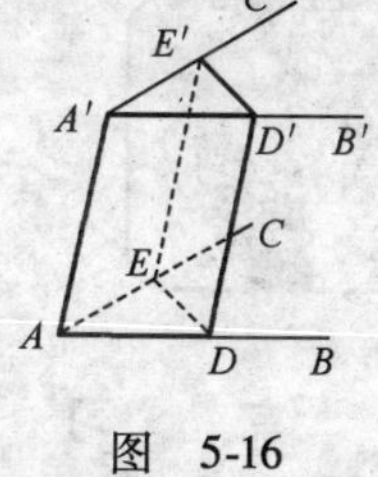

图 5-16

已知:$\angle BAC$与$\angle B'A'C'$的边$AB /\!/ A'B'$,$AC /\!/ A'C'$,并且方向相同(图5-16).

求证:$\angle BAC=\angle B'A'C'$.

证明:在$\angle BAC$和$\angle B'A'C'$的两边上分别截取$AD=A'D'$,$AE=A'E'$.

$\because AD /\!/ A'D'$,$AD=A'D'$,

$\therefore$ 四边形$A'D'DA$是平行四边形,

$AA' /\!/ DD'$,$AA'=DD'$.

同理有$AA' /\!/ EE'$,$AA'=EE'$.

根据公理4得$DD' /\!/ EE'$,又可得$DD'=EE'$.

$\therefore$ 四边形$D'E'ED$是平行四边形.

$\therefore ED=E'D'$.

$\therefore \triangle ADE \cong \triangle A'D'E'$.

$\therefore \angle BAC=\angle B'A'C'$.

注意:(1)必须"方向相同"时,这两个角才相等,否则这两个角互补.

(2)如果两条相交直线和另两条相交直线分别平行,则这两条直线所成的锐角或直角相等.

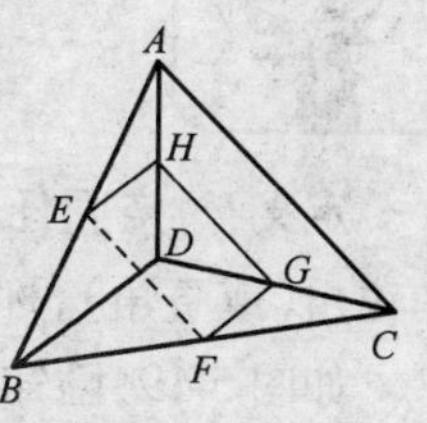

图 5-17

例4　已知E、F、G、H分别是空间四边形(指四个顶点不共面的四边形)四条边AB、BC、CD、DA的中点,求证四边形$EFGH$是平行四边形(图5-17).

证明:连接AC,BD.

$\because E$、F 是 $\triangle ABC$ 的 AB、BC 边上的中点，

$\therefore EF /\!/ AC$.

同理，$HG /\!/ AC$.

$\therefore EF /\!/ HG$（公理 4）.

同理，$EH /\!/ FG$.

$\therefore$ 四边形 $EFGH$ 是平行四边形.

例 4 还可以怎样证明？

练　习

1. 把一张长方形的纸对折几次，然后打开，说明为什么这些折痕是互相平行的？

2. 试举出生活中平行直线应用的实例.

3. 在一块长方体形状的木块的上底面内有一点 P，过点 P 画一条直线与底面的一条边平行，应怎样画？

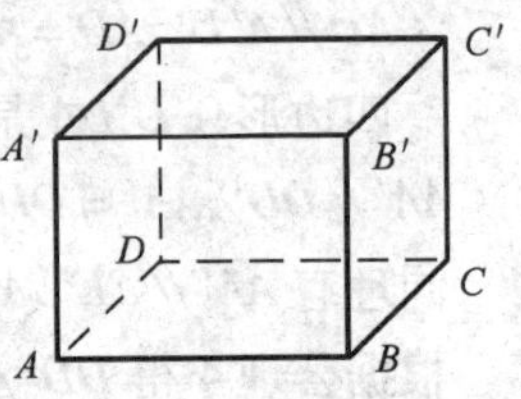

图　5-18

3. 异面直线所成的角

在图 5-18 中：直线 AA' 与 BC 是异面直线.

(1) AA' 与 BC 所成的夹角是多少度？

(2) AA' 与 BC 之间的距离怎样计算？

定义：过空间任意一点，分别作两异面直线的平行线，这两条相交直线所成的锐角（或直角），称为这**两条异面直线所成的角**（或夹角）.

如图 5-19，已知两条异面直线 a、b，经过空间任一点 O 作直线 $a' /\!/ a$，$b' /\!/ b$，由于 a' 和 b' 所成角的大小与点 O 的选择无关（为什么？），我们把 a' 与 b' 所成的锐角（或直角）即为异面直线 a 与 b 所成的角（或夹角）.

为了简便，点 O 常取在两条异面直线中的一条上. 例如，取在直线 b 上，然

后经过点 O 作直线 $a'∥a$（图 5-19），那么 a' 和 b 所成的角就是异面直线 a 与 b 所成的角.

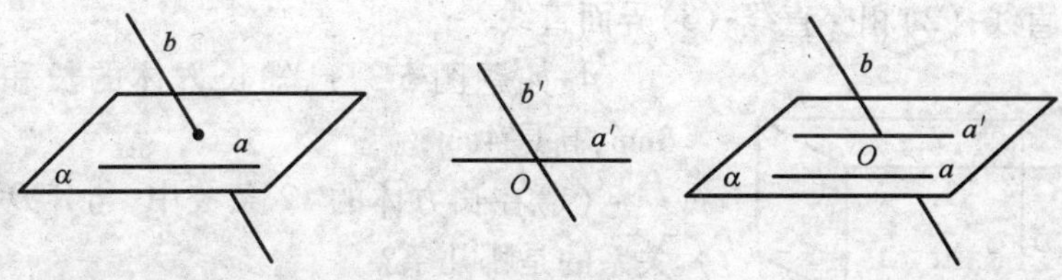

图 5-19

如果两条异面直线 a 和 b 所成的角是直角，则称这两条**异面直线互相垂直**，也记作 $a\perp b$. 例如图 5-18 中，直线 AA' 和 BC 互相垂直.

定义：把与两条异面直线都垂直相交的直线叫做两条异面直线的**公垂线**；公垂线在这两条异面直线间的线段的长度，叫做两条异面直线的**距离**.

例 5　图 5-20 表示一个正方体，棱长为 a.

(1) 哪些棱所在直线与直线 BA' 是异面直线？

(2) 求直线 BA' 和 CC' 的夹角的度数.

(3) 哪些棱所在直线与直线 AA' 垂直？

(4) 异面直线 AB 和 CC' 的距离是多少？

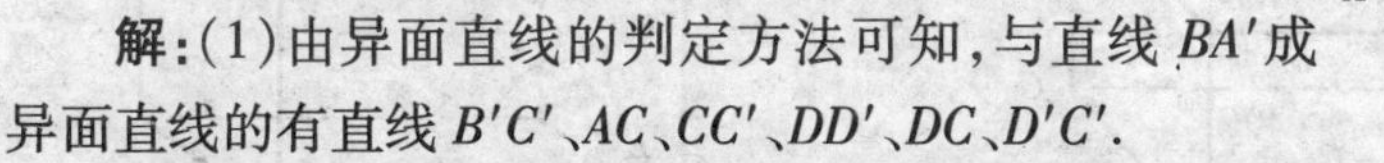

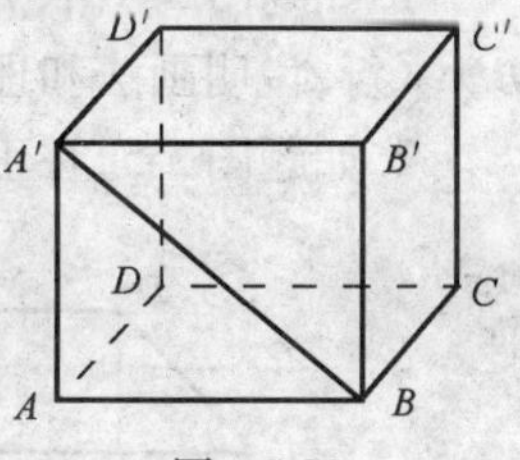

图 5-20

解：(1) 由异面直线的判定方法可知，与直线 BA' 成异面直线的有直线 $B'C'$、AC、CC'、DD'、DC、$D'C'$.

(2) 由 $BB'∥CC'$，可知 $\angle B'BA'$ 等于异面直线 BA' 与 CC' 的夹角，所以 BA' 与 CC' 的夹角为 $45°$.

(3) 直线 AB、BC、CD、DA、$A'B'$、$B'C'$、$C'D'$、$D'A'$ 都与直线 AA' 垂直.

(4) BC 是异面直线 AB 和 CC' 的公垂线夹在其间的部分，所以异面直线 AB 和 CC' 的距离是 $BC=a$.

注意：(1) 异面直线所成角 θ 的范围为：$0°<\theta\leqslant 90°$.

(2) 将两条异面直线所成角转化为平面上的两条相交直线的夹角，实际上是空间问题向平面问题的转化.

(3) 任何两条异面直线有且只有一条公垂线.

练　　习

1. 垂直于同一条直线的两条直线有几种位置关系？

2. 在空间,过直线外一点可作多少条直线与已知直线平行?

3. 画两个相交平面,并在这两个相交平面内各画一条直线,使它们成:(1)平行直线;(2)相交直线;(3)异面直线.

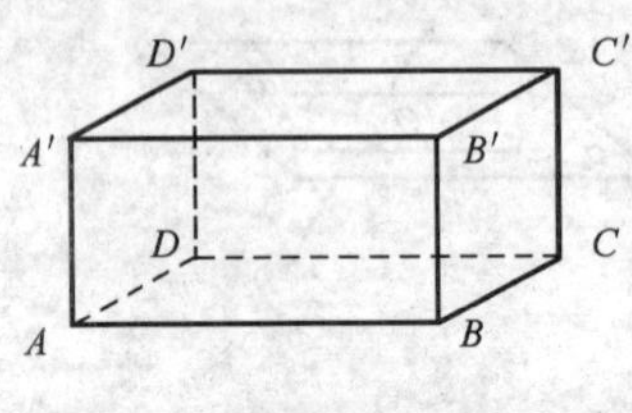

题图 5-3

4. 如题图 5-3,已知长方体的长和宽都是 3cm,高是 4cm,

(1)在长方体的 12 条棱中,与 $A'D'$ 是异面关系的是哪几条?

(2)AD 与 $B'D'$ 所成的角是多少度?

(3)AD 和 CC' 的距离是多少?

(4)AD 和 CC' 所成的角是多少度?

习 题

1. 如题图 5-4,长方体的木块的 $A'C'$ 面上有一点 P,过点 P 画一条直线和 BD 平行,说明画法和理由.

2. 如题图 5-5,在正方体中,$AE=A'E'$,$AF=A'F'$,求证 $EF \parallel E'F'$.

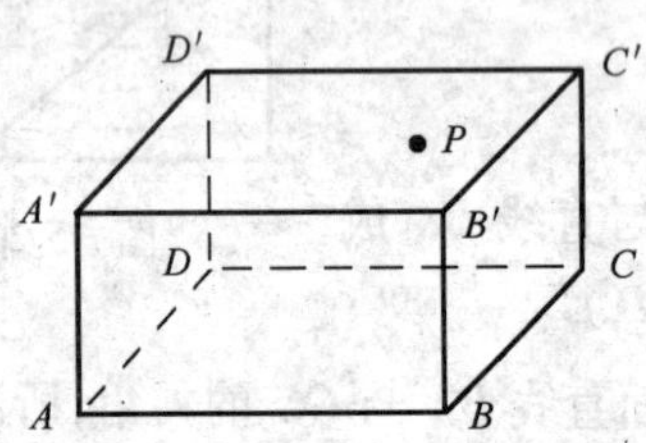

题图 5-4

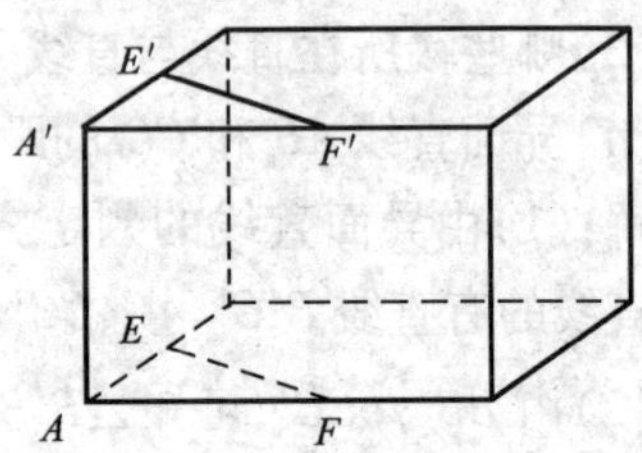

题图 5-5

3. 已知直线 a 和两条异面直线 b、c 都相交,画出每两条相交直线所确定的平面,并标注字母.

4. 和两条异面直线 AB、CD 都相交的两条直线 AC、BD 一定是异面直线,为什么?

5. 画出三条直线,使每两条都成异面直线.

6. 如题图 5-6,已知在空间四边形 $ABCD$ 中,E、F、G、H 分别是 AB、BC、CD、DA 的中点,求证:

(1)若 $AC=BD$,则四边形 $EFGH$ 是菱形.

(2)若 $AC \perp BD$,则四边形 $EFGH$ 是矩形.

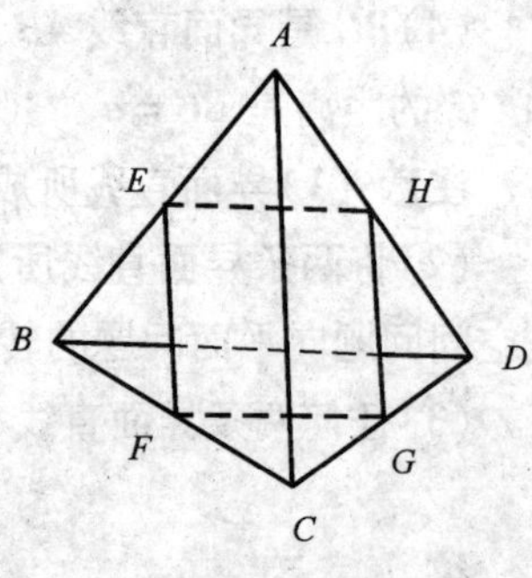

题图 5-6

7. 如题图 5-7，在正方体中 $ABCD\text{-}A'B'C'D'$，棱长为 4cm：

(1) 直线 $A'B'$ 与 AC 是________关系；直线 $A'B'$ 与 AC 所成的角是________度.

(2) 直线 BC 与 AA' 是________关系；直线 BC 与 AA' 所成的角是________度. 直线 BC 与 AA' 之间的距离为________.

(3) 直线 AB 与 $B'C'$ 是________关系；直线 AB 与 $B'C'$ 所成的角是________度. 直线 AB 与 $B'C'$ 之间的距离为________.

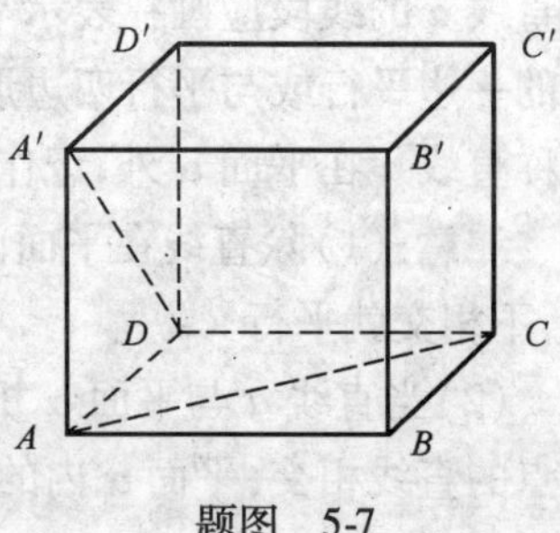

题图 5-7

三、直线与平面平行

1. 直线和平面的位置关系

(1) 将一根直尺放在黑板面上，直尺所在的直线与黑板所在的平面有几个交点？它们之间是什么关系？

(2) 若将直尺立于黑板面上，直尺所在的直线与黑板所在的平面有几个交点？它们之间又是什么关系？

(3) 教室门打开时，门上有锁处一边所在的直线与门框所在的平面是否有交点？它们之间又是什么关系？

一条直线和一个平面的位置关系有且只有以下三种：

(1) **直线在平面内**——有无数个公共点(图 5-21)；

(2) **直线和平面相交**——有且只有一个公共点(图 5-22)；

(3) **直线和平面平行**——没有公共点(图 5-23).

我们把直线和平面相交或平行的情况统称为**直线在平面外**.

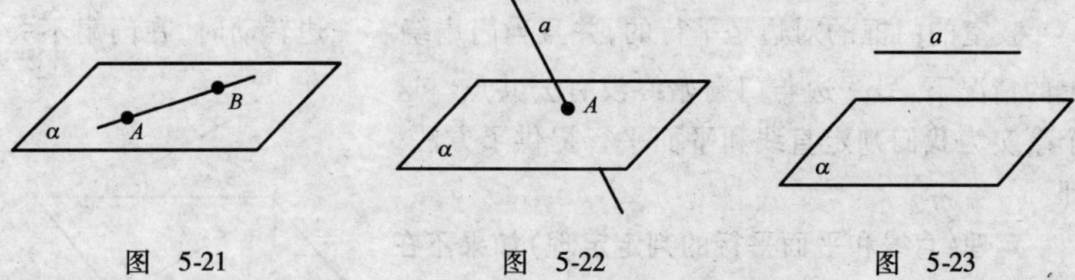

图 5-21　　图 5-22　　图 5-23

直线 a 在平面 α 内，记作 $a \subset \alpha$，表示直线 a 的线段应画在表示平面 α 的平行四边形内；直线 a 与平面 α 相交于点 A，记作 $a \cap \alpha = A$，表示直线 a 的线段应

有一部分画在表示平面 α 的平行四边形外;直线 a 与平面 α 平行,记作 $a /\!/ \alpha$,表示直线 a 的线段应画在表示平面 α 的平行四边形的外面,并且使 a 与平行四边形的一边平行或与平行四边形内的一条线段平行;直线 a 和平面 α 相交或平行统称直线 a 在平面 α 外,记作 $a \not\subset \alpha$.

注意:(1)除直线在平面内的情形外,空间的直线和平面,不平行就相交;反之,不相交就平行.

(2)当直线 a 与平面 α 相交时,a 与平面 α 内不过交点的直线异面,而与过交点的直线相交,平面 α 内的任一直线与 a 均不可能平行.

练　　习

1. 判断下列命题的真假:

(1)若点 $A \in \alpha$,点 $B \notin \alpha$,则直线 AB 与平面 α 相交.

(2)若 $a \subset \alpha, b \not\subset \alpha$,则 a 与 b 必异面.

(3)若 $A \notin \alpha$,点 $B \notin \alpha$,则直线 $AB /\!/$ 平面 α.

(4)若 $a /\!/ \alpha, b \subset \alpha$,则 $a /\!/ b$.

2. 直线与平面的位置关系有________、________、________,其中________和________表示直线不在平面内.

2. 直线和平面平行的判定和性质

电工在安装教室中的日光灯时,怎样才能使日光灯与天花板平行?

教室的门框的对边是平行的,并且当门扇绕着一边转动时,在门扇不关上的情况下,另一边与门扇始终没有公共点。这个事实为我们判定直线和平面平行提供了方法,即:

定理(直线和平面平行的判定定理)**如果不在一个平面内的一条直线和平面内的一条直线平行,那么这条直线和这个平面平行.**

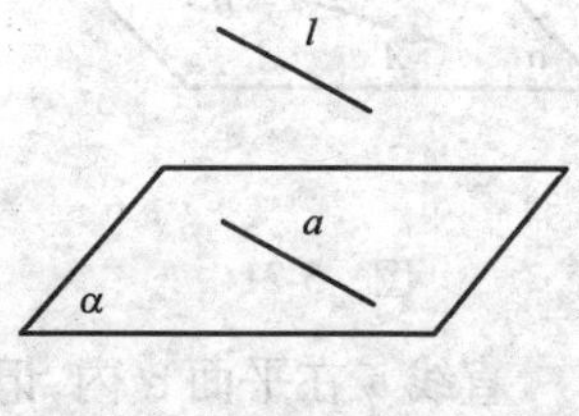

图　5-24

已知:$l \not\subset \alpha, a \subset \alpha$,且 $l /\!/ a$(图 5-24).

求证：$l /\!/ \alpha$.

证明：假设直线 l 不平行于平面 α，则 $l \cap \alpha = P$. 如果点 $P \in a$，则与 $l /\!/ a$ 矛盾；如果点 $P \notin a$，则 l 和 a 成异面直线，这也与 $l /\!/ a$ 矛盾. 所以 $l /\!/ \alpha$.

注意：该定理可简单的记为：线线平行，则线面平行.

例 6 已知：空间四边形 $ABCD$ 中，$EF /\!/ BD$（图 5-25）.

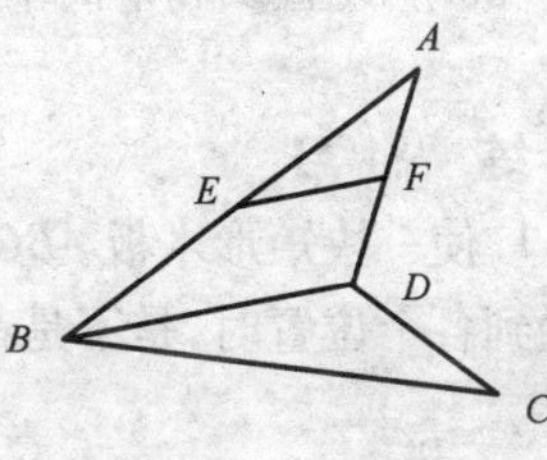

图 5-25

求证：$EF /\!/$ 平面 BCD.

证明：连接 BD，在 $\triangle ABD$ 中，

$\because EF /\!/ BD$.

又 $\because EF \not\subset$ 平面 BCD，$BD \subset$ 平面 BCD，

$\therefore EF /\!/$ 平面 BCD（直线和平面平行的判定定理）.

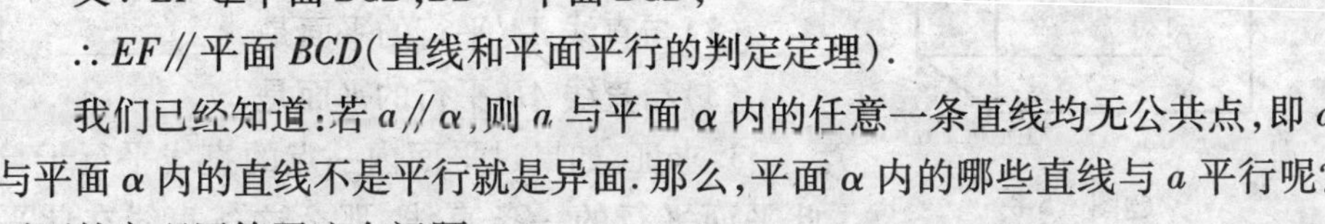

我们已经知道：若 $a /\!/ \alpha$，则 a 与平面 α 内的任意一条直线均无公共点，即 a 与平面 α 内的直线不是平行就是异面. 那么，平面 α 内的哪些直线与 a 平行呢？下面的定理回答了这个问题.

定理（直线和平面平行的性质定理）**如果一条直线和一个平面平行，经过这条直线的平面和这个平面相交，那么这条直线和交线平行.**

已知：$l /\!/ \alpha$，$l \subset \beta$，$\alpha \cap \beta = m$（图 5-26）.

求证：$l /\!/ m$.

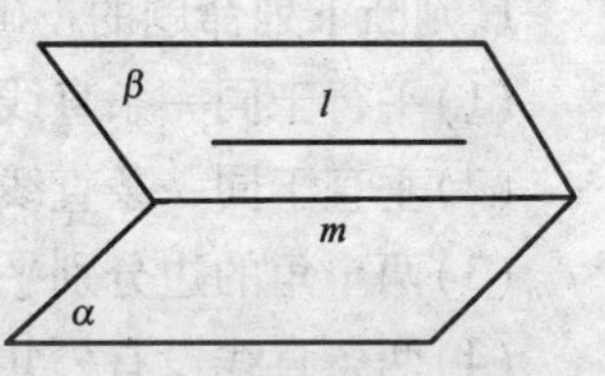

图 5-26

证明：$\because l /\!/ \alpha$，

$\therefore l$ 和 α 没有公共点.

$\because m \subset \alpha$，

$\therefore l$ 和 m 也没有公共点.

又 $\because l \subset \beta$，$m \subset \beta$，

$\therefore l /\!/ m$.

注意：(1) 该定理可简单的记为：线面平行，则线线平行.

(2) 在空间经常利用这条定理，由“线面平行”去判断“线线平行”.

例 7 如图 5-27 所示，$\alpha \cap \beta = m$，$l \subset \beta$，$n \subset \alpha$，若 $l /\!/ n$.

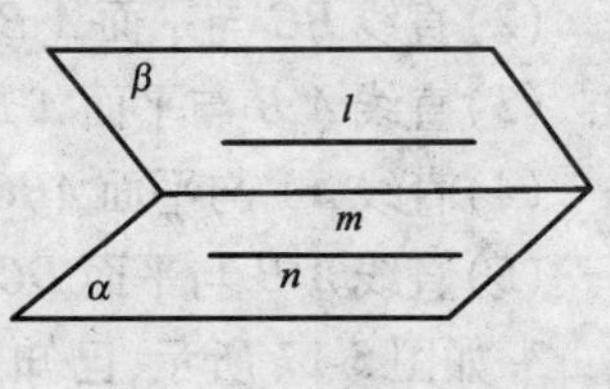

图 5-27

求证：$m /\!/ n$.

证明：$\because l /\!/ n$，

又$\because n \not\subset \beta, l \subset \beta$,

$\therefore n /\!/ \beta$(直线和平面平行的判定定理).

$\because \alpha \cap \beta = m$ 且 $n \subset \alpha$,

$\therefore m /\!/ n$(直线和平面平行的性质定理).

练　　习

1. 使一块矩形木板 $ABCD$ 的边 AB 紧靠桌面并绕 AB 转动,当 AB 的对边 CD 转动到各个位置时,是不是都与桌面所在的平面平行?为什么?

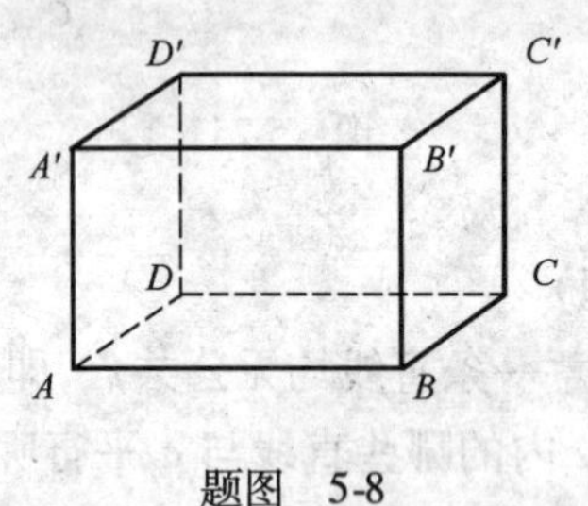

题图　5-8

2. 填空:如题图 5-8 所示,长方体的六个面都是矩形,则:

(1)与直线 AB 平行的平面是________;

(2)与直线 AA' 平行的平面是________;

(3)与直线 AD 平行的平面是________.

3. 求证:如果过平面内一点的直线平行于与此平面平行的一条直线,那么这条直线在此平面内.

习　　题

1. 判断下列命题的正确与否:

(1)平行于同一条直线的两直线平行;

(2)垂直于同一条直线的两直线平行;

(3)两个角的边分别平行,那么这两个角相等;

(4)两条直线没有公共交点,则这两条直线平行.

2. 如题图 5-9 所示,在长方体中,说出下列线段所在直线与长方体的面所在的平面的位置关系:

(1)直线 BC 与平面 $ABCD$;

(2)直线 BC 与平面 $A'B'C'D'$;

(3)直线 $A'B$ 与平面 $A'B'C'D'$;

(4)直线 AA' 与平面 $ABCD$;

(5)直线 $A'B$ 与平面 $DCC'D'$.

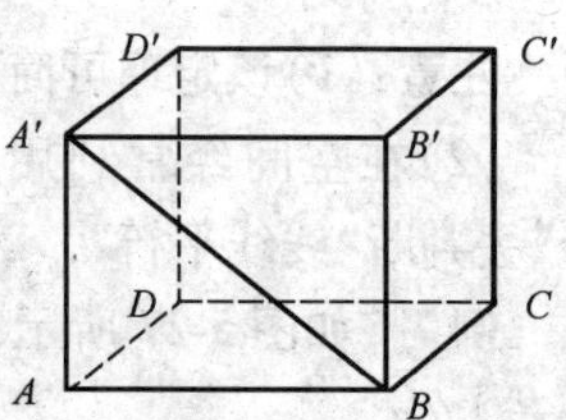

题图　5-9

3. 如图 5-17 所示,已知 E、F、G、H 分别是空间四边形四条边 AB、BC、CD、DA 的中点.

求证:AC//平面 $EFGH$.

4. 如题图 5-10 所示,AB//平面 α,AC//BD,$AC\cap\alpha=C$,$BD\cap\alpha=D$,

求证:$AC=BD$.

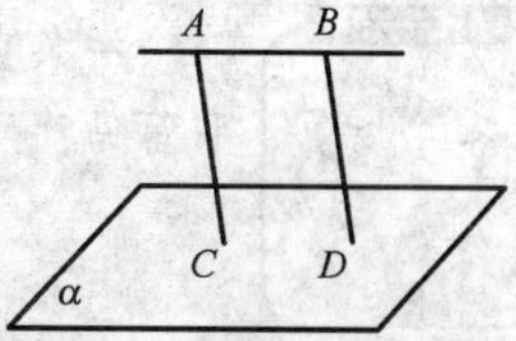

题图 5-10

四、直线与平面垂直

1. 直线和平面垂直的判定和性质

操场上旗杆与地面、马路上的电线杆与地面、直立在桌面上的铅笔与桌面的位置关系,都给我们以直线和平面垂直的形象.

生活中,还有哪些是直线与平面垂直的实例?

直线和平面相交,有两种情况(图 5-28):

a 和 α 称为**斜交**,b 和 α 称为**垂直**相交.

定义:如果一条直线和一个平面相交,并且和这个平面内的任意一条直线都垂直,我们就说这条直线和这个平面互相垂直. 其中直线叫做**平面的垂线**,平面叫做**直线的垂面**,交点叫做**垂足**. 如图 5-28 所示,直线 b 是平面 α 的垂线,平面 α 是直线 b 的垂面,点 B 是垂足.

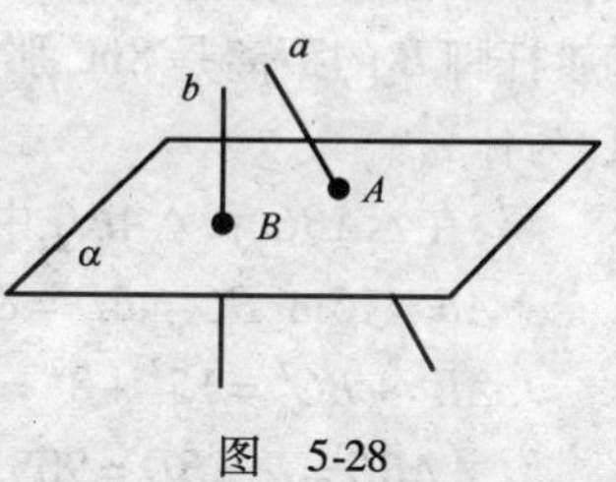

图 5-28

从平面外一点向平面引垂线,这点到垂足的距离叫做这个**点到这个平面的距离**.

画直线和平面垂直时,通常要把直线画成和表示平面的平行四边形的一边垂直,直线 b 和平面 α 互相垂直,记作 $b\perp\alpha$.

判定直线和平面垂直通常用下面的定理.

定理(直线和平面垂直的判定定理) **如果一条直线和一个平面内的两条相交直线都垂直,那么这条直线垂直于这个平面.**

已知:$n\cap l=A$,$n\subset\alpha$,$l\subset\alpha$.

若 $m\perp n$,$m\perp l$,则 $m\perp\alpha$(图 5-29,证明从略,不作要求).

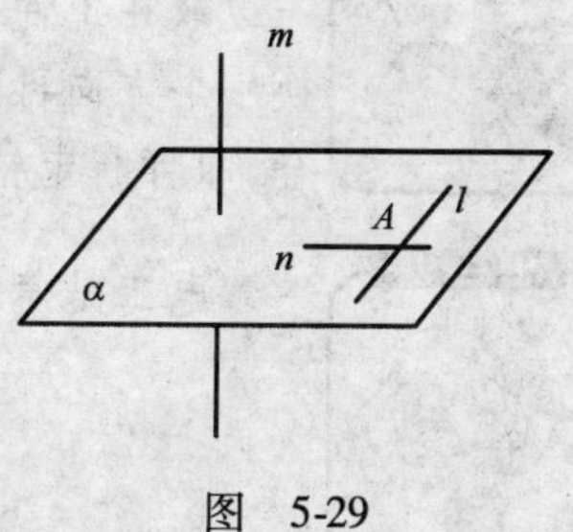

图 5-29

一条直线垂直于平面内的两条平行直线，该直线垂直于这个平面吗？

例8 如图5-30所示，已知$SA\perp AD$，$SA\perp AB$，

求证：$SA\perp$平面$ABCD$.

证明：$\because AD\cap AB=A$，且$AD\subset$平面$ABCD$，$AB\subset$平面$ABCD$，

又$\because SA\perp AD$，$SA\perp AB$，

$\therefore SA\perp$平面$ABCD$（直线和平面垂直的判定定理）.

图 5-30

例9 如图5-31所示，有一根旗杆AB高15m，它的顶端A挂有一条长17m的绳子，拉紧绳子，并把它的下端分别放在地面上的两点（和旗杆脚不在同一条直线上）C、D. 如果这两点都和旗杆脚B的距离是8m，那么旗杆就和地面垂直，为什么？

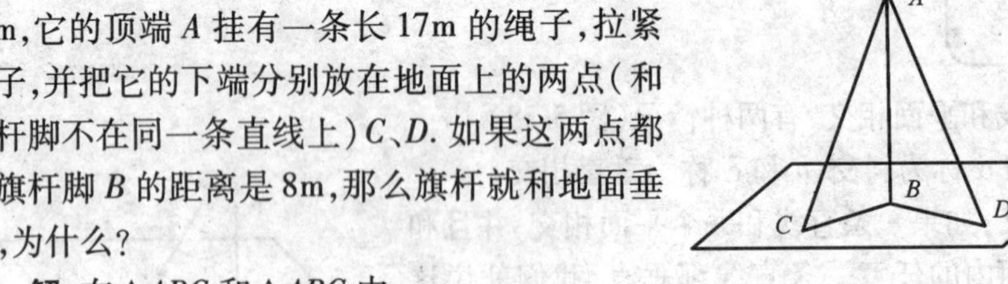

图 5-31

解：在$\triangle ABC$和$\triangle ABC$中，

$\because AB=15\text{m}$，$BC=BD=8\text{m}$，$AC=AD=17\text{m}$，

$\therefore AB^2+BC^2=15^2+8^2=17^2$，$AB^2+BD^2=15^2+8^2=17^2$，

$\therefore \angle ABC=\angle ABD=90°$，

即$AB\perp BC$，$AB\perp BD$.

又$\because B$、C、D三点不共线，

$\therefore AB\perp$平面BCD（直线和平面垂直的判定定理），即旗杆与地面垂直.

在钻床上钻孔时，为了保证钻头与工件平面垂直，常把角尺的一边放在工件平面，看角尺的另一边是否与钻头吻合；然后把角尺换一个方向再检查一次. 如果两次检查中，钻头都能与角尺的边吻合，即可断定钻头与工件是垂直的.

电工是怎样判定电线杆与地面垂直的？

由直线与平面垂直的定义知：如果直线与平面垂直，那么，该直线垂直于平面内的任意一条直线. 除此之外，还有以下性质，即：

定理（直线和平面垂直的性质定理）**如果两条直线垂直于同一个平面，那么，这两条直线互相平行.**

如图 5-32 所示，若 $n\perp\alpha$，$m\perp\alpha$，则 $m/\!/n$.

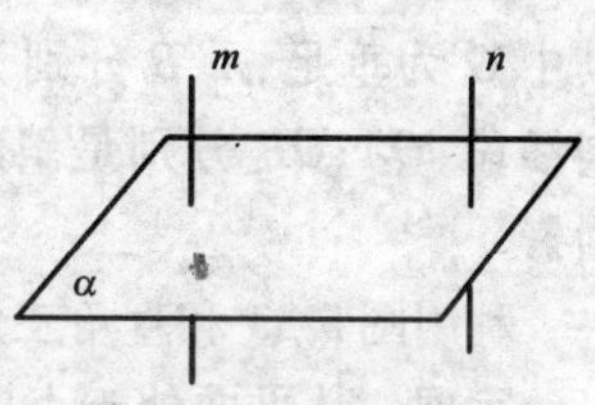

图 5-32

例 10 判断下列命题的正确与否：

(1) 若 $a\perp\alpha$，且 $a\perp b$，则 $b/\!/\alpha$；

(2) 若 $a/\!/\alpha$，且 $a\perp b$，则 $b\perp\alpha$；

(3) 若 $a\perp\alpha$，且 $b\perp\alpha$，则 $a/\!/b$.

注意：(1) 定义中的"任意一条直线"实质为"所有直线"，但不等同于"无数条直线".

(2) 定义可用来证明"线面垂直"或"线线垂直".

(3) 判定定理可用来证明"线面垂直"；性质定理可用来证明"线线平行".

(4) 直线到平面的距离可用点到平面的距离来度量.

练　习

1. 过直线外一点作该直线的垂线有________条，垂面有________个；平行线有________条，平行平面有________个.

过平面外一点作该平面的垂线有________条，垂面有________个；平行线有________条，平行平面有________个.

2. 拿一张矩形的纸对折后略微展开，竖直在桌面上，说明折痕为何和桌面垂直.

3. 如果一条直线垂直于一个平面内的：

(1) 三角形的两条边；

(2) 梯形的两条边；

(3) 圆的两条直径.

试问这条直线是否与平面垂直？

4. 如题图 5-11 所示，$PA=PB$，$AC=BC$，E 为 AB 的中点，求证：$AB\perp PC$.

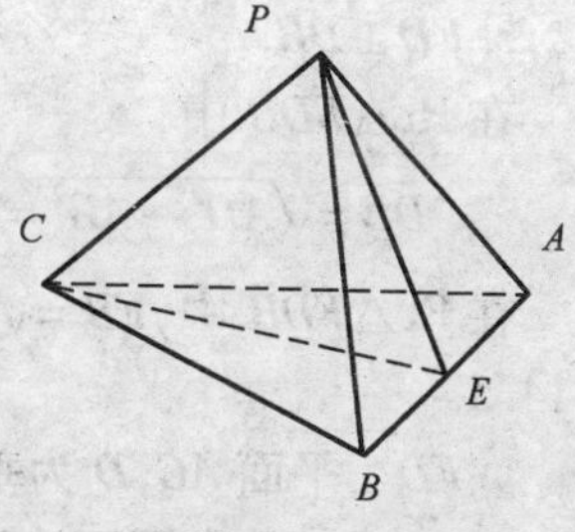

题图 5-11

2. 直线和平面所成的角

定义：如果一条直线与一个平面相交但不垂直，则称这条直线是**平面的斜线**，斜线与平面的交点称为**斜足**. 如图 5-28 所示，直线 a 是平面 α 的斜线，点 A

是斜足.

在太阳光线的照射下,人、车、电线杆等在地面上都有影子. 正午时,人的影子就在脚下,而斜拉着电线杆的粗铁丝的影子在地面上是一条线段.

如图 5-33 所示,从平面 α 外一点 P,分别作 α 的垂线 PO 和斜线 PA、PB,其中 O 为垂足,A、B 分别为斜足,称 PO 是**平面的垂线段**,PA、PB 是**平面的斜线段**,OA、OB 分别是**斜线段在平面内的射影**,垂足 O 称为点 P 在 α 内的**射影**.

利用图 5-33 和直角三角形的性质可以得到:

定理　从平面外一点向平面所引的垂线段和斜线段中,

(1)射影相等的斜线段相等,射影较长的斜线段较长;

(2)斜线段相等的射影相等,斜线段较长的射影较长;

(3)垂线段比任何一条斜线段都短.

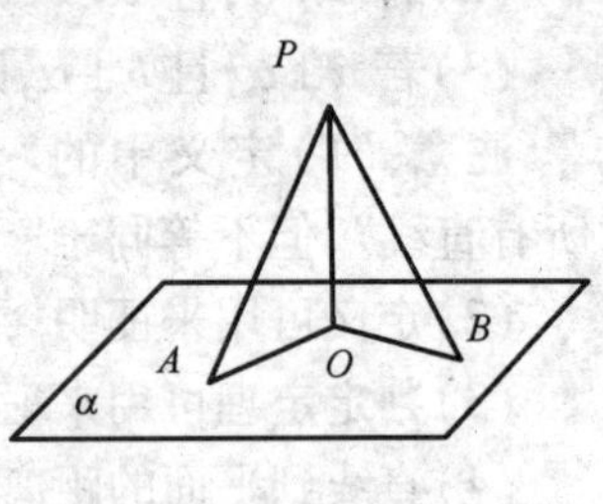

图　5-33

定义:平面的一条斜线和它在平面上的射影所成的锐角,叫做**这条直线和这个平面所成的角**.

例 11　过矩形 $ABCD$ 的顶点 D 作平面 AC 的垂线 FD. 设 $AB=12$,$BC=5$,$FD=6.5$,求点 F 到点 B 的距离,并求直线 FB 与平面 AC 所成的角.

解:如图 5-34 所示,连接 DB、FB.

$\because FD\perp$ 平面 AC,$DB\subset$ 平面 AC,

$\therefore FD\perp DB$.

在 $\text{Rt}\triangle FDB$ 中,

$$DB=\sqrt{AD^2+AB^2}=\sqrt{5^2+12^2}=13.$$

在 $\text{Rt}\triangle FDB$ 中,$FB=\sqrt{FD^2+DB^2}=\sqrt{6.5^2+13^2}\approx 14.5$.

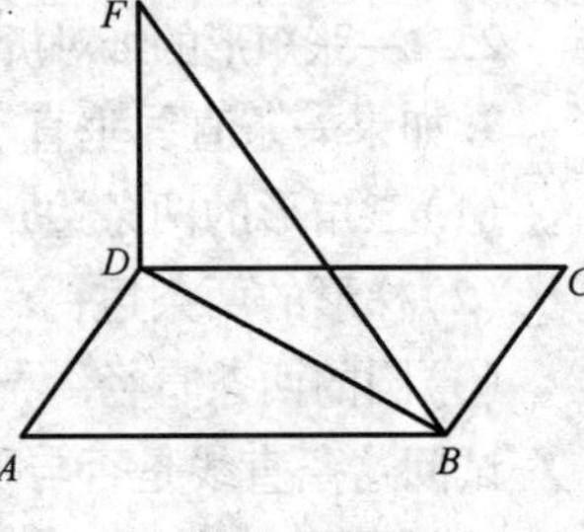

图　5-34

$\because FD\perp$ 平面 AC,D 为垂足,

$\therefore DB$ 是 FB 在平面 AC 内的射影,

$\therefore FB$ 与平面 AC 所成的角是 $\angle FBD$.

在 $\text{Rt}\triangle FDB$ 中,$\sin\angle FBD=\dfrac{FD}{FB}=\dfrac{6.5}{14.5}\approx 0.4472$,

$\therefore\ \angle FBD=26°34'$.

注意:(1)当直线和平面垂直时,它们所成的角是直角;当直线和平面平行,或在平面内时,它们所成的角是0°角.

(2)垂线段与距离区别:前者是图像;后者是长度,是数.

(1)斜线和平面所成的角范围怎样?

(2)直线和平面所成的角范围又怎样?

练　　习

1. 两条平行直线在平面内的射影可能为________;两条相交直线在平面内的射影可能为__________.

2. 设线段 $AB=a$,直线 AB 与平面 α 所成的角为 θ,求线段 AB 在平面 α 内的射影长:

(1)$a=6,\theta=\frac{\pi}{3}$;(2)$a=10,\theta=0$;(3)$a=8,\theta=\frac{\pi}{2}$.

3. 两直线和一个平面所成的角相等,它们平行吗?

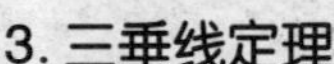

3. 三垂线定理

例12　已知:PO、PA 分别是平面 α 的垂线、斜线,OA 是 PA 在 α 内的射影,$a\subset\alpha$,且 $a\perp OA$(图5-35).

求证:$a\perp PA$.

证明:$\because PO\perp\alpha, a\subset\alpha$,

$\therefore PO\perp a$.

又$\because a\perp OA, PO\cap OA=O$,

$\therefore a\perp$ 平面 POA.

$\therefore a\perp PA$.

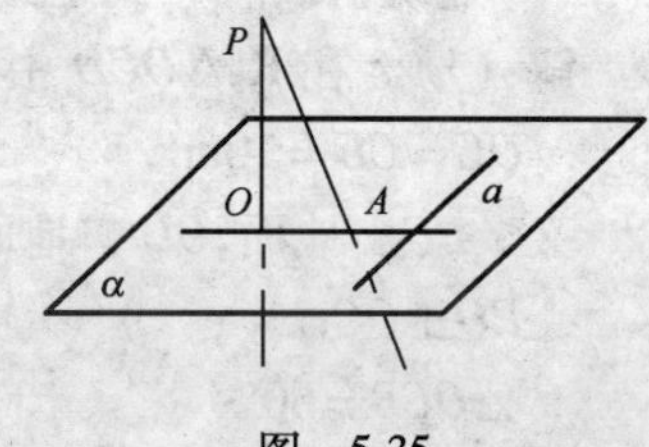

图 5-35

由此,我们得到:

三垂线定理 在平面内的一条直线,如果和这个平面的一条斜线的射影垂直,那么它也和这条斜线垂直.

三垂线定理中的"三垂线"在图5-35中指的是哪几条线?

类似地可以证明：

三垂线定理的逆定理 在平面内的一条直线，如果它和这个平面的一条斜线垂直，那么它也和这条斜线在平面内的射影垂直.

即：若 PO、PA 分别是平面 α 的垂线、斜线，OA 是 PA 在 α 内的射影，$a\subset\alpha$，且 $a\perp PA$（图 5-35）．则 $a\perp OA$.

三垂线逆定理如何证明？

例 13 如图 5-36，某建筑物前有一片池塘，现在只使用测角器和皮尺作测量工具，求该建筑物的高 PQ 及建筑物顶点 P 到道路 CD 的距离. 测量方法和结果如下：在道路边取一点 C，使 QC 与道路 CD 所成的水平角为 $90°$，并测得仰角 $\angle QCP=60°$，再在道路边取一点 D，使水平角 $\angle CDQ=45°$，测量得 $CD=10\text{m}$. 试根据上述条件，求：

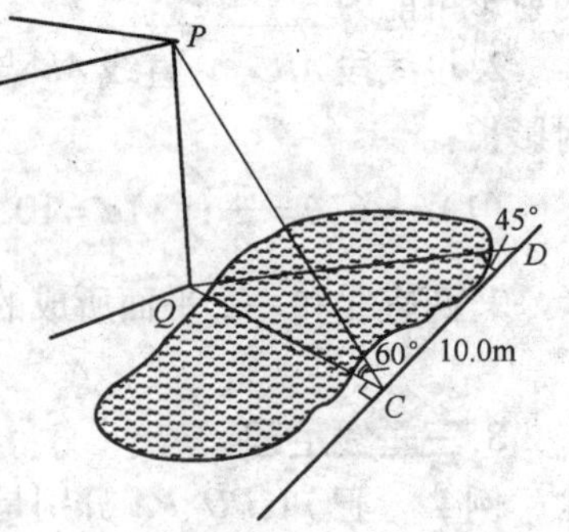

图 5-36

(1) 建筑物的高 PQ；

(2) 建筑物顶点 P 到道路 CD 的距离.

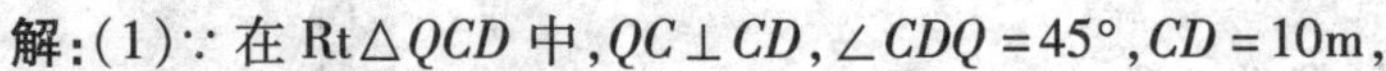

解：(1) $\because$ 在 $\text{Rt}\triangle QCD$ 中，$QC\perp CD$，$\angle CDQ=45°$，$CD=10\text{m}$，

$\therefore QC=CD=10\text{m}$.

又 $\because PQ\perp$ 地面，$QC\subset$ 地面，

$\therefore PQ\perp QC$.

$\because \angle QCB=60°$，

$\therefore PQ=QC\tan60°=10\sqrt{3}\approx17.3\text{m}$.

(2) $\because PQ\perp$ 地面，$QC\perp CD$，

$\therefore CD\perp PC$（三垂线定理），

$\therefore PC$ 即为建筑物顶点 P 到道路 CD 的距离.

$\therefore$ 在 $\text{Rt}\triangle PQC$ 中，$PC=\sqrt{PQ^2+QC^2}=\sqrt{300+100}=20\text{m}$，

即建筑物顶点 P 到道路 CD 的距离为 20m.

例 14 如果一个角所在平面外一点到角的两边的距离相等，那么这点在平面内的射影在这个角的平分线上.

已知：$\angle BAC$ 在平面 α 内，点 $P \notin \alpha$，$PE \perp AB$，$PF \perp AC$，$PO \perp \alpha$，垂足分别是 E、F、O，$PE = PF$（图 5-37）.

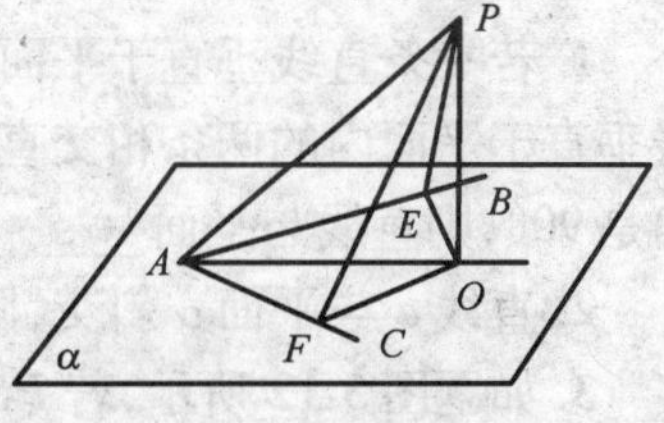

图 5-37

求证：$\angle BAO = \angle CAO$.

证明：$\because$ $PE \perp AB$，$PF \perp C$，$PO \perp \alpha$，

$\therefore$ $AB \perp OE$，$AC \perp OF$（三垂线定理的逆定理）.

$\because$ $PE = PF$，$PA = PA$，

$\therefore$ $\mathrm{Rt}\triangle PEA \cong \mathrm{Rt}\triangle PFA$，$AE = AF$.

又$\because$ $AO = AO$，

$\therefore$ $\mathrm{Rt}\triangle AEO \cong \mathrm{Rt}\triangle AFO$. $\therefore$ $\angle BAO = \angle CAO$.

生活中还有哪些地方会用到三垂线定理或其逆定理？

注意：(1) 三垂线定理实质上是平面的一条斜线和平面内的一条直线垂直的判定定理，这两条直线可以是相交或异面关系.

(2) 三垂线定理是"垂直于射影⇒垂直于斜线"，三垂线逆定理则为"垂直于斜线⇒垂直于射影".

练　　习

1. 如题图 5-12 所示，已知点 O 是 $\triangle ABC$ 的 BC 边的高 AD 上的任意一点，且 $OP \perp$ 平面 ABC，求证：$PA \perp BC$.

2. 如题图 5-13 所示，$PD \perp$ 平面 ABC，$AC = BC$，D 为 AB 的中点，

求证：$AB \perp PC$.

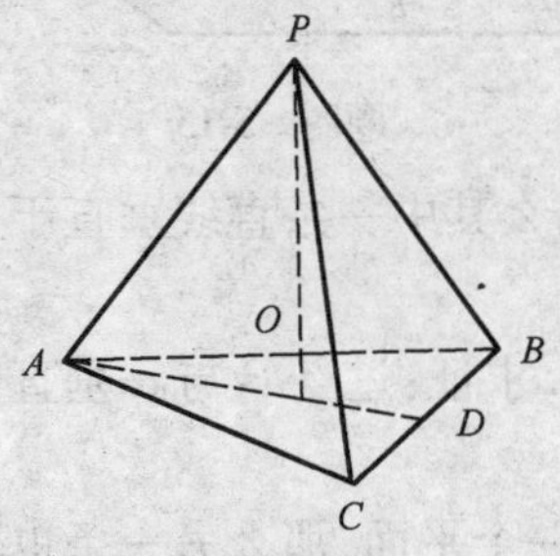

题图 5-12

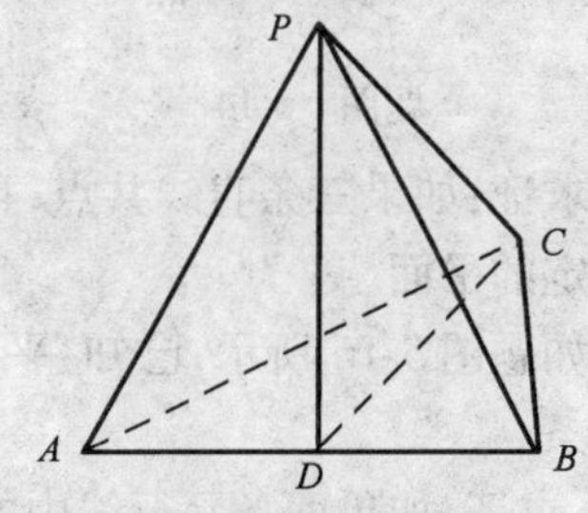

题图 5-13

习　题

1. 若一条直线垂直于平面内的所有直线,则该直线________平面;若一条直线垂直于平面内的两条相交直线,则该直线________平面. 若直线与平面所成的角是90°,则直线与平面________.

2. 直线 a 与平面 α 斜交,则在平面 α 内与直线 a 垂直的直线有________条.

3. 如题图5-12所示,若 $PO=a$,$AO=a$,$OP\perp$ 平面 ABC,则斜线段 PA 与平面 ABC 所成的夹角为________.

4. 边长为 a 的正六边形 $ABCDEF$ 在平面 α 内,$PA\perp\alpha$,$PA=a$,则 P 到 CD 的距离为________,P 到 BC 的距离为________.

5. P 是 $\triangle ABC$ 所在平面外一点,O 是点 P 在平面 α 上的射影. 若 P 到 $\triangle ABC$ 三边的距离相等,则 O 是 $\triangle ABC$ 的________心;若 P 到 $\triangle ABC$ 三个顶点的距离相等,则 O 是 $\triangle ABC$ 的________心;若 PA、PB、PC 两两互相垂直,则 O 是 $\triangle ABC$ 的________心.

6. 如题图5-14所示,钳工检查长方块工件的棱 BB' 是否和底面 $A'C'$ 垂直,只要检查 $\angle BB'A'$ 和 $\angle BB'C'$ 是否是直角就可以了,为什么?

7. 如题图5-15所示,$AB=5\text{cm}$,$BC\perp AB$,$BD\perp AB$,在 BC、BD 所在的平面 α 内有一点 E,$BE=7\text{cm}$.

(1) EB 和 AB,CD 和 AB 各成多少度角?

(2) AE 的长度是多少?

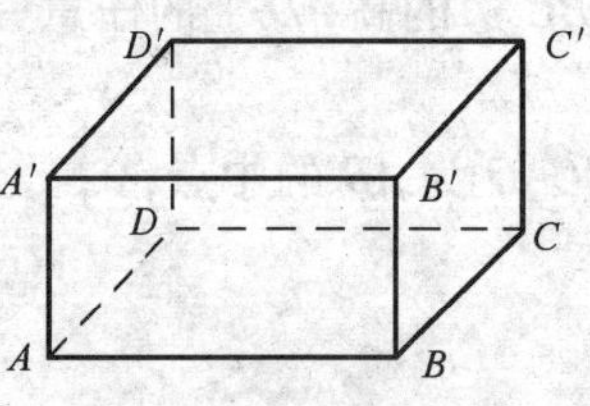

题图　5-14

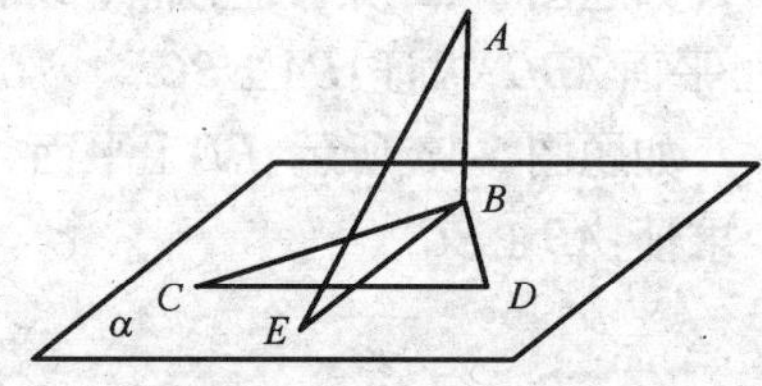

题图　5-15

8. 求证:如果三条直线共点,且两两垂直,那么其中一条直线垂直于另两条直线确定的平面.

9. 如题图5-16所示,已知:平面 α 和一点 P. 求证:过点 P 与 α 垂直的直线只有一条.

10. 求证:如果两条平行线中的一条垂直于一个平面,那么另一条也垂直于平面.

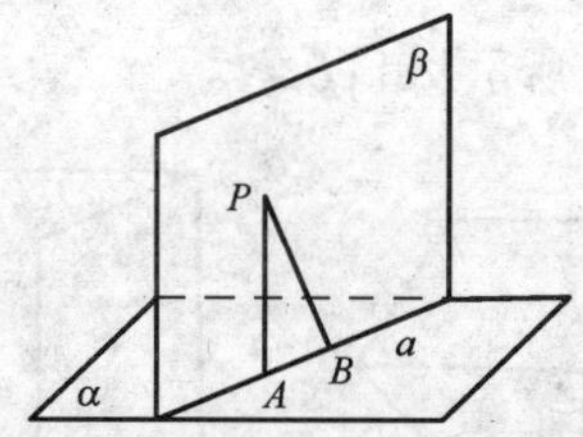

题图 5-16

11. 如题图 5-17 所示，已知空间四边形 $ABCD$，$AB=AC$，$DB=DC$，求证：$BC\perp AD$.

12. 如题图 5-18 所示，道路旁有一条河，对岸有一座高为 10m 的塔，现只有测角器和皮尺作测量工具，能否求出塔顶到道路的距离？

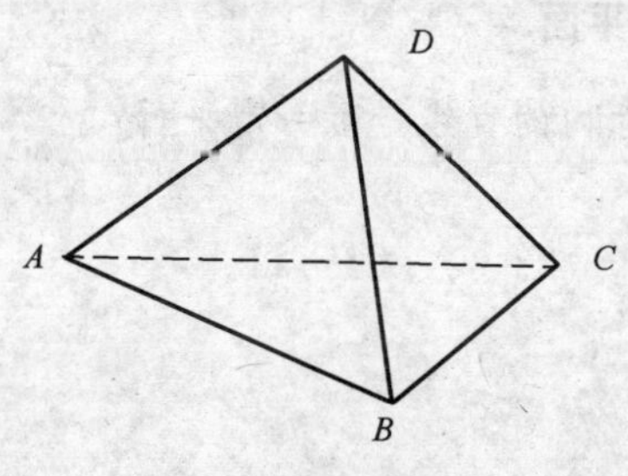

题图 5-17

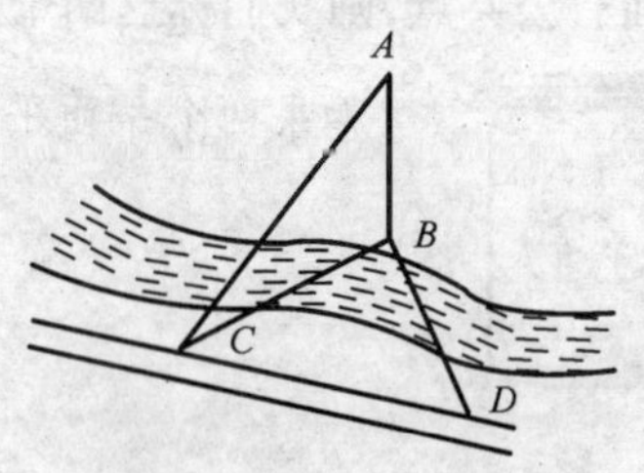

题图 5-18

五、两个平面平行的判定和性质

1. 两个平面的位置关系

不重合的两条直线有三种位置关系，直线与平面也有三种位置关系，那么，不重合的两个平面有几种位置关系呢？

教室里天花板与地面没有交点，地面与墙面之间有公共边，等等，所以不重合的两个平面的位置关系只有：

(1) **平行**——没有公共点(图 5-38)；

(2) **相交**——有一条公共直线(图 5-39).

画两个互相平行的平面时，要注意使表示平面的两个平行四边形的对应边平行.

如图 5-38 所示，平面 α 与 β 平行，记作 $\alpha /\!/ \beta$.

如图 5-39(1) 所示，$\alpha \cap \beta = m$；如图 5-39(2) 所示，$\alpha \cap \beta = l$.

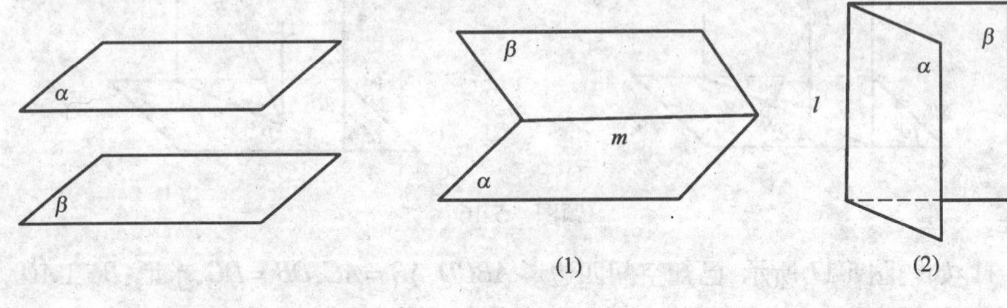

图 5-38　　　　图 5-39

定义：如果两个平面没有公共点，则我们称这两个平面为**平行平面**；如果两个平面有公共点，则我们称这两个平面为**相交平面**.

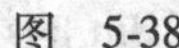

如果两个平面平行，两个平面内的直线是否一定平行？

练　　习

1. 举出两个平面平行和相交的一些实例.

2. 画两个平行平面和分别在这两个平面内的两条平行直线，再画一个经过这两条平行直线的平面.

3. 画两个相交平面，分别在两个平面内画出两条平行、相交和异面的直线.

2. 两个平面平行的判定和性质

由两个平面平行的定义可知：若两个平面平行，其中一个平面内的直线一定都和另一个平面平行. 因此，我们可以把两个平面平行的问题转化为一个平面内的任何直线都和另一个平面平行问题. 在这个基础上，我们可得到：

定理（平面和平面平行的判定定理）**如果一个平面内有两条相交直线分别平行于另一个平面，那么这两个平面平行.**

已知：$a \subset \beta$、$b \subset \beta$，$a \cap b = P$，

$a /\!/ \alpha$，$b /\!/ \alpha$（图5-40）.

求证：$\beta /\!/ \alpha$.

证明：用反证法.

假设 $\alpha \cap \beta = c$，

$\because a /\!/ \alpha, a \subset \beta$，

$\therefore a /\!/ c$. 同理 $b /\!/ c$.

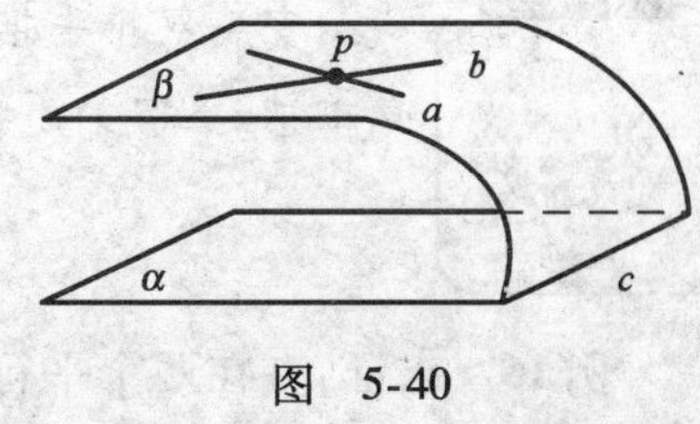

图 5-40

于是在平面 β 内过点 P 有两条直线与 c 平行，这与平行公理矛盾，假设不成立.

$\therefore \alpha /\!/ \beta$.

根据直线与平面平行、平面与平面平行的判定定理，我们还可以得到：

推论　如果一个平面内有两条相交直线分别平行于另一个平面内的两条直线，那么这两个平面平行.

例 15　如图 5-41 所示，已知：$DE /\!/ AB$，$EF /\!/ BC$，求证：平面 $DEF /\!/$ 平面 ABC.

证明：$\because DE \subset$ 平面 DEF，$EF \subset$ 平面 DEF，$DE \cap EF = E$，

又 $\because AB \subset$ 平面 ABC，$BC \subset$ 平面 ABC，

而 $DE /\!/ AB$，$EF /\!/ BC$，

$\therefore$ 平面 $DEF /\!/$ 平面 ABC（平面与平面平行的判定定理的推论）.

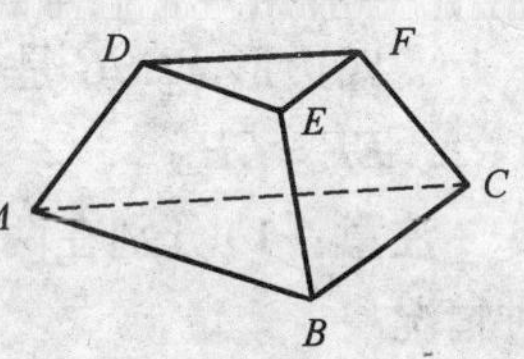

图 5-41

如果把定理和推论中的“相交直线”改成“平行直线”，定理和推论仍成立吗？

教室里，黑板所在的墙面与天花板及地面相交的两条边是互相平行的，类似的例子还有很多，因此两个平行平面有如下性质，即：

定理（平面和平面平行的性质定理）**如果两个平行平面同时与第三个平面相交，那么它们的交线互相平行.**

如图 5-42 所示，若 $\alpha \cap \gamma = a$，$\beta \cap \gamma = b$，$\alpha /\!/ \beta$，则 $a /\!/ b$.

事实上，由于两条交线分别在两个平行平面内，所以

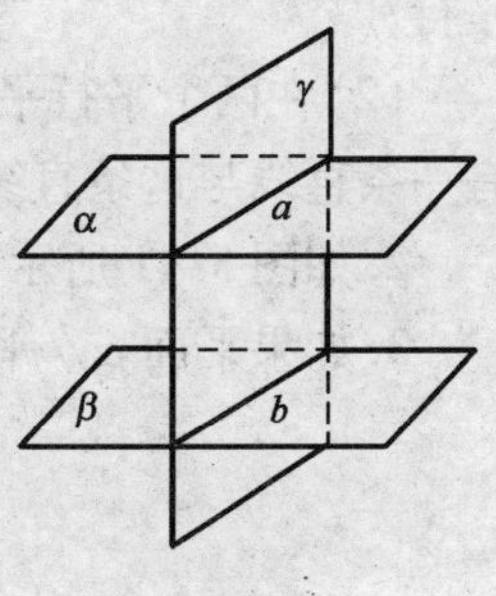

图 5-42

它们不相交;又它们都在同一平面内,由平行线的定义可知它们是平行的.

安装双轮手推车的车轮时,只要使轮轴两端的两个车轮都垂直于轴,这两个车轮就互相平行了,为什么?

例 16 求证:夹在两个平行平面间的两条平行线段相等.

已知:$\alpha /\!/ \beta$,EF 和 GH 为夹在 α、β 间的平行线段(图 5-43).求证:$EF = GH$.

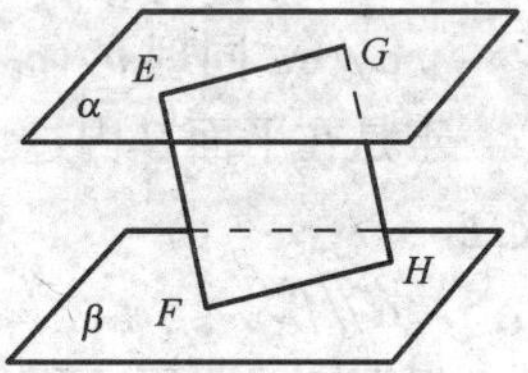

图 5-43

证明:$\because$ $EF /\!/ GH$,

$\therefore$ EF 和 GH 确定平面 $EFHG$.

又$\because$ 平面 $EFHG \cap \alpha = EG$,平面 $EFHG \cap \beta = FH$,$\alpha /\!/ \beta$,

$\therefore$ $EG /\!/ FH$ (平面和平面平行的性质定理).

$\therefore$ 四边形 $EFHG$ 是平行四边形.

$\therefore$ $EF = GH$.

注意:(1)分别在两个平行平面内的两条直线的位置关系有平行和异面两种情况.

(2)“夹在两个平行平面间的平行线段相等”等结论在解题中可直接使用.

(3)在判定定理和推论中的“两条”、“相交”条件缺一不可.

练　　习

1. 下面的说法正确吗?

(1)如果一个平面内的两条直线分别平行于另一个平面,那么这两个平面平行;

(2)在两个平行平面中,如果一个平面内有一条直线,则在另一个平面内只有一条直线与这条直线平行.

2. 如图 5-41 所示,平面 $DEF /\!/$ 平面 ABC,求证:$DE /\!/ AB$ 或 $EF /\!/ BC$.

3. 如果平面 $\alpha /\!/$ 平面 β,平面 $\beta /\!/$ 平面 γ? 是否平面 $\alpha /\!/$ 平面 γ.

习　　题

1. 不重合的两个平面的位置关系有______和______两种.

2. 判断下列命题的真假：

(1)如果一条直线和另一条直线平行，则它和经过另一条直线的任何平面平行.

(2)如果一条直线和一个平面平行，则它和这个平面内的任何直线平行.

(3)平行于同一平面的两条直线互相平行.

(4)平行于同一条直线的两个平面互相平行.

(5)过平面外一点，有且只有一个平面与这个平面平行.

(6)过平面外一条直线，有且只有一个平面与这个平面平行.

3. 如题图 5-19 所示，已知：$\alpha /\!/ \beta$，平面 $PAC \cap \alpha = AC$，平面 $PAC \cap \beta = BD$，且 $\dfrac{PA}{PB} = \dfrac{2}{5}$，(1)求证：$AC /\!/ BD$；(2)求$\dfrac{AC}{BD}$的值.

4. 如题图 5-20 所示，已知：$AD /\!/ A'D'$，$AE /\!/ A'E'$，求证：(1)面 $ADE /\!/$ 面 $A'D'E'$；(2)若$DE = D'E'$，则 $DD' = EE'$.

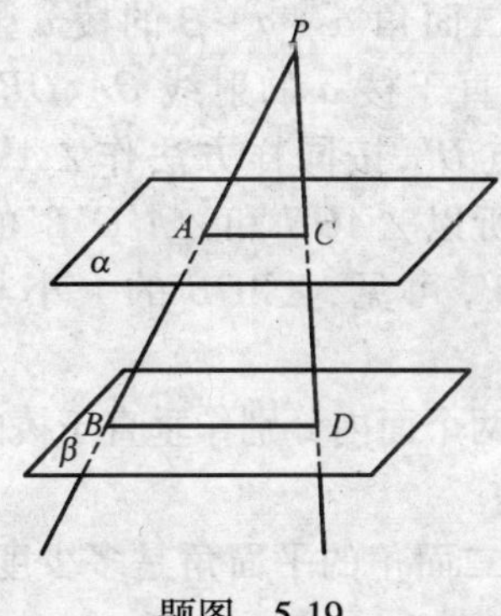

题图 5-19

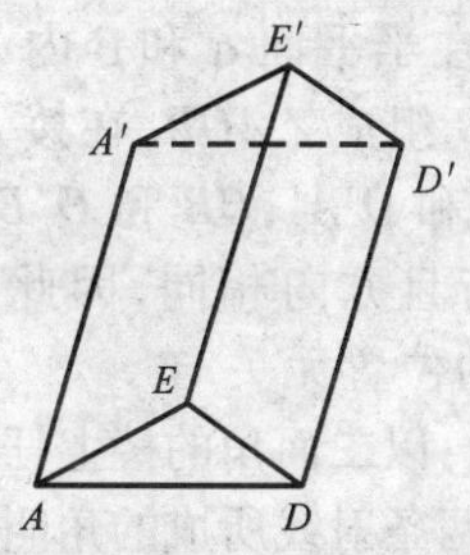

题图 5-20

5. 垂直于同一条直线的两个平面互相平行.

六、两个平面垂直的判定和性质

1. 二面角

我们知道，两个平面的位置关系有两种：一种是平行，另一种是相交. 两个相交平面的相对位置是由这两个平面所成的“角”来确定的. 在生产实践中，有许多问题也涉及两个平面所成的角. 如：修筑水坝时，为了使水坝坚固耐久，必须使水坝面和水平面成适当的角度(图 5-44)；木工用的刨子，它的刨刀和刨底，因粗刨和细刨不同，要装配成不同的“角”度；发射人造地球卫星时，也要根据需要，使卫星的轨道平面和地球的赤道平面成一定的角度，等等. 这些事实都说明了研究两个平面所成的“角度”是十分必要的.

定义：一个平面内的一条直线，把这个平面分成两部分，其中的每一个部分都叫做**半平面**. 从一条直线出发的两个半平面所组成的图形叫做**二面角**（图5-45），这条直线叫**二面角的棱**，这两个半平面叫做**二面角的面**.

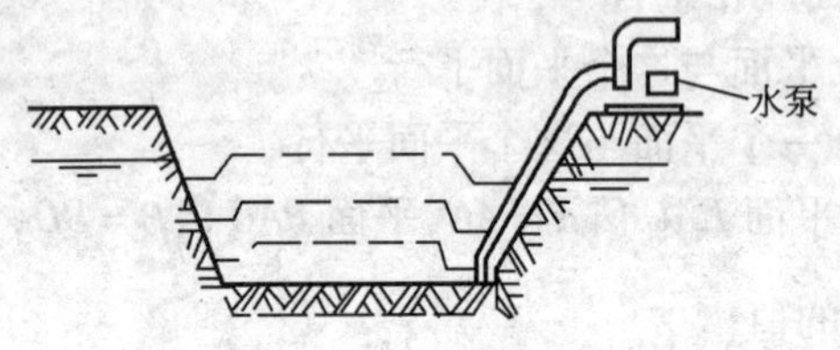

图 5-44

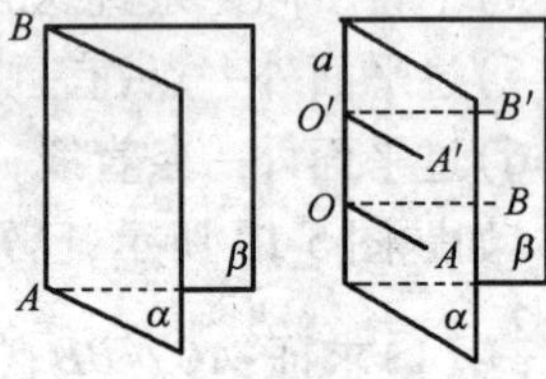

图 5-45

如图5-45所示，棱为AB、面为α、β的二面角，记作二面角$\alpha-AB-\beta$；如果棱用a表示，则记作二面角$\alpha-a-\beta$. 在二面角$\alpha-a-\beta$的棱a上任取一点O，在半平面α和β内，从点O分别作垂直于棱a的射线OA、OB，射线OA和OB组成$\angle AOB$. 在棱a上另取任意一点O'，按同样方法作$\angle A'O'B'$. 因为OA和$O'A'$，OB和$O'B'$都垂直于棱a，所以$\angle AOB$和$\angle A'O'B'$的两边分别平行且方向相同，因此$\angle AOB=\angle A'O'B'$. 可见，$\angle AOB$的大小与点O在棱上的位置无关.

定义：以二面角的棱上任意一点为端点，在两个面内分别作垂直于棱的两条射线，这两条射线所成的角叫做**二面角的平面角**.

二面角的大小，可以用它的平面角来度量，二面角的平面角是多少度，就说这个二面角是多少度.

平面角是直角的二面角叫做**直二面角**.

我国发射的第一颗人造地球卫星的倾角是68.5°，就是说卫星轨道平面与地球赤道平面所成的二面角的平面角是68.5°.

生活中还有哪些二面角的事例？

例17 如图5-46，山坡的倾斜度（坡面与水平面所成二面角的度数）是30°，山坡上有一条直道AC，它和坡脚的水平线AB的夹角是60°，沿这条路上山，行走200m后升高多少米？

解:已知 $AC=200\text{m}$,设 CD 垂直于过 AB 的水平平面 β,垂足为 D,线段 CD 的长度就是所求的高度. 在平面 ABC 即平面 α 内,过点 C 作 $CB\perp AB$,垂足是 B,连接 DB、AD.

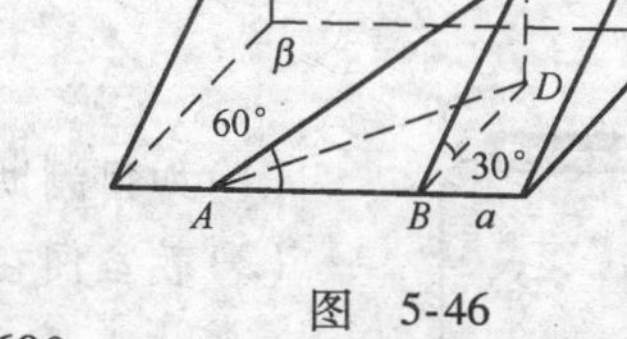

图 5-46

$\because CD\perp\beta, CB\perp AB$,

$\therefore DB\perp AB$.

$\therefore \angle CBD$ 就是坡面 α 和水平平面 β 所成的二面角的平面角,即 $\angle CBD=30°$.

$\therefore$ 在 $\text{Rt}\triangle ABC$ 中,$\angle BAC=60°$,$BC=AC\sin60°=100\sqrt{3}\text{m}$.

$\therefore$ 在 $\text{Rt}\triangle ABC$ 中,$CD=BC\sin30°=50\sqrt{3}\approx86.6\text{m}$.

答:沿直道前进 200m,升高约 86.6m.

注意:(1)二面角的平面角的三要素:顶点在棱上、两条边分别在两个半平面内、两条边与棱都垂直.

(2)二面角的平面角的范围是不小于 0°,不大于 180°.

练　　习

1. 拿一张正三角形的纸片 ABC,以它的高 AD 为折痕,折成一个二面角,指出这个二面角的面、棱、平面角.

2. 一个平面垂直于二面角的棱,它和二面角的两个面的交线所成的角就是二面角的平面角. 为什么?

3. 在 30°二面角的一个面内有一个点,它到另一个面的距离是 10cm,求它到棱的距离.

4. 在一个山坡上,从坡脚的某处出发,沿一条与坡脚的水平线成 30°角的直路前进,如果行走了 60m 后,升高了 17.31m,求山坡的倾斜度.

2. 两个平面垂直的判定和性质

两个平面垂直是两个平面相交的特殊情形. 日常我们所见到的墙面与地面,一个长方体中每相邻两个面都是相互垂直的. 类似于平面几何中两条直线互相垂直的概念,两个平面互相垂直的概念也可以用它们所成的角为直角来定义.

定义:一般地,两个平面相交,如果它们所成的二面角是直二面角,就说这两**个平面互相垂直**.

两个互相垂直的平面,画成如图5-47那样.把直立平面的竖边画成和水平平面的横边垂直,平面α和β垂直,记作$\alpha \perp \beta$.

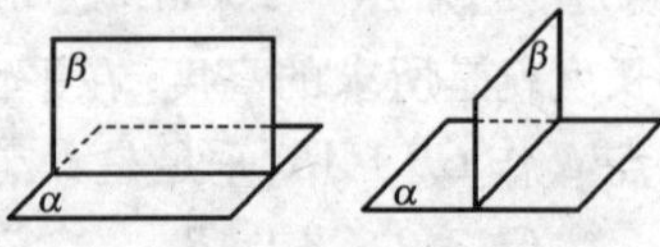

图 5-47

(1)如何判断一面墙或一块板是否与水平地面垂直?

(2)教室门在转动时的每个位置是否都与地面垂直?

判定两个平面垂直,有下面的定理.即:

定理(平面与平面垂直判定定理)**如果一个平面经过另一个平面的一条垂线,那么这两个平面互相垂直.**

已知:$AB \perp \beta, AB \cap \beta = B, AB \subset \alpha$(图5-48).

求证:$\alpha \perp \beta$.

证明:设$\alpha \cap \beta = CD$,则$B \in CD$.

$\because AB \perp \beta, CD \subset \beta$,

$\therefore AB \perp CD$.

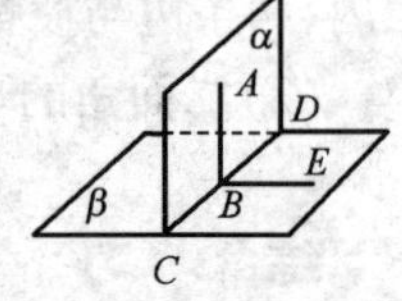

图 5-48

在平面β内过点B作直线$BE \perp CD$,则$\angle ABE$是二面角$\alpha - CD - \beta$的平面角.又$AB \perp BE$,即二面角$\alpha - CD - \beta$是直二面角.

$\therefore \alpha \perp \beta$(证明不作要求).

(1)建筑工人在砌墙时,常用一端系有铅锤的线来检查所砌的墙面是否和水平面垂直,为什么?

(2)如果两个平面互相垂直,那么一个平面内的直线是否一定垂直于另一个平面?

例18 如图5-49所示,$PD \perp$矩形$ABCD$所在的平面,求证:平面$PDA \perp$平面PDC.

证明:$\because ABCD$是矩形,

$\therefore AD \perp DC$.

又$\because PD \perp$平面$ABCD$, $CD \subset$平面$ABCD$,

$\therefore PD \perp CD$(直线与平面垂直的定义).

$\therefore CD \perp$平面PDA.

又$\because CD \subset$平面PDC,

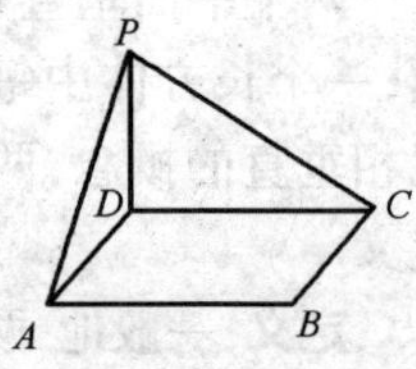

图 5-49

∴ 平面 $PDA\perp$ 平面 PDC(平面与平面垂直的判定定理).

例 2 是否还有其他的证明方法?

如果两个平面互相垂直,那么在其中一个平面内什么样的直线肯定能垂直于另一个平面?

3. 两个平面垂直的性质

由定义可知:两个平面垂直,它们所成的二面角为直二面角. 由此我们得到下面的性质定理.

定理(平面与平面垂直性质定理)**如果两个平面互相垂直,那么在一个平面内垂直于它们交线的直线垂直于另一个平面.**

已知:$\alpha\perp\beta,AB\perp CD,\alpha\cap\beta=CD,AB\subset\alpha$(图 5-48).

求证:$AB\perp\beta$.

证明:在平面 β 内作 $BE\perp CD$,

$\because AB\perp CD$,

$\therefore \angle ABE$ 为二面角 $\alpha-CD-\beta$ 的平面角.

又$\because \alpha\perp\beta$,

$\therefore \angle ABE=90^\circ$.

$\therefore AB\perp BE$.

又$\because AB\perp CD,BE\cap CD=B$,

$\therefore AB\perp\beta$.

例 19 求证:如果两个平面互相垂直,那么经过第一个平面内的一点垂直于第二个平面的直线,在第一个平面内.

已知:$\alpha\perp\beta,P\in\alpha,P\in a,\alpha\perp\beta$(图 5-50).

求证:$a\subset\alpha$.

证明:设 $\alpha\perp\beta=c$,过点 P 在平面 α 内作直线 $b\perp c$.

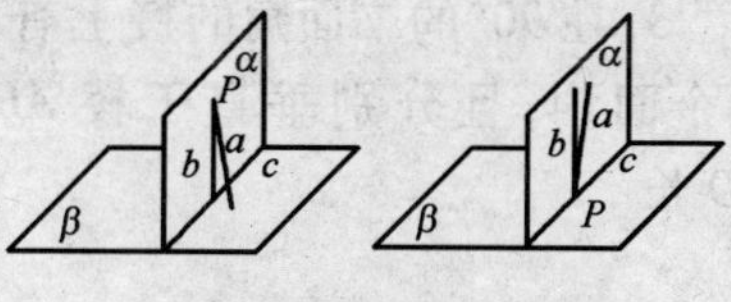

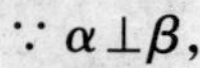

$\because \alpha\perp\beta$,

$\therefore b\perp\beta$.

$\because$ 已知 $a\perp\beta$,α 内过点 P 与 β 垂直的直线只有一条,

$\therefore$ 直线 a 和 b 重合.

$\therefore a\subset\alpha$.

图 5-50

例 20 如图 5-51,已知:$AO\perp OC$,平面 $ABC\perp$ 平面 AOC,$BC\subset\alpha$,$OC\subset\alpha$,

$\angle ACB=90°$,求证:$AO\perp\alpha$.

证明:$\because\ \angle ACB=90°$,

$\therefore BC\perp AC$.

又$\because$ 平面 $ABC\perp$ 平面 AOC,

平面 $ABC\cap$ 平面 $AOC=AC$,$BC\subset$ 平面 ABC,

$\therefore BC\perp$ 平面 AOC.

又$\because AO\subset$ 平面 AOC,

$\therefore BC\perp AO$.

$\because AO\perp OC$,$BC\subset\alpha$ 且 $OC\subset\alpha$,

$\therefore AO\perp\alpha$.

图 5-51

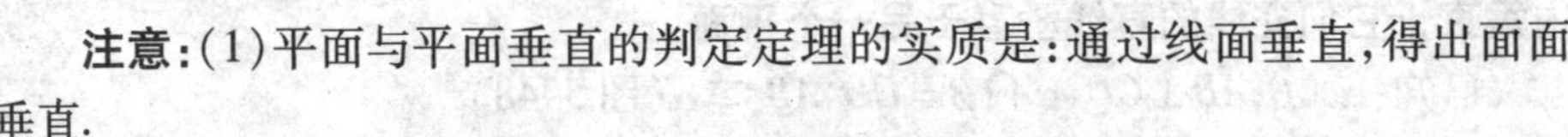

注意:(1)平面与平面垂直的判定定理的实质是:通过线面垂直,得出面面垂直.

(2)平面与平面垂直的性质定理的实质是:通过面面垂直,得出线面垂直.

(3)例 19 是一个重要结论,可用来证明直线在平面内.

(4)平面与平面垂直的定义及判定定理都可用来证明两个平面互相垂直.

练　　习

1. 画互相垂直的两个平面、两两垂直的三个平面.

2. 检查工件的相邻两个平面是否垂直,只要用曲尺的一边紧靠在工件的一个面上,另一边在工件的另一个面上转动,观察尺边是否和这个面密合就可以了. 这是为什么?

3. 在 90°的二面角的棱上有两个点 A、B,AC、BD 分别在这两个二面角的两个面内,且分别垂直于棱 AB,已知 $AB=4\text{cm}$,$AC=3\text{cm}$,$BD=12\text{cm}$,求 CD 长.

习　　题

1. 二面角指的是(　　).

A. 两个平面相交所组成的图形

B. 一个平面绕这个平面内一条直线旋转所组成的图形

C. 从一个平面内的一条直线出发的一个半平面与这个平面所围成的图形

D. 从一条直线出发的两个半平面所组成的图形

2. 若平面 $\alpha \perp$ 平面 γ，平面 $\beta \perp$ 平面 γ，则 α 与 β 的位置关系是（　　）.

A. 平行　　B. 垂直　　C. 相交　　D. 平行或相交

3. 在空间，如果一个角的两边分别与另一个角的两边垂直，那么这两个角的关系是（　　）.

A. 相等　　B. 互补　　C. 相等或互补　　D. 无法确定

3. 三个平面两两垂直，则三条交线两两________.

4. 垂直于同一平面的两个平面________平行（填“一定”或“不一定”）.

5. 两平面所成二面角为直二面角，则这两个平面互相________.

6. 如题图 5-21 所示，立体图形 $P-ABC$ 的四个侧面是全等的正三角形，O 为底面中心，画出二面角 $P-AB-C$ 的平面角，并求它的度数.

7. 画出三个二面角，使它们的度数分别为 $45°$，$90°$，$120°$.

8. 在一个斜坡上，有一条与坡角的水平线成 $45°$ 角的直道，沿这条道行走到 40m 时，人升高了 14.14m，求坡面的倾斜角（即坡面与水平面所成的二面角）.

9. 如题图 5-22 所示，已知二面角 $A-DC-B$ 是 $45°$ 角，$AB \perp$ 面 BCD，$AD=AC$，$BC=BD$，$AB=a$，求点 A 到棱 DC 的距离.

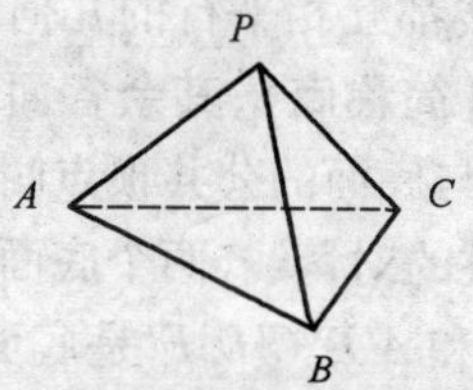

题图 5-21

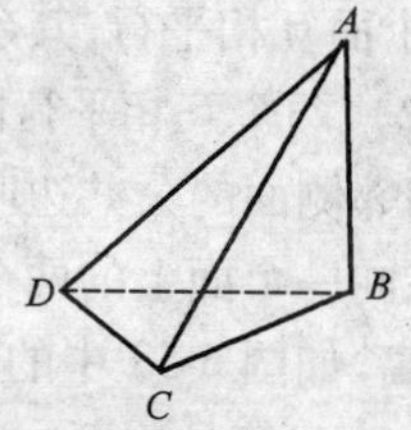

题图 5-22

10. 如题图 5-23 所示，在 $60°$ 二面角的棱上有两个点 A、B，AC、BD 分别在这两个二面角的两个面内，且分别垂直于棱 AB，已知 $AB=4\text{cm}$，$AC=6\text{cm}$，$BD=8\text{cm}$，求 CD 长.

11. 如题图 5-24 所示，已知等腰直角 $\triangle ABC$，$AB=AC=10$，AD 是斜边上的高，以 AD 为折痕使 $\angle BDC$ 成直角. 求证：(1) 平面 $ABD \perp$ 平面 BDC，平面 $ACD \perp$ 平面 BDC. (2) $\angle BAC=60°$.

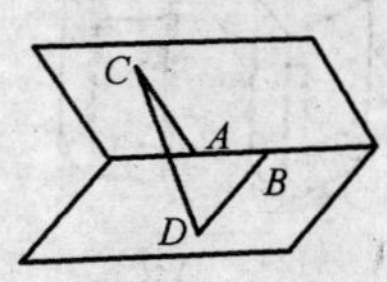

题图 5-23

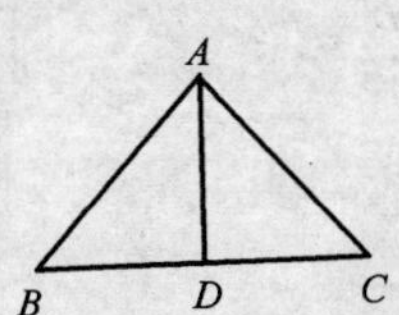

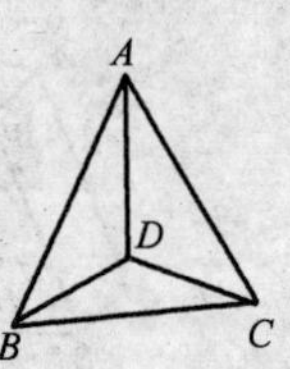

题图 5-24

第二节 简单几何体

一、棱柱与圆柱

1. 棱柱与圆柱的概念

我们常见的三棱镜、方砖以及螺杆的头部(图 5-52),他们的结构有什么特点?

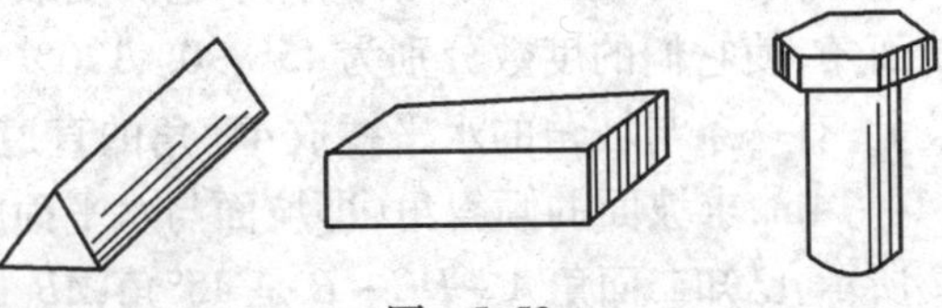

图 5-52

(1)棱柱的概念

有两个面互相平行,其余每相邻两个面的交线都互相平行的几何体叫做**棱柱**(图 5-52),两个互相平行的面叫做**棱柱的底面(简称底)**,其余各面叫做**棱柱的侧面**. 相邻侧面的公共边叫做**棱柱的侧棱**,侧面与底面的公共顶点叫做**棱柱的顶点**,不在同一个面上的两个顶点的连线叫做**棱柱的对角线**,两个底面的距离叫做**棱柱的高**. 如图 5-53 中的棱柱,多边形 $ABCDE$ 和 $A'B'C'D'E'$ 是底面,四边形 $A'ABB'$、$B'BCC'$ 等是侧面,$A'A$、$B'B$ 等是侧棱,$H'H$ 是高.

棱柱用表示底面各顶点的字母来表示,如图 5-53 中的棱柱,记作 $ABCDE-A'B'C'D'E'$,也可以用表示一条对角线的端点的两个字母来表示,例如,棱柱 AC'.

底面是三角形、四边形、五边形、……n 边形的棱柱分别叫做三棱柱(图 5-54(1))、四棱柱(图 5-54(2))、五棱柱(图 5-54(3))、……n 棱柱。

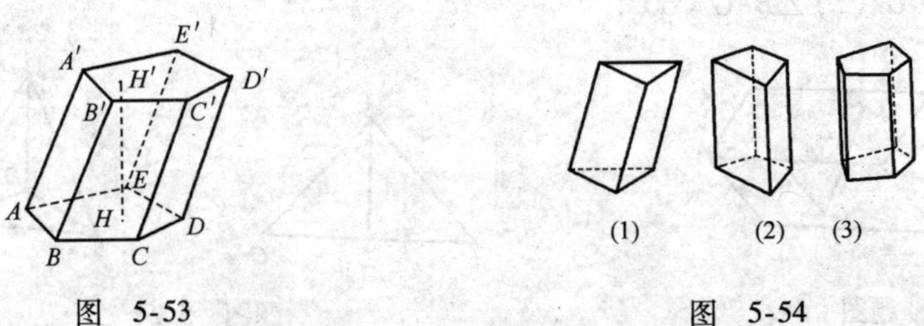

图 5-53　　　　图 5-54

侧棱不垂直于底面的棱柱叫做**斜棱柱**(图 5-54(1));侧棱垂直于地面的棱柱叫做**直棱柱**(图 5-54(2)).底面是正多边形的直棱柱叫做**正棱柱**(图 5-54(3)).

在日常生活中,哪些物体是斜棱柱、直棱柱、正棱柱?

(2)圆柱的概念

图 5-55(来源:百度图片)中的储油罐和桥墩的结构有什么共同点?

图 5-55

以矩形的一边所在的直线为旋转轴,其余三边旋转而形成的面所围成的几何体叫做**圆柱**.旋转轴叫做**圆柱的轴**,在轴上这条边的长度叫做**圆柱的高**,垂直于轴的边旋转而成的圆面叫做**圆柱的底面**.平行于轴的边旋转而成的曲面叫做**圆柱的侧面**,无论旋转到什么位置,这条边都叫做**侧面的母线**.如图 5-56 中,直线 OO'是轴,线段 OO'是高,$A'A$、$B'B$ 是母线.

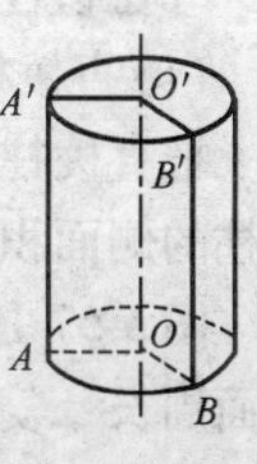

图 5-56

圆柱用表示它的轴的字母来表示,如圆柱 OO'.

在日常生活中,哪些物体是圆柱?

2.直棱柱与圆柱的性质

(1)直棱柱的主要性质

①直棱柱的各条侧棱都相等,并与它的高相等;

②直棱柱的侧面是矩形；

③直棱柱的两个底面是全等的多边形；

④直棱柱的对角面是矩形.

斜棱柱的各条侧棱是否与高相等？各侧面是否都是矩形？

(2)圆柱的主要性质

①圆柱的两个底面平行,且是相等的圆,过两个底面圆心的直线是圆柱的轴,轴在两个底面之间的线段是圆柱的高；

②圆柱的母线与高平行且相等；

③圆柱的轴截面是以两底圆直径为两边、母线为另两边的全等矩形；

④平行于圆柱底面的截面是与底面相等的圆.

不平行于圆柱底面的截面是什么图形?

3. 直棱柱与圆柱的侧面积、全面积

(1)直棱柱的侧面积和全面积

把直棱柱的侧面沿一条侧棱剪开后展开在一个平面上,展开图的面积就是棱柱的侧面积.

图 5-57 是直棱柱的侧面展开图,它是一个矩形,这个矩形的长等于直棱柱底面周长 c,宽等于直棱柱的高 h,由此我们得到下面的定理:

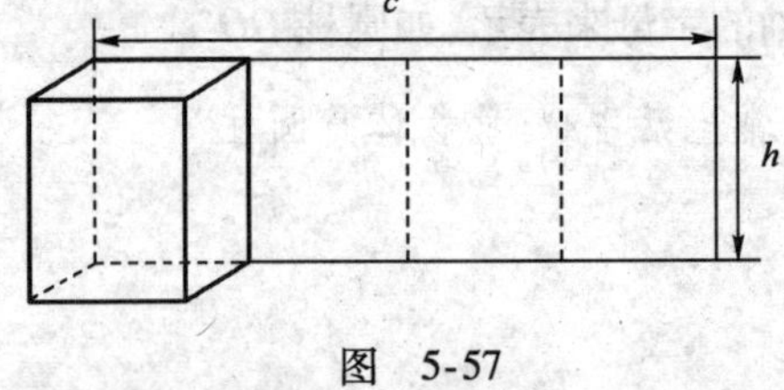

图 5-57

定理　如果直棱柱的底面周长是 c,高是 h,那么它的侧面积是

$$\boxed{S_{\text{直棱柱侧}} = ch} \tag{5-1}$$

棱柱的全面积等于侧面积与两底面面积的和.

(2)圆柱的侧面积和全面积

把圆柱的侧面沿着它的一条母线剪开后展在平面上,展开图的面积就是它的侧面积.

图5-58是圆柱的侧面展开图,它是一个矩形,这个矩形的长等于圆柱底面周长 c,宽等于圆柱侧面的母线长 l(也是高),由此可得:

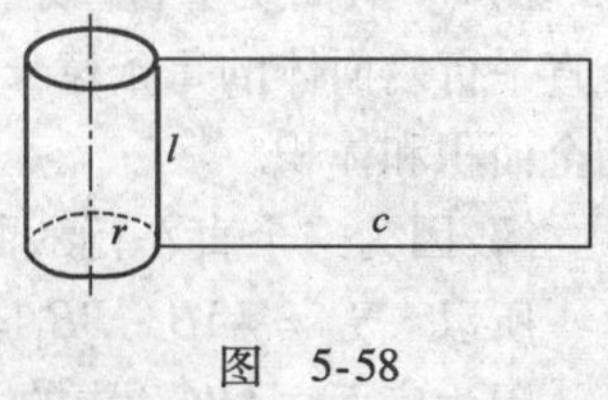

图 5-58

定理 如果圆柱底面半径是 r,周长是 c,侧面母线长是 l,那么它的侧面积是

$$\boxed{S_{圆柱侧} = cl = 2\pi rl} \tag{5-2}$$

圆柱的全面积等于它的侧面积与两底面面积的和.

4. 直棱柱与圆柱的体积

在初中,我们学习过正方体、长方体的体积,公式如下:

$$V_{正方体} = a^3(a\text{ 为正方体的棱长}),$$

$$V_{长方体} = abc(a、b、c\text{ 分别为长方体的长、宽、高}).$$

上述两个公式可以统一为

$$V = Sh(S\text{ 为底面面积},h\text{ 为高}).$$

直棱柱、圆柱的体积是否也可以表示成 $V=sh$?

根据长方体的体积计算公式和祖暅原理可推导出以下直棱柱和圆柱的体积计算公式(推导从略).

祖暅,我国古代数学家,早在公元5世纪就在实践的基础上总结出了以下性质:夹在两个平行平面间的两个几何体,被平行于这两个平面的任意平面所截,如果截得的两个面积相等,那么这两个几何体的体积相等.这个性质我们把它叫做**祖暅原理**.

设直棱柱的底面积为 $S_{底}$,高为 h,则体积

$$\boxed{V_{直棱柱} = S_{底} \cdot h} \tag{5-3}$$

设圆柱的底面积为 $S_{底}$,底面半径为 r,高为 h,则体积

$$\boxed{V_{圆柱} = S_{底} \cdot h = \pi r^2 h} \tag{5-4}$$

例1 底面是平行四边形的直棱柱称为**直平行六面体**，如图5-59所示，有一个直平行六面体的每条棱长都是a，底面的一个角为60°，求这个直平行六面体的全面积和体积.

解：因为这个直平行六面体的每条棱长都是a，

所以 $S_{侧} = 4AB \cdot BB_1 = 4a^2$.

因为底面$\square ABCD$中的$\angle DAB = 60°$，

所以$S_{底} = AB \cdot AD \cdot \sin\angle DAB = a^2\sin 60° = \frac{\sqrt{3}}{2}a^2$，

$$S_{全} = S_{侧} + 2S_{底} = 4a^2 + \sqrt{3}a^2 = (4+\sqrt{3})a^2,$$

$$V = S_{底} \cdot h = \frac{\sqrt{3}}{2}a^2 \cdot a = \frac{\sqrt{3}}{2}a^3.$$

例2 某种型号的发动机的汽缸呈圆柱体（图5-60），活塞上、下止点间的容积称为汽缸工作容积，也称汽缸排量（单位：L），以V_h（单位：L）表示. 已知汽缸直径为D（cm），活塞行程为S（cm），求该发动机的汽缸排量.

解：$V_h = \pi\left(\frac{D}{2\times 10}\right)^2\left(\frac{S}{10}\right)$

$= \frac{\pi D^2 S}{4\times 10^3}$.

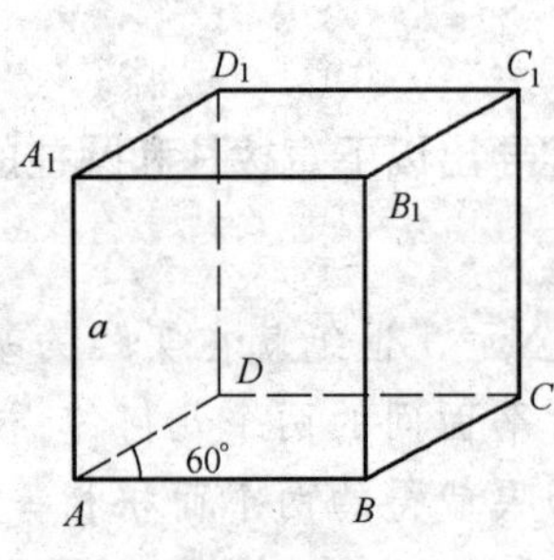

图 5-59

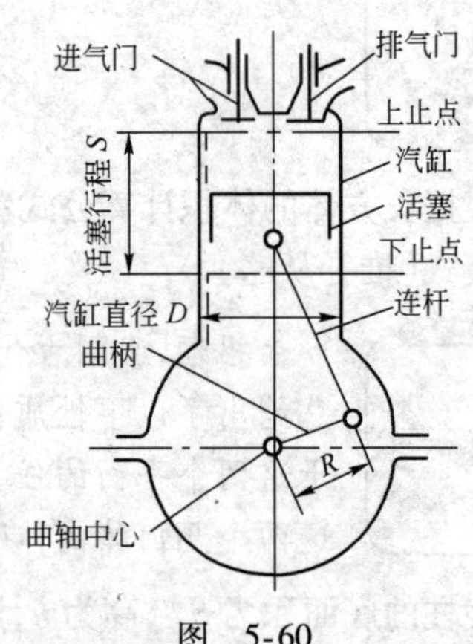

图 5-60

练 习

1. 一个正方体的棱长增加为原来的3倍，它的体积为原来的几倍？

2. 已知正三棱柱的高为 h,底面边长为 a,求它的全面积和体积.

3. 已知圆柱的底面半径为3cm,高为4cm,求它的全面积和体积.

4. 如果圆柱的底面不变,要使它的体积扩大为原来的3倍,那么需要把它的高扩大为原来的多少倍?如果圆柱的高不变,底面半径扩大到原来的多少倍才能使它的体积扩大9倍?

习 题

1. 已知一个长方体的长、宽、高分别为2cm、4cm、8cm,它的体积与一个正方体的体积相等,求正方体的棱长.

2. 一个圆柱形汽油罐,底面半径为1.8m,长为4.8m,试问:该汽油罐可以存储汽油多少升(精确到0.1升)?

3. 一个直平行六面体的侧棱长8cm,底面两条相邻边的长是4cm和5cm,夹角为30°,求它的体积.

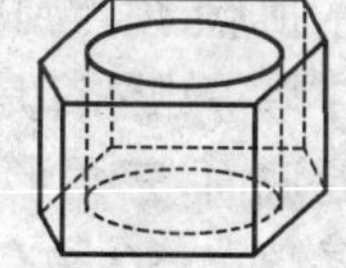

题图 5-25

4. 已知正六棱柱的高和底面边长均为 a,求它的全面积.

5. 有一堆规格相同的铁制(铁的密度是7.8g/cm^3)六角螺帽(题图5-25)总质量为5.8kg,已知底面是正六边形,边长为12cm,内孔直径为10cm,高为10cm,问这堆螺帽大约有多少个(π取3.14,可用计算器)?

二、棱锥、圆锥

1. 棱锥、圆锥的概念

(1)棱锥的概念

图5-61(来源:百度图片)中的帐篷、金字塔、铅锤的结构有什么特点?

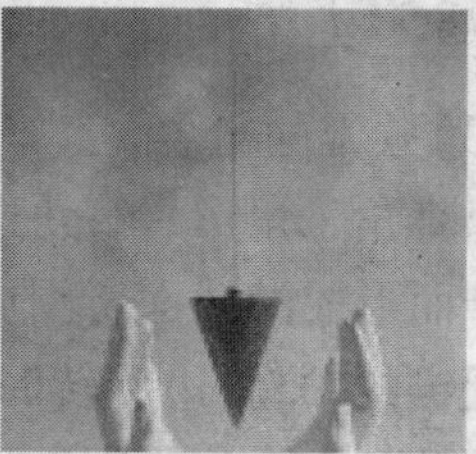

图 5-61

棱柱有两个底面，如果将其上底面缩小成一个点，我们将得到怎样形状的几何体？并有哪些几何特征？

有一个面是多边形，其余各面是有一个公共顶点的三角形，由这些面所围成的几何体叫做**棱锥**（图5-62），这个多边形叫做**棱锥的底面**，其余各面叫做**棱锥的侧面**. 相邻侧面的公共边叫做**棱锥的侧棱**，各侧面公共顶点叫做**棱锥的顶点**，顶点到底面的距离叫做**棱锥的高**. 如帆布帐篷、金字塔等物体都是棱锥. 如图5-63中的棱锥，多边形 $ABCDE$ 是底面，三角形 SAB、SBC 等是侧面，SA、SB 等是侧棱，S 是顶点，SO 是高.

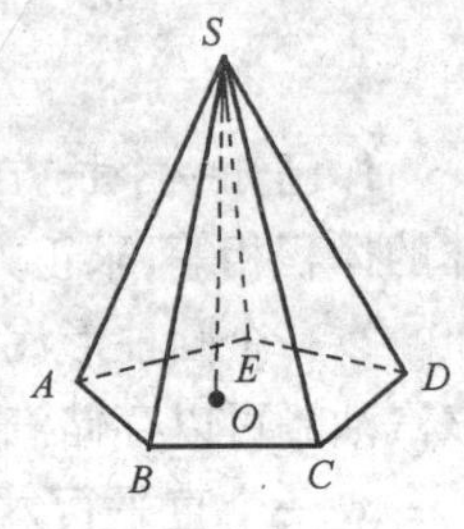

图 5-62

棱锥用表示顶点和底面各顶点，或者底面一条对角线端点的字母表示，例如，棱锥 S-$ABCDE$，或者棱锥 S-AC.

底面是三角形、四边形、五边形、……n 边形的棱锥分别叫做**三棱锥、四棱锥、五棱锥、**……n 棱锥，其中三棱锥也叫**四面体**.

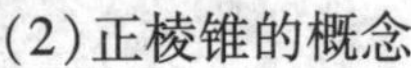

（2）正棱锥的概念

如果一个棱锥的底面是正多边形，并且顶点在底面内的射影是底面的中心，这样的棱锥叫做**正棱锥**（图5-63）.

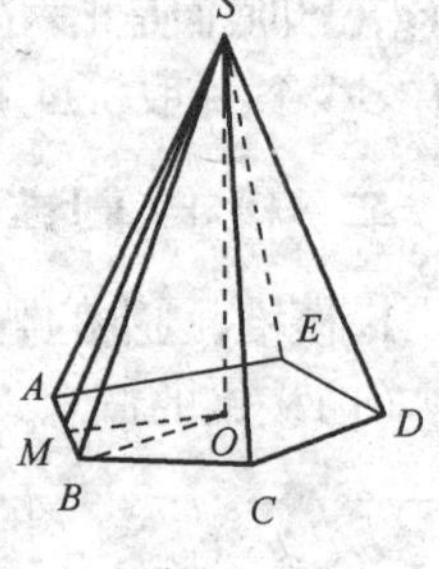

图 5-63

在日常生活中，哪些物体是棱锥？哪些物体是正棱锥？

（3）圆锥的概念

以直角三角形一直角边所在直线为旋转轴旋转一周，其余各边旋转而形成的曲面所围成的几何体叫做**圆锥**（图5-64）. 旋转轴叫做**圆锥的轴**，斜边旋转时所在的每一个位置称为**圆锥的母线**. 母线与轴的交点称为**圆锥的顶点**. 由母线旋转所成的面称为**圆锥的侧面**，由另一条直角边旋转所成的面称为**圆锥的底面**. 从顶点到底面的距离称为**圆锥的高**. 如图5-64中，直线 SO 是轴，线段

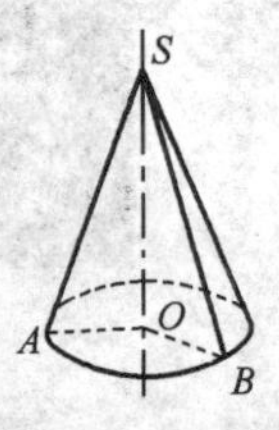

图 5-64

SO 是高，SA、SB 是母线.

圆锥用表示它的轴的字母表示，如圆锥 SO.

在日常生活中，哪些物体是圆锥？

2. 正棱锥、圆锥的主要性质

(1)正棱锥的主要性质

①正棱锥的各侧棱相等，各侧面都是全等的等腰三角形，各等腰三角形底边上的高相等，它叫做**正棱锥的斜高**(如图5-63中的 SM)；

②正棱锥的高、斜高和斜高在底面上的射影组成一个直角三角形(如图5-63中的 $\triangle SOM$)；棱锥的高、侧棱和侧棱在底面内的射影也组成一个直角三角形(如图 5-63 中的 $\triangle SOA$).

(2)圆锥的主要性质

①圆锥的顶点与底面的圆心的连线是圆锥的高；

②圆锥的母线都相等，圆锥的母线与轴所成的角都相等，圆锥的母线与底面所成的角都相等；

③圆锥的平行于底面的截面是圆，圆锥的轴截面都是以底面直径为底、母线为腰的等腰三角形.

3. 正棱锥、圆锥的侧面积、全面积

(1)正棱锥的侧面积、全面积

棱锥的侧面展开图是由各个侧面组成的，展开图的面积就是棱锥的侧面积. 设正 n 棱锥的底面边长为 a，周长为 c，斜高为 h'，侧面展开图(图 5-65)的面积等于 $n\dfrac{1}{2}ah'=\dfrac{1}{2}ch'$.

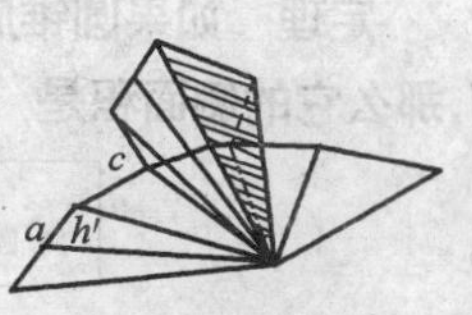

图 5-65

由此得到下面的定理：

定理 **如果正棱锥的底面周长是 c，斜高是 h'，那么它的侧面积是**

$$S_{\text{正棱锥侧}}=\frac{1}{2}ch' \tag{5-5}$$

正棱锥的全面积等于侧面积与底面积的和.

例 3 设计一个正四棱锥形的冷水塔塔顶，高是0.85m，底面边长是 1.50m，求制造这个塔顶需要多少平方米铁板(保留两位有效数字)？

解:如图 5-66,S 表示塔顶的顶点,O 表示底面的中心,则 SO 是高. 设 SE 是斜高.

在直角三角形 SOE 中,根据勾股定理得

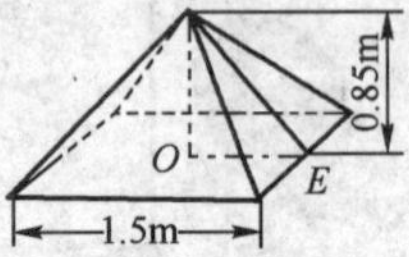

$$SE=\sqrt{\left(\frac{1.5}{2}\right)^2+0.85^2}\approx 1.13(\mathrm{m}).$$

图 5-66

$$\therefore S_{正棱锥侧}=\frac{1}{2}ch'$$

$$=\frac{1}{2}(1.5\times 4)\times 1.13$$

$$\approx 3.4\ (\mathrm{m}^2).$$

答:制造这种塔顶需要铁板约 $3.4\mathrm{m}^2$.

(2)圆锥的侧面积、全面积

扇形的面积如何计算?

圆锥的侧面积沿着它们的一条母线剪开后展在平面上,展开图的面积就是它的侧面积.

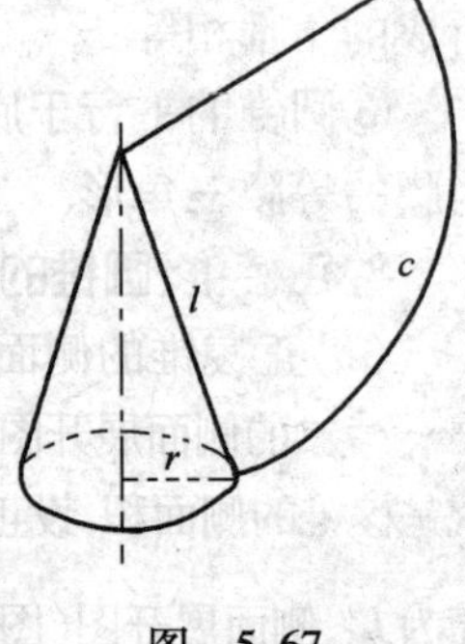

图 5-67

图 5-67 是圆锥的侧面展开图,它是一个扇形. 这个扇形的弧长等于圆锥底面的周长 c,半径等于圆锥侧面的母线长 l.

由此可得:

定理　如果圆锥底面半径是 r,周长是 c,侧面母线长是 l,那么它的侧面积是

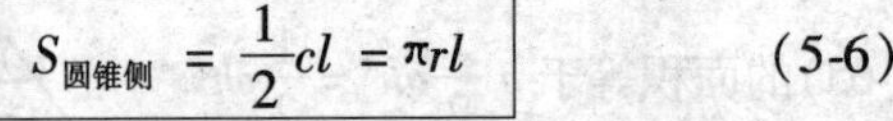

$$S_{圆锥侧}=\frac{1}{2}cl=\pi rl \qquad (5\text{-}6)$$

圆锥的全面积等于它的侧面积与底面积的和.

例 4　圆锥的高等于底面的直径,求其底面积与侧面积的比.

解:如图 5-68 所示,设圆锥的底面积为 $S_底$,侧面积为 $S_侧$,底面圆半径为 r,则高为 $2r$,$l=\sqrt{(2r)^2+r^2}=\sqrt{5}r$.

从而 $S_底=\pi r^2$,$S_侧=\pi rl=\pi r(\sqrt{5}r)=\sqrt{5}\pi r^2$.

因此$\dfrac{S_底}{S_侧}=\dfrac{\pi r^2}{\sqrt{5}\pi r^2}=\dfrac{1}{\sqrt{5}}$.

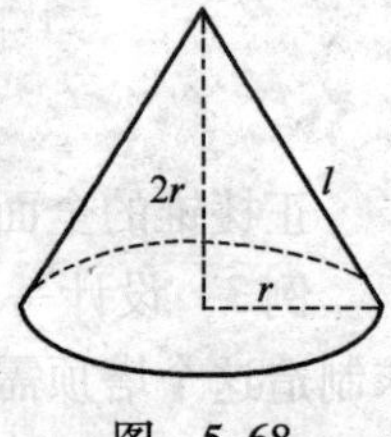

图 5-68

4. 正棱锥、圆锥的体积

设正棱锥的底面积为 S,高为 h,则体积

$$V_{正棱锥}=\frac{1}{3}Sh \tag{5-7}$$

设圆锥的底面积为 S,高为 h,底面半径为 r,则体积

$$V_{圆锥}=\frac{1}{3}Sh=\frac{1}{3}\pi r^2h \tag{5-8}$$

上述公式证明从略.

例 5 埃及开罗吉萨地方有一座正四棱锥形的金字塔(图 5-69),高 146.5m,塔基每边长 230m,求这个金字塔的体积.

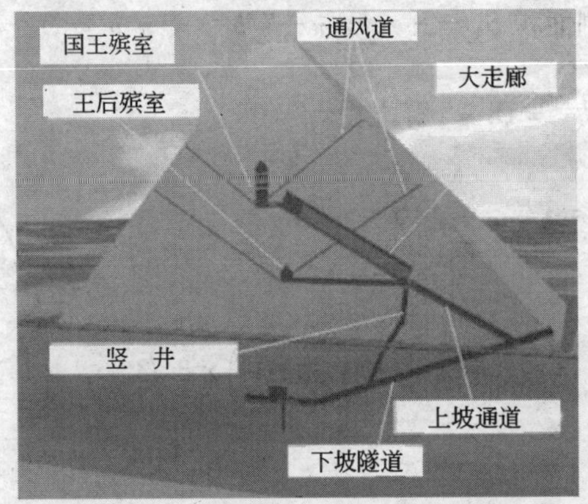

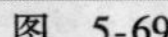
图 5-69

解:$V=\frac{1}{3}Sh=\frac{1}{3}\times230^2\times146.5\approx2\,583\,283(\mathrm{m}^3)$.

答:这个金字塔的体积为 2 583 283m^3.

埃及素有金字塔国之称. 金字塔是古埃及文明的代表杰作,是埃及国家的象征,埃及人民的骄傲. 金字塔:阿拉伯文意为“方锥体”,它是一种方底、尖顶的石砌建筑物,是古代埃及埋葬国王和王后的陵墓. 由于它规模宏大,从四面观看都呈等腰三角形,颇似汉字中的“金”字,形象地译为“金字塔”. 迄今,埃及共发现金字塔 97 座,其中最著名的是开罗西部吉萨高地上的,尤其是胡夫大金字塔被古代希腊旅行家尊为世界七大奇迹之首. 胡夫金字塔,也称大金字塔,建于公元前 2560 年,塔高 146.5m,因年久风化,顶端剥落 10m,现高 136.5m. 由 230 万块巨石组成,平均每块重达 2.5t,最重的达 250t.

例 6　如图 5-70 所示，已知圆锥的母线与底面所成的角为 60°，其侧面积为 $18\pi\ \text{cm}^2$，求内接于这个圆锥的正六棱锥（正六棱锥的顶点与圆锥的顶点重合，底面是圆锥底面的内接正六边形）的体积。

解：设圆锥的底面半径 $OA=r$，母线 $SA=h'$，高 $SO=h$，则在 Rt$\triangle SOA$ 中，$\angle SAO=60°$，

$$r=h'\cos 60°=\frac{1}{2}h',$$

$$h=h'\sin 60°=\frac{\sqrt{3}}{2}h'.$$

于是，圆锥的侧面积 $S_{侧}=\pi rh'=\pi\frac{1}{2}h'h'=\frac{1}{2}\pi h'^2$.

由题意得 $\frac{1}{2}\pi h'^2=18\pi$，解之得 $h'=6$.

所以 $r=\frac{1}{2}\times 6=3$，$h=\frac{\sqrt{3}}{2}\times 6=3\sqrt{3}$.

所求体积为

$$V=\frac{1}{3}S_{棱锥底}h=\frac{1}{3}\left(6\times\frac{1}{2}\times 3^2\sin 60°\right)\times 3\sqrt{3}$$

$$=40.5\text{cm}^3.$$

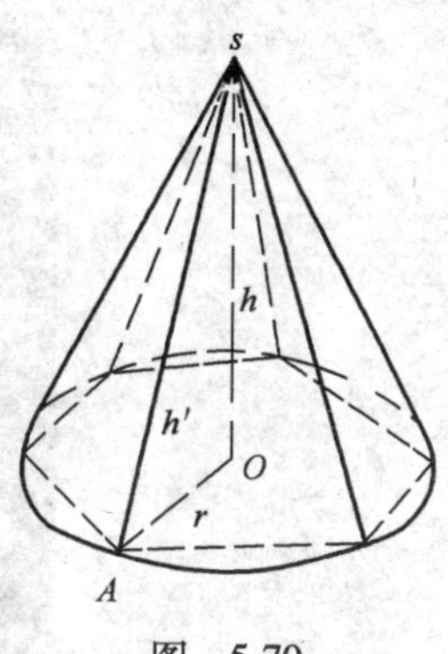

图　5-70

5. 直棱柱、正棱锥的画法

前面已经画过水平放置的平面图形的直观图的画法，以此为基础，我们举例说明直棱柱、正棱锥的画法.

水平放置的平面图形的直观图的画法？

例 7　正六棱柱的直观图的画法.

画法：(1) 画轴. 画 x' 轴、y' 轴、z' 轴，使 $\angle x'O'y'=45°$（或 135°），$\angle x'O'y'=90°$（图 5-71(1)）.

(2) 画底面. 按 x' 轴、y' 轴画正六边形的直观图 $ABCDEF$.

(3) 画侧棱. 过 A、B、C、D、E、F 各点分别作 z' 轴的平行线，并在这些平行线

上分别截取 AA'、BB'、CC'、DD'、EE'、FF' 都等于侧棱长.

(4) 成图. 顺次连接 A'、B'、C'、D'、E'、F'，并加以整理(去掉辅助线，将被遮挡的部分改为虚线)，就得到正六棱柱的直观图(图5-71(2)).

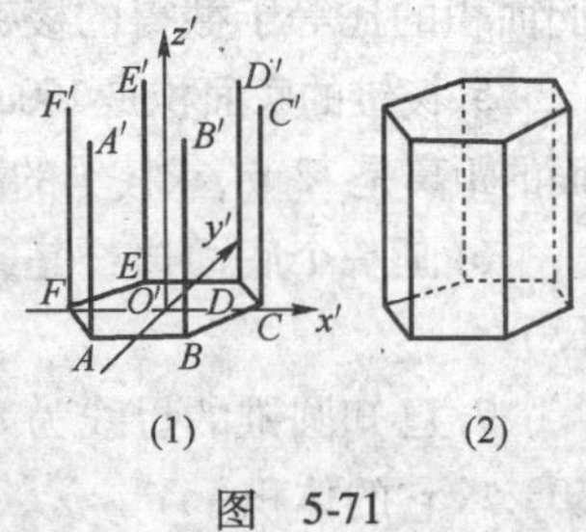

图 5-71

正棱锥的直观图由底面和顶点所决定. 正棱锥底面的画法与直棱柱的底面画法相同，顶点和底面中心的距离等于它的高. 下面以正五棱锥为例，说明正棱锥的直观图的画法.

例7 画一个底面边长为1cm，高为2.3cm的正五棱锥的直观图.

画法：(1) 画轴. 画 x' 轴、y' 轴、z' 轴，使 $\angle x'Oz'=45°$，$\angle x'Oz'=90°$(图5-72(1)).

(2) 画底面. 按 x' 轴、y' 轴画正五边形的直观图 $ABCDE$，取边长等于1(cm)，并使正五边形的中心对应于点 O.

(3) 画高线. 在 z' 轴上，取 $OS=2.3$cm.

(4) 成图. 连接 SA、SB、SC、CD、SE，并加以整理，就得到所要画的正五棱锥的直观图(图5-72(2)).

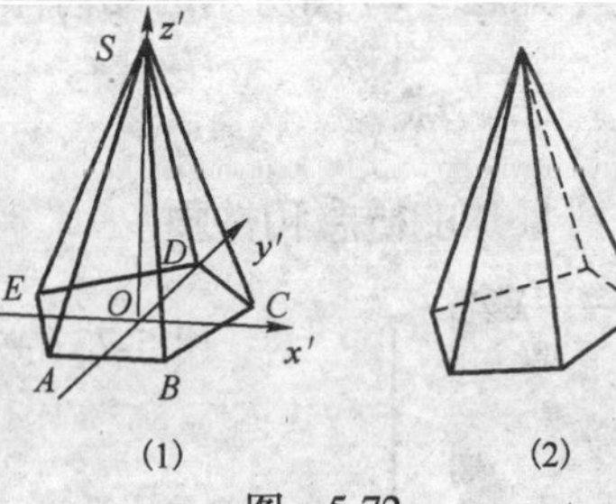

图 5-72

练　习

1. 底面是正多边形的棱锥是正棱锥吗？
2. 求证：正棱锥各侧面与底面所成的二面角都相等.
3. 已知正六棱锥的底面边长为6cm，高为15cm. 画它的直观图，比例尺为 $\frac{1}{3}$.
4. 一个正三棱锥的侧面都是直角三角形，底面边长是 a，求它的全面积.
5. 已知圆锥高为3cm，底面半径为2cm，求它的侧面积、全面积和体积.

习　题

1. 用厚纸做一个正三棱锥或正四棱锥的模型.
2. 已知底面边长是 a，高是 h. 求正四棱锥的侧棱长和斜高.
3. 已知正三棱锥的底面边长为 a. 求过各侧棱中点的截面面积.
4. 求证：如果棱锥被平行于底面的平面所截，那么截面和底面相似，并且它们面积的比等于截得的棱锥的高和已知棱锥的高的平方比.

5. 棱锥的底面积是150cm^2,平行于底面的一个截面面积是54cm^2,底面和这个截面的距离是12cm,求棱锥的高.

6. 画一个底面边长是4cm,高是8cm的正六棱锥的直观图(选择适当比例尺).

7. 已知圆锥的母线为8cm,母线与底面所成的角是30°,求它的体积.

8. 一个圆锥的高是10cm,侧面展开图是半圆,求圆锥的侧面积.

9. 从一个底面半径和高都是R的圆柱中,挖去一个以圆柱上底面为底,下底面中心为顶点的圆锥,得到一个如题5-26图所示的几何体,求这个几何体的体积.

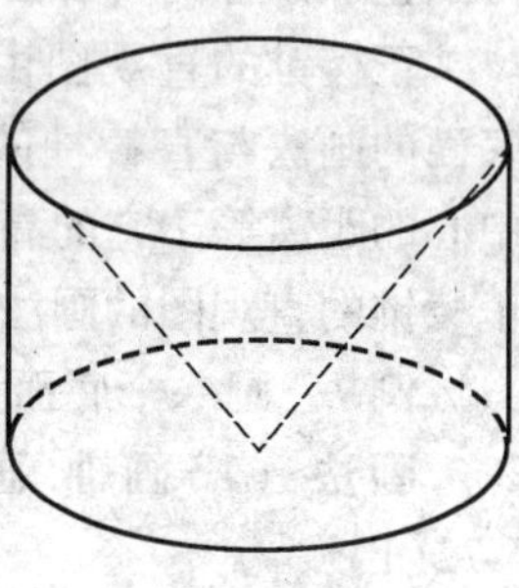
题图 5-26

三、球

1. 球的概念和性质

图5-73(来源:百度图片)中球体的形状的特点?

图 5-73

圆柱、圆锥分别由什么平面图形旋转得到? 球体又可以由什么平面图形旋转得到?

半圆以它的直径为旋转轴,旋转一周所成的曲面叫做**球面**. 球面所围成的几何体叫做**球体**,简称**球**. 半圆的圆心叫做**球心**. 连接球心和球面上的任意一点的线段叫做球的**半径**. 连接球上两点并且过球心的线段叫做球的**直径**. 如图 5-74 的球中,点 O 是球心,线段 OC 是球的半径,线段 AB 是球的直径.

球面也可以看作与定点(球心)的距离等于定长(半径)的所有点的集合(轨迹).

一个球用表示它的球心的字母来表示,例如球 O.

用一个平面去截一个球,截面是圆面. 球的截面有下面的性质:

(1)球心和截面圆心的连线垂直于截面(图 5-75);

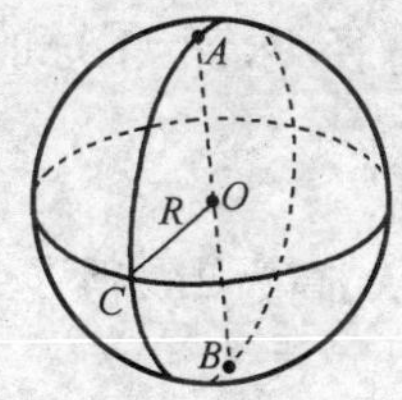

图 5-74

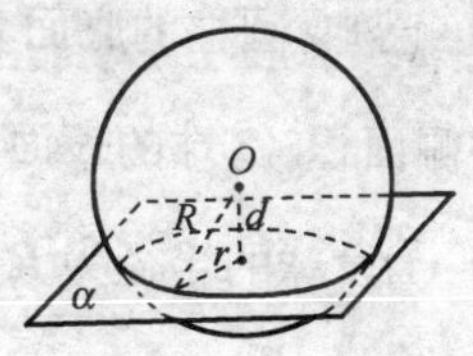

图 5-75

(2)球心到截面的距离 d 与球的半径 R 及截面的半径 r 有下面的关系:

$$r = \sqrt{R^2 - d^2} \tag{5-9}$$

球面被经过球心的平面截得的圆叫做**大圆**,被不经过球心的截面截得的圆叫做**小圆**.

例 8 如图 5-76,半径是 13 的球面上有 A、B、C 三点,$AB = 6$,$BC = 8$,$CA = 10$,那么球心到 ABC 的距离是多少?

解:因为 $AB^2 + BC^2 = CA^2$,所以 $\triangle ABC$ 是 $\angle B = 90°$ 的直角三角形,AC 中点 O_1 是 $\triangle ABC$ 外心,即平面 ABC 截球所得截面的圆心.

由球的截面的性质,可得 $OO_1 \perp$ 平面 ABC,因而 $OO_1 \perp AC$.

在 $Rt\triangle OO_1A$ 中,

$$d = O_1O = \sqrt{OA^2 - AO_1^2} = \sqrt{13^2 - 5^2} = 12.$$

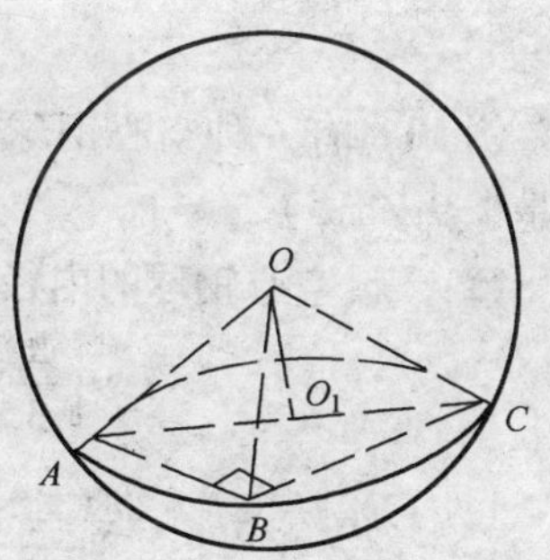

图 5-76

2. 球的表面积和体积

(1)球的表面积

圆的面积公式?

设球的半径为 R,利用高等数学知识,可以证明它的表面积和体积公式.

$$\boxed{S_{球}=4\pi R^2} \qquad (5\text{-}10)$$

例 9 已知:圆柱的底面直径与高都等于球的直径.求证:①球的表面积等于圆柱的侧面积;②球的表面积等于圆柱全面积的$\frac{2}{3}$.

证明:①设球的半径为 R,则圆柱的底面半径为 R,高为 $2R$,得

$$S_{球}=4\pi R^2,$$

$$S_{圆柱侧}=2\pi R\times 2R=4\pi R^2.$$

$\therefore S_{球}=S_{圆柱侧}.$

②$\because S_{圆柱全}=4\pi R^2+2\pi R^2$

$=6\pi R^2,$

$S_{球}=4\pi R^2,$

$\therefore S_{球}=\frac{2}{3}S_{圆柱全}$

(2)球的体积

设球的半径为 R,则它的体积是

$$\boxed{V_{球}=\frac{4}{3}\pi R^3} \qquad (5\text{-}11)$$

例 10 有一种空心钢球,重 142g,测得外径等于 5.0cm.求它的内径(钢密度是 7.9g/cm^3).

解: 设空心钢球的内径为 $2x$cm,那么钢球的质量是

$$7.9\left[\frac{4}{3}\pi\cdot\left(\frac{5}{2}\right)^3-\frac{4}{3}\pi x^3\right]=142,$$

$$x^3=\left(\frac{5}{2}^{3}\right)-\frac{142\times3}{7.9\times4\pi}\approx 11.3.$$

$$\therefore x\approx 2.24,$$

$$2x\approx 4.5\text{cm}.$$

答:空心钢球的内径约为 4.5cm.

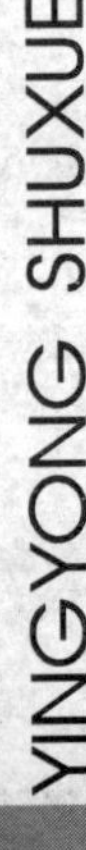

为什么从钢笔尖滴下的水滴下部总是球形？为什么荷叶上颗颗透明的水球也是球状？（提示：凡是液体的表面都有自行收缩的性质，从而使它的表面积最小．而在体积不变的条件下，以球体的表面积为最小．试以等体积的球和正方体为例，证明球的表面积比正方体的表面积小．）

练　习

1. 计算地球表面积是多少平方千米（地球半径约为6370cm）．

2. 球面面积膨胀为原来的2倍，计算体积变为原来的几倍．

3. 一个正方体的顶点都在球面上，它的棱长是$a$cm，求这个球的体积．

习　题

1. 钢球由于热膨胀而使半径增加1/1000，它的体积增加几分之几？

2. 三个球的半径之比是1∶2∶3，求证：其中最大的一个球的体积是另外两个球的体积和的3倍．

3. 火星的半径约是地球的一半，地球体积是火星体积的几倍？地球半径约是6370km，地球和火星的体积各是多少？

4. 木星表面积约是地球的120倍，它的体积约是地球的多少倍？

5. 如果一个圆柱和一个圆锥的底面直径和高都与球的直径相等．求证：圆柱、球、圆锥体积的比是3∶2∶1．

欧几里德与《几何原本》

《几何原本》是古希腊数学家欧几里德（Euclid，前330—前275）的一部不朽之作，是当时整个希腊数学成果、方法、思想和精神的结晶，其内容和形式对几何学本身和数学逻辑的发展有着巨大的影响．自它问世之日起，在长达二千多年的时间里一直盛行不衰．它历经多次翻译和修订，自1482年第一本印刷本出版后，至今已有一千多种不同的版本．除了《圣经》之外，没有任何其他著作，其研究、使用和传播之广泛，能够与《几何原本》相比．

公元前7世纪之后，希腊几何学迅猛地发展，积累了丰富的材料．希腊学者们开始对当时的数学知识作有计划的整理，并试图将其组成一个严密的知识系

欧几里得

统.首先作出这方面尝试的是公元前5世纪的希波克拉底(Hippocrates),其后经过了众多数学家的修改和补充.到了公元前4世纪时,希腊学者们已经为建构数学的理论大厦打下了坚实的基础.

欧几里德在前人工作的基础之上,对希腊丰富的数学成果进行了收集、整理,用命题的形式重新表述,对一些结论作了严格的证明.他最大的贡献就是选择了一系列具有重大意义的、最原始的定义和公理,并将它们严格地按逻辑的顺序进行排列,然后在此基础上进行演绎和证明,形成了具有公理化结构的,具有严密逻辑体系的《几何原本》.

《几何原本》的希腊原始抄本已经流失了,它的所有现代版本都是以希腊评注家泰奥恩(Theon,约比欧几里德晚七百年)编写的修订本为依据的.《几何原本》的泰奥恩修订本分13卷,总共有465个命题,其内容是阐述平面几何、立体几何及算术理论的系统化知识.

《几何原本》按照公理化结构,运用了亚里士多德的逻辑方法,建立了第一个完整的关于几何学的演绎知识体系.所谓公理化结构就是:选取少量的原始概念和不需证明的命题,作为定义、公设和公理,使它们成为整个体系的出发点和逻辑依据,然后运用逻辑推理证明其他命题.《几何原本》成为了两千多年来运用公理化方法的一个绝好典范.

诚然,正如一些现代数学家所指出的那样,《几何原本》存在着一些结构上的缺陷,但这丝毫无损于这部著作的崇高价值.它的影响之深远.使得"欧几里德"与"几何学"几乎成了同义词.它集中体现了希腊数学所奠定的数学思想、数学精神,是人类文化遗产中的一块瑰宝.

本章小结

一、平面及其基本性质

1.平面 无大小,又无厚薄,而且可以无限延展,它是不可度量的,无边界,无面积,日常生活中所见的平面只是其中的一部分.

2.平面的基本性质

公理1 如果一条直线的两点在一个平面内,那么这条直线上的所有点都在这个平面内.

公理2 如果两个平面有一个公共点,那么他们还有其他公共点,这些公共点的集合是一条直线.

公理3 经过不在同一条直线上的三点有且只有一个平面.

推论1 经过一条直线和直线外的一点有且只有一个平面.

推论2 经过两条相交直线有且只有一个平面.

推论3 经过两条平行直线有且只有一个平面.

二、直线与直线的位置关系

1. 位置关系 “相交”、“平行”、“异面”三种.

2. 直线与直线平行

公理4 平行于同一条直线的两条直线互相平行.

等角定理 如果一个角的两边和另一个角的两边分别平行并且方向相同,那么这两个角相等.

3. 异面直线所成的角 过空间任意一点,分别作两条异面直线的平行线,这两条相交直线所成的锐角或直角就是两条异面直线所成的角.

三、直线与平面的位置关系

1. 位置关系 “直线在平面内”、“相交”、“平行”三种.

2. 直线与平面平行

判定定理 如果不在一个平面内的一条直线和平面内的一条直线平行,那么这条直线和这个平面平行.

性质定理 如果一条直线和一个平面平行,经过这条直线的平面和这个平面相交,那么这条直线和交线平行.

3. 直线与平面垂直

判定定理 如果一条直线和一个平面内的两条相交直线都垂直,那么这条直线垂直于这个平面.

性质定理 如果两条直线垂直于同一个平面,那么,这两条直线互相平行.

三垂线定理 在平面内的一条直线,如果和这个平面的一条斜线的射影垂直,那么它也和这条斜线垂直.

三垂线定理的逆定理 在平面内的一条直线,如果它和这个平面的一条斜线垂直,那么它也和这条斜线在平面内的射影垂直.

4. 直线与平面所成的角 平面的一条斜线和它在平面上的射影所成的锐角

就是这条直线和这个平面所成的角.

四、平面与平面的位置关系

1. 位置关系 “相交”、“平行”二种.

2. 平面与平面平行

判定定理 如果一个平面内有两条相交直线分别平行于另一个平面,那么这两个平面平行.

性质定理 如果两个平行平面同时与第三个平面相交,那么它们的交线平行.

3. 平面与平面垂直

二面角的平面角 以二面角的棱上任意一点为端点,在两个面内分别作垂直于棱的两条射线,这两条射线所成的角就是二面角的平面角.

判定定理 如果一个平面经过另一个平面的一条垂线,那么这两个平面互相垂直.

性质定理 如果两个平面互相垂直,那么在一个平面内垂直于它们交线的直线垂直于另一个平面.

五、简单几何体

1. 简单几何体的性质(表5-1)

表 5-1

序号	名　称	性　质
1	棱柱	两底面平行,侧棱都互相平行
2	直棱柱	侧棱垂直于底面,各侧面都是矩形
3	正棱柱	底面是正多边形
4	圆柱	轴截面是矩形,垂直于轴的截面是圆面
5	棱锥	1. 底面是多边形,各侧面是有公共顶点的三角形. 2. 平行于底面的截面与底面相似,它们的面积比等于顶点到截面的距离与棱锥高的平方比
6	正棱锥	1. 底面是正多边形,顶点在底面上的射影是底面的中心. 2. 各侧棱都相等,侧面是全等的等腰三角形

续上表

序号	名称	性质
7	圆锥	轴截面是等腰三角形,垂直于轴的截面是圆面
8	球	1. 球的截面是圆面,过球心的截面叫做大圆. 2. 球心和截面圆心的连线垂直于截面

2. 简单几何体的侧面积和体积(表 5-2)

表 5-2

序号	名称	侧面积公式	体积公式
1	直棱柱	$S_{直棱柱侧}=ch$	$V_{直棱柱}=Sh$
2	圆柱	$S_{圆柱侧}=cl=2\pi rl$	$V_{圆柱}=Sh=\pi r^2h$
3	正棱锥	$S_{正棱锥侧}=\frac{1}{2}ch'$	$V_{正棱锥}=\frac{1}{3}Sh$
4	圆锥	$S_{圆锥侧}=\frac{1}{2}cl=\pi rl$	$V_{圆锥}=\frac{1}{3}Sh=\frac{1}{3}\pi r^2h$
5	球	$S_{球面}=4\pi R^2$	$V_{球}=\frac{4}{3}\pi R^3$

复习题

1. 填空题:

(1)不共线的______点确定一个平面.

(2)两条________的直线或两条________的直线确定一个平面.

(3)经过一条直线和直线外一点有且只有______平面.

(4)两个不重合平面的位置关系有______、________.

(5)两条不重合直线的位置关系有且只有________、______、______三种.

(6)空间直线和平面的位置关系有且只有________、______、______三种.

(7)如果一个正方体的边长为 2cm,则它的对角线为________,表面积为______,体积为______.

(8)一个高为 6cm,底圆半径为 2cm 的圆柱体积为 ______,侧面积为______.

(9)一个正方体的边长为2cm,则它的对角线为______,表面积为______,体积为______.

(10)已知一个三棱锥的三条侧棱分别为1cm、2cm、3cm,且两两互相垂直,则这个三棱锥的体积为________cm^3.

2. 选择题:

(1)两条异面直线是指______.

A. 空间两条不相交的直线

B. 分别在两个平面内的两条直线

C. 不同在任何一个平面内的两条直线

D. 平面内一条直线和平面外的一条直线

(2)分别在两个相交平面内的两条直线的位置关系是______.

A. 异面　　B. 相交　　C. 平行　　D. 前三种情况都有可能

(3)下边图形中不一定是平面图形的是______.

A. 三角形　　B. 平行四边形

C. 四边形　　D. 梯形

(4)经过同一条直线上的三点的平面______.

A. 只有0个　　B. 有无数个

C. 有且只有一个　　D. 恰有三个

(5)若一条直线与两条平行直线都相交,则这三条直线确定的平面的个数是______.

A. 1或3　　B. 1　　C. 2　　D. 3

(6)若三条直线两两相交,但不过同一点,则这三条直线确定的平面的个数是______.

A. 1或3　　B. 1　　C. 2　　D. 3

(7)平行于同一个平面的两条直线相互______.

A. 平行　　B. 平行或异面或相交

C. 相交　　D. 异面

(8)垂直于同一条直线的两条直线相互______.

A. 平行　　B. 平行或异面或相交

C. 相交　　D. 异面

(9)垂直于同一条直线的两个平面相互______.

A. 平行　　B. 垂直　　C. 相交

(10)垂直于同一个平面的两条直线相互______.

A. 平行　　　B. 垂直　　C. 相交　　D. 异面

(11)分别在两个平行平面内的两条直线的位置关系是______.

A. 平行　　　　　　　　B. 平行或异面

C. 相交　　　　　　　　D. 异面

(12)直线与平面所成的角为______.

A. 锐角　　　B. 钝角　　C. 直角　　D. 锐角或直角

(13)两条异面直线所成的角为______.

A. 锐角　　　B. 钝角　　C. 直角　　D. 锐角或直角

(14)圆柱的轴截面是______.

A. 矩形　　　B. 三角形　　C. 梯形　　D. 平行四边形

(15)圆锥的轴截面是______.

A. 矩形　　　B. 三角形　　C. 梯形　　D. 平行四边形

3. 判断下列命题的真假,真的打"✓",假的打"×"

(1)可画一个平面,使它的长为4cm,宽为2cm.

(2)一条直线把它所在的平面分成两部分,一个平面把空间分成两部分.

(3)一个平面的面积为$20cm^2$.

(4)经过面内任意两点的直线,若直线上各点都在这个面内,那么这个面是平面.

(5)如果两个平面有三个公共点,那么这两个平面重合.

(6)若一个平面内有两条相交直线都平行于另一个平面,则这两个平面互相平行.

(7)过平面外一点作平面的垂线有无数条.

(8)将球的半径扩大3倍,则面积扩大6倍.

(9)过直线外一点作直线的异面直线只有一条.

(10)圆锥的侧面展开图是扇形,圆柱的侧面展开图是矩形.

4. 求证或计算

(1)求证:过两条平行线中一条直线的平面,与另一条直线平行或经过另一条直线.

(2)如果一条直线上的两点在一个平面的同侧,并且和这个平面的距离相等,那么这条直线和平面平行.

(3)求证:一条直线和一组平行平面中每一个平面所成的角都相等.

(4)正方形的边长为a,中心是O,OA垂直于正方形所在的平面,OA的长是

b,求点 A 到正方形各边的距离.

(5)夹在两个平行平面之间的两条线段 AB、CD 相交于点 S,已知:$AS = 18.9\text{cm}$,$BS = 28.9\text{cm}$,$CD = 57.5\text{cm}$.求线段 CS、DS 的长.

(6)在直二面角的棱上有两点 A、B,AC 和 BD 各在这个二面角的一个面内,并且都垂直于棱 AB.设 $AB = 8\text{cm}$,$AC = 6\text{cm}$,$BD = 24\text{cm}$.求 CD 的长.

(7)已知正方体 $ABCD - A'B'C'D'$,则:

①AB 与 CC'是什么关系?夹角是多少?

②AB 与 $A'C'$是什么关系?夹角是多少?

(8)已知圆锥的底面积为 $9\pi\ \text{cm}^2$,全面积为 $24\pi\ \text{cm}^2$,求它的体积和母线.

(9)有一个圆柱的半径是 2cm,高是 3cm,求圆柱的侧面积和体积.

(10)有一个正四棱锥,其底面边长为 6cm,高为 4cm,求它的斜高和体积.

(11)已知球的大圆周长是 62.8cm,求该球的表面积.

第六章　直线和圆的方程

1. 理解有向线段的概念,掌握有向线段的数量的计算.

2. 掌握两点间的距离公式、线段的定比分点公式和中点坐标公式.

3. 了解直线的方程和方程的直线的概念,理解直线的倾斜角和斜率的概念,掌握过两点的直线的斜率公式.

4. 掌握直线方程的点斜式、两点式、斜截式、截距式和一般式,并能根据条件熟练地求出直线的方程.

5. 掌握两条直线平行和垂直的充要条件、两条直线夹角公式.

6. 会求两条直线的交点和点到直线的距离.

7. 了解解析几何的基本思想,理解曲线的方程和方程曲线的概念,初步掌握求曲线方程的方法.

8. 掌握圆的标准方程和圆的一般方程,并能进行互化, 能用待定系数法求圆的方程.

第一节　有向线段、定比分点

一、数轴上有向线段的数量

任意一条直线 l,有两个相反的方向. 如果把其中一个作为正方向,那么相反的方向就是负方向. 规定了正方向的直线,叫做**有向直线**. 有向直线 l 的正方向用箭头表示(图 6-1). 我们学过的直角坐标系中的 x 轴、y 轴都是有向直线.

一条线段也可以规定两个相反的方向. 规定了方向,即规定了起点和终点的线段叫做**有向线段**(图 6-2). 以 A 为起点、B 为终点的有向线段记作$\overrightarrow{AB}$. 有向线段包含三个要素:起点、方向和长度. 知道了有向线段的起点、方向和长度,它的终点就唯一确定.

图　6-1　　　　图　6-2

已知$\overrightarrow{AB}$，线段 AB 的长度也叫做有向线段$\overrightarrow{AB}$的**长度**，记作$|\overrightarrow{AB}|$. 因为有向线段的长度与它的方向无关，所以$|\overrightarrow{AB}| = |\overrightarrow{AB}|$.

在直角坐标平面内，如果有向线段在坐标轴上或与坐标轴平行，那么它的方向与坐标轴的正方向可能相同或相反(图 6-3). $\overrightarrow{AB}$与 x 轴的方向相同，而$\overrightarrow{BA}$与 x 轴的方向相反.

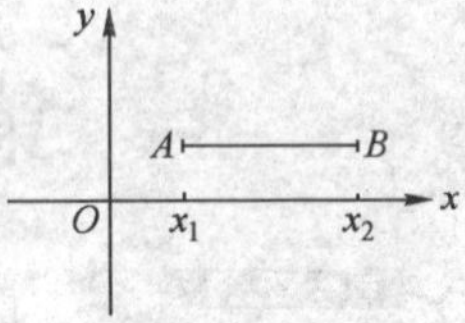

图 6-3

根据有向线段$\overrightarrow{AB}$与坐标轴的方向相同或相反，分别把它的长度加上正号或负号，这样所得的数，叫做**有向线段的数量**. 有向线段$\overrightarrow{AB}$的数量用 AB 表示，显然 $AB = -BA$.

$\overrightarrow{AB}$与 AB 有什么区别？与物理学的矢量又有什么区别？

值得提醒的是，有向线段的数量是针对某条数轴而言的. 事实上，数轴上的点的坐标是以有向线段的数量来定义的. 如图 6-4 中数轴上点 P 的坐标 x_0 是以原点 O 为起点，P 为终点的有向线段$\overrightarrow{OP}$的数量，$OP = x_0$.

现在我们来研究对于数轴上的任意一条有向线段，怎样用它的起点坐标和终点坐标表示它的数量.

如图 6-5，设$\overrightarrow{AB}$是数轴上的任意一条有向线段，O 是原点. 点 A、B 的坐标分别用 x_1 和 x_2 表示.

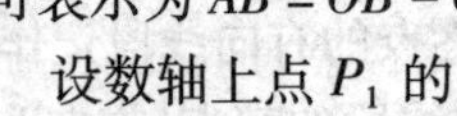

图 6-4

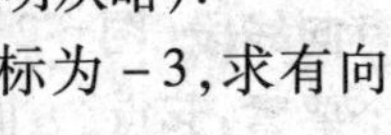

图 6-5

可以证明，不论 A、B、O 的位置关系(有六种不同情况)如何，有向线段$\overrightarrow{AB}$的数量，都可表示为 $AB = OB - OA$. 即 $AB = x_2 - x_1$(证明从略).

例 1 设数轴上点 P_1 的坐标为 2、点 P_2 的坐标为 -3，求有向线段的数量 P_1P_2 和它的长度$|\overrightarrow{P_1P_2}|$.

解: 所求数量为 $P_1P_2 = x_2 - x_1 = -3 - 2 = -5$；

所求长度为$|\overrightarrow{P_1P_2}| = |x_2 - x_1| = |-5| = 5$.

二、两点间的距离公式

如果两点 A、B 落在同一条数轴上，设 A 点坐标为 x_1，B 点坐标为 x_2，则 $AB = x_2 - x_1$.

由此公式可得，数轴上两点 A 和 B 的距离 $|AB| = |x_2 - x_1|$.

现在来讨论求平面上任意两点的距离的公式.

在直角坐标系中，已知两点 $P_1(x_1, y_1)$，和 $P_2(x_2, y_2)$（如图 6-6 所示），过 P_1、P_2 分别作 y 轴、x 轴的垂线相交于点 Q，则点 Q 的坐标为 (x_2, y_1).

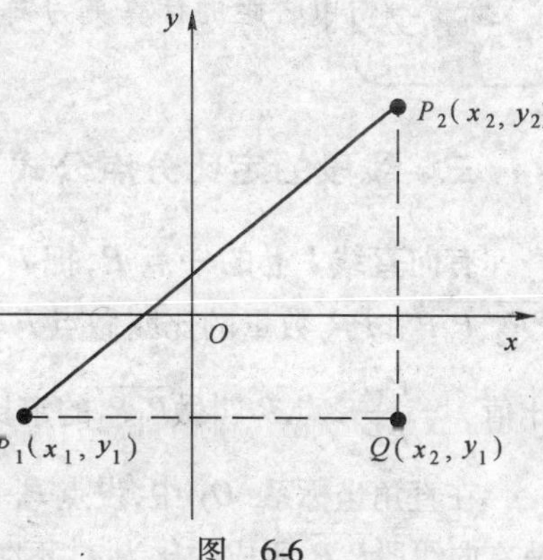

图 6-6

在 $\text{Rt}\Delta P_1QP_2$ 中，$|P_1P_2|^2 = |P_1Q|^2 + |QP_2|^2$.

因为 $|P_1Q|^2 = |x_2 - x_1|^2 = (x_2 - x_1)^2$，

$|QP_2|^2 = |y_2 - y_1|^2 = (y_2 - y_1)^2$.

所以 $|P_1P_2|^2 = (x_2 - x_1)^2 + (y_2 - y_1)^2$.

由此即得 $P_1(x_1, y_1)$ 和 $P_2(x_1, y_2)$，两点间的距离公式

$$|P_1P_2| = \sqrt{(x_2 - x_1)^2 + (y_2 - y_1)^2} \tag{6-1}$$

特别地，直角坐标平面上任意一点 $P(x, y)$ 到原点 $O(0,0)$ 的距离为

$$|OP| = \sqrt{x^2 + y^2} \tag{6-2}$$

例 2 求点 $P_1(-3,0)$ 和点 $P_2(1, -3)$ 两点的距离.

解：把 $x_1 = -3, y_1 = 0, x_2 = 1, y_2 = -3$ 代入两点距离公式得：

$|P_1P_2| = \sqrt{[1 - (-3)]^2 + (-3 - 0)^2} = 5$.

例 3 冲制如图 6-7 所示的零件时，需要知道三个孔的中心距. 已知三个孔的中心坐标是 $A(-2,4)$，$B(4,0)$，$C(-2,0)$，求三个孔的中心距.

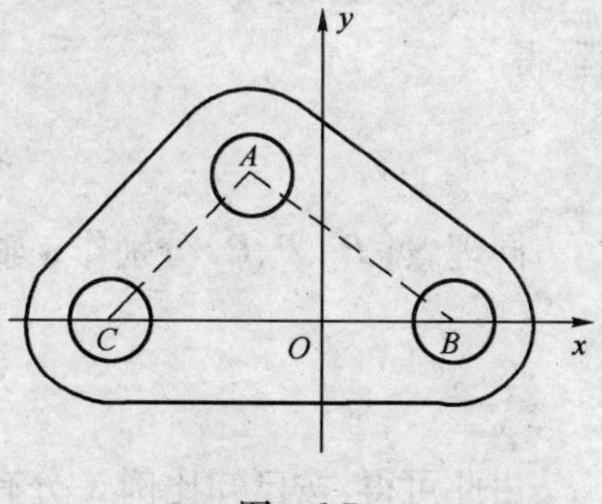

图 6-7

解：由两点间的距离公式得

$|BA| = \sqrt{(-2 - 4)^2 + (4 - 0)^2}$

$= \sqrt{52} \approx 7.21$；

$$|CA|=\sqrt{(-2+5)^2+(4-0)^2}=\sqrt{25}=5;$$

显然,

$$|CB|=|4-(-5)|=9.$$

在例 3 中,A、B、C 三个孔的中心距与直角坐标系 xOy 的选择是否有关?若无关,那么如何选择直角坐标系 xOy 可使三个孔的中心距的计算更为简便?

三、线段的定比分点公式

有向直线 l 上的一点 P,把 l 上的有向线段 $\overrightarrow{P_1P_2}$ 分成两条有向线段 $\overrightarrow{P_1P}$ 和 $\overrightarrow{PP_2}$,$\overrightarrow{P_1P}$ 和 $\overrightarrow{PP_2}$ 数量的比叫做点 P 分 $\overrightarrow{P_1P_2}$ 所成的比,通常用字母 λ 来表示,这个比值 $\lambda=\frac{P_1P}{PP_2}$. 点 P 叫做 $\overrightarrow{P_1P_2}$ 的定比分点.

在直角坐标系 xOy 中,设点 P_1 的坐标为 (x_1,y_1),点 P_2 的坐标为 (x_2,y_2),点 P 分有向线段 $\overrightarrow{P_1P_2}$ 所成的比为 λ,不防设 $\lambda>0$,下面求定比分点 P 的坐标 (x,y).

如图 6-8 所示,过 P_1、P、P_2 分别作 y 轴的平行线,交 x 轴于 M_1、M、M_2.

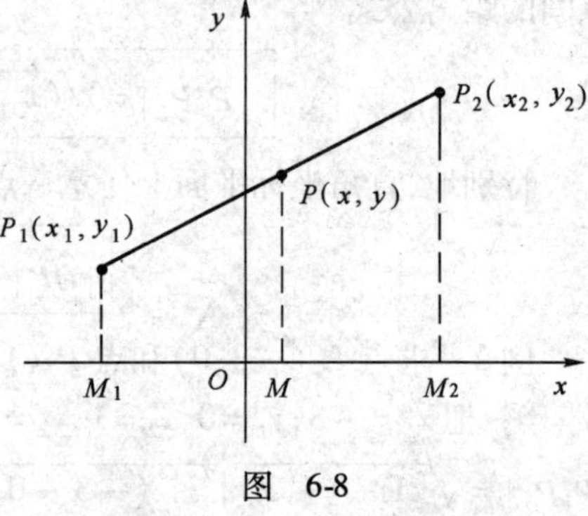

图 6-8

根据平行截割定理(即平行线分线段成比例定理),得

$$\lambda=\frac{P_1P}{PP_2}=\frac{M_1M}{MM_2},$$

因为 $M_1M=x-x_1$,$MM_2=x_2-x$,

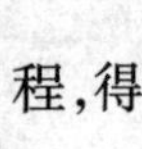

所以 $\lambda=\frac{x-x_1}{x_2-x}$. 解这个关于 x 的方程,得

$$x=\frac{x_1+\lambda x_2}{1+\lambda}.$$

同理,过 P_1、P、P_2 分别作 x 轴的平行线,可得

$$y=\frac{y_1+\lambda y_2}{1+\lambda}.$$

由此可得,按已知比例 λ 分有向线段 $\overrightarrow{P_1P_2}$ 的**定比分点 P 的坐标公式**.

$$\begin{cases} x = \dfrac{x_1 + \lambda x_2}{1 + \lambda} \\ y = \dfrac{y_1 + \lambda y_2}{1 + \lambda} \end{cases} \tag{6-3}$$

当 $\lambda = 1$ 时，P 是有向线段$\overrightarrow{P_1P_2}$的中点，由上述公式可得有向线段$\overrightarrow{P_1P_2}$的**中点坐标公式**.

$$\begin{cases} x = \dfrac{x_1 + x_2}{2} \\ y = \dfrac{y_1 + y_2}{2} \end{cases} \tag{6-4}$$

例 4 已知点 $P_1(3,2)$、$P_2(-1,5)$，求：

(1)将有向线段$\overrightarrow{P_1P_2}$分成 2∶3 两段的分点 P 的坐标；

(2)有向线段$\overrightarrow{P_1P_2}$的中点 Q 的坐标.

解：(1)$\because x_1 = 3, y_1 = 2, x_2 = -1, y_2 = 5, \lambda = \dfrac{2}{3}$，

$$\therefore x = \frac{x_1 + \lambda x_2}{1 + \lambda} = \frac{3 + \frac{2}{3} \times (-1)}{1 + \frac{2}{3}} = \frac{7}{5}, y = \frac{y_1 + \lambda y_2}{1 + \lambda} = \frac{2 + \frac{2}{3} \times 5}{1 + \frac{2}{3}} = \frac{16}{5},$$

$\therefore$ 点 P 的坐标为$(\dfrac{7}{5}, \dfrac{16}{5})$.

(2)$x = \dfrac{x_1 + x_2}{2} = \dfrac{3 + (-1)}{2} = 1, y = \dfrac{y_1 + y_2}{2} = \dfrac{2 + 5}{2} = \dfrac{7}{2}$

$\therefore$ 中点 Q 的坐标为$(1, \dfrac{7}{2})$.

报幕员报幕时，并不站在舞台的正中央，而是偏在舞台上的一侧. 那么，报幕员站在舞台的什么位置最美观，并且声音传播质量最好呢？

练　　习

1. 已知数轴上三点 P_1、P_2、P_3 的坐标分别为 -5、8、-2，求有向线段$\overrightarrow{P_1P_2}$、$\overrightarrow{P_2P_3}$、$\overrightarrow{P_3P_1}$的数量和长度.

2. 求下列两点间的距离：

(1) $P_1(1,0)$ 和 $P_2(-2,0)$；

(2) $A(2,1)$ 和 $B(5,1)$.

3. 求连接下列两点的有向线段的中点坐标：

(1) $P_1(-1,4)$、$P_2(2,6)$；

(2) $P_1(5,3)$、$P_2(-3,-4)$.

4. 设有向线段 $\overrightarrow{P_1P_2}$ 的端点坐标及点 P 分有向线段 $\overrightarrow{P_1P_2}$ 所成的定比 λ 取值如下，求分点 P 的坐标：

(1) $P_1(1,5)$、$P_2(2,3)$，$\lambda=\frac{1}{3}$；

(2) $P_1(-4,1)$、$P_2(5,4)$，$\lambda=\frac{5}{2}$.

习　　题

1. 设数轴上两点 P_1、P_2 的坐标 x_1、x_2 如下，求有向线段 $\overrightarrow{P_1P_2}$ 的数量和长度：

(1) $x_1=8, x_2=-5$；　(2) $x_1=5, x_2=-3$；　(3) $x_1=2a-b, x_2=a-2b$.

2. 求下列两点间的距离：

(1) $P_1(0,-4)$、$P_2(0,-1)$；

(2) $P_1\left(\frac{\sqrt{3}}{2},-\frac{\sqrt{2}}{2}\right)$、$P_2\left(-\frac{\sqrt{2}}{2},-\frac{\sqrt{3}}{2}\right)$.

3. 已知某零件的一个面上有 3 个孔，孔的中心坐标分别为：$A(-10,30)$、$B(-2,3)$、$C(0,-1)$，求三个孔的中心距.

4. 求连接下列两点的有向线段的中点坐标：

(1) $P_1(3,2)$、$P_2(-1,4)$；

(2) $P_1(-5,2)$、$P_2(3,-6)$.

5. 设有向线段 $\overrightarrow{P_1P_2}$ 的端点坐标及点 P 分有向线段 $\overrightarrow{P_1P_2}$ 所成的定比 λ 取值如下，求分点 P 的坐标：

(1) $P_1(2,1)$、$P_2(3,-9)$，$\lambda=4$；

(2) $P_1(-3,1)$、$P_2(1,2)$，$\lambda=\frac{3}{2}$.

6. 有一线段 AB，它的中点坐标是 $(4,2)$，端点 A 的坐标是 $(-2,3)$，求另一端点 B 的坐标.

7. 在 x 轴上有一点 P，它与点 $A(-3,4)$ 的距离是 5，求点 P 的坐标.

第二节 直线的方程

一、直线的方程的概念

我们知道，在直角坐标系中，一次函数的图像是一条直线. 例如，函数 $y=2x+1$ 的图像是直线 l(图 6-9).

直线 l 是以满足函数式 $y=2x+1$ 的每一对 x、y 的值为坐标的点构成的. 这里有两层含义：

(1)满足函数式 $y=2x+1$ 的每一对 x、y 的值，都是直线 l 上点的坐标，如数对(0,1)，满足函数式 $y=2x+1$，在直线 l 上就有一点 P_1，它的坐标是(0,1).

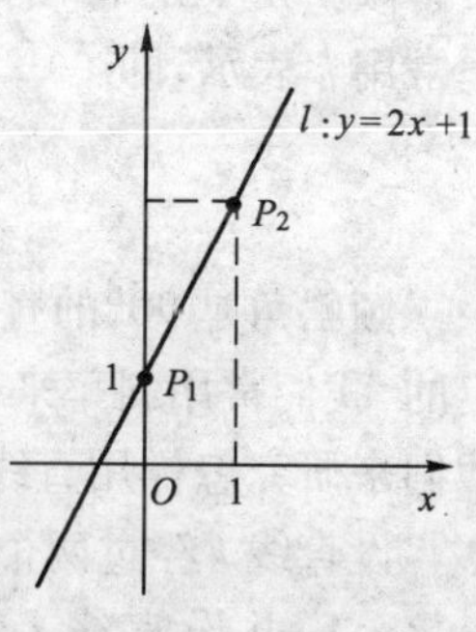

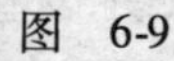
图 6-9

(2)直线 l 上的每一点的坐标都满足函数式 $y=2x+1$，如直线 l 上点 P_2 的坐标是(1,3)，数对(1,3)就满足函数式 $y=2x+1$.

一般地，一次函数 $y=kx+b$ 的图像是一条直线 l，它是以满足 $y=kx+b$ 的每一对 x、y 的值为坐标的点构成的. 也就是

(1)满足函数式 $y=kx+b$ 的每一对 x、y 的值，都是直线 l 上的点的坐标；

(2)直线 l 上的每一点的坐标都满足函数式 $y=kx+b$.

由于函数 $y=kx+b$ 也可以看作二元一次方程，因此，我们也可以说，这个方程的解和直线上的点也存在这样的一一对应关系.

以一个方程的解为坐标的点都是某条直线上的点；反之，这条直线上的点的坐标都是这个方程的解，这时，这个方程就叫做这条**直线的方程**，这条直线叫做这个**方程的直线**.

在解析几何中研究直线时，就是利用直线与方程的这种关系，建立直线的方程，并通过方程来研究直线的有关问题.

二、直线的倾斜角和斜率

为了建立直角坐标系中的直线方程，需要研究直线的倾斜角和斜率.

一条直线 l 向上的方向与 x 轴的正方向所成的最小正角叫做这条**直线的倾斜角**(图 6-10).

特别地，当直线 l 和 x 轴平行时，我们规定它的倾斜角为 0°. 因此，倾斜角的

取值范围是 $0° \leqslant \alpha < 180°$.

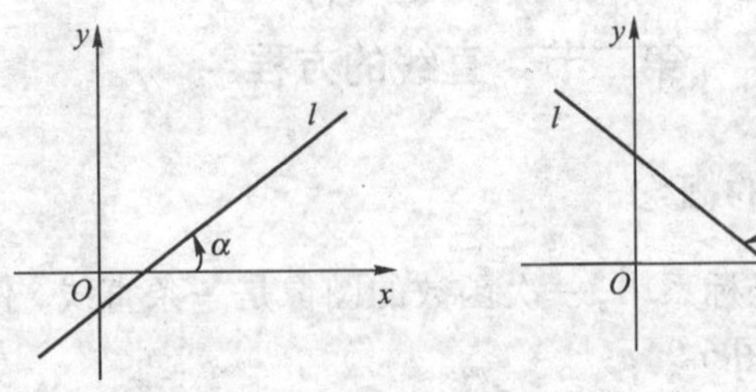

图 6-10

倾斜角不是 90°的直线,它的倾斜角的正切叫做这条直线的**斜率**. 直线的斜率常用 k 表示,即

$$\boxed{k = \tan\alpha} \tag{6-5}$$

倾斜角是 90°的直线没有斜率;倾斜角不是 90°的直线都有斜率,并且是确定的,我们常用斜率来表示倾斜角不等于 90°的直线对于 x 轴的倾斜程度. 下面我们来研究怎样用直线上两点的坐标来表示直线的斜率.

设直线 l 经过两个已知点 $P_1(x_1, y_1)$, $P_2(x_1, y_2)$,并设直线 l 的倾斜角 $\alpha \neq 90°$(即 $x_1 \neq x_2$),下面求直线 l 的斜率 k.

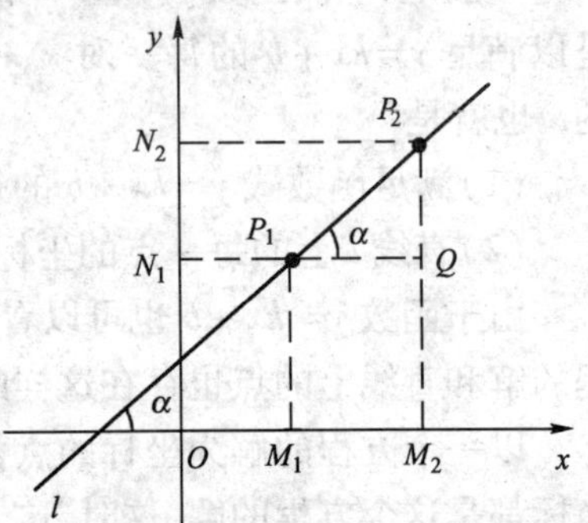

图 6-11

如图 6-11 所示,当直线 l 的倾斜角 α 为锐角时,过点 P_1、P_2 分别作 x 轴的垂线 P_1M_1、P_2M_2, M_1、M_2 为垂足,并作 $P_1Q \perp P_2M_2$, Q 为垂足,再过点 P_1、P_2 分别作 y 轴的垂线 P_1N_1, P_2N_2. N_1、N_2 为垂足.

因为 $\angle QP_1P_2 = \alpha$,

所以:

$$k = \tan\alpha = \tan\angle QP_1P_2 = \frac{|QP_2|}{|P_1Q|} = \frac{N_1N_2}{M_1M_2} = \frac{y_2 - y_1}{x_2 - x_1}.$$

当直线 l 的倾斜角 α 为钝角时,可以求得同样的结果.

由此可得到,经过两个已知点 $P_1(x_1, y_1)$, $P_2(x_1, y_2)$ 的直线的**斜率公式**.

$$\boxed{k = \frac{y_2 - y_1}{x_2 - x_1}, x_1 \neq x_2} \tag{6-6}$$

(1)已知直线上两点$A(a_1,a_2)$、$B(b_1,b_2)$，运用上述公式计算直线AB的斜率时，与A、B两点坐标的顺序有关吗？

(2)当A、B所在的直线平行于y轴，或与y轴重合时，上述公式还适用吗？为什么？

例1 已知两个点$A(3,0)$、$B(2,\sqrt{3})$在直线l上，求直线l的斜率k和倾斜角α.

解：由斜率公式，得

$$k=\frac{y_2-y_1}{x_2-x_1}=\frac{\sqrt{3}-0}{2-3}=-\sqrt{3},$$

即 $\tan\alpha=-\sqrt{3}$.

$\because 0°\leqslant\alpha<180°$,

$\therefore \alpha=120°$.

练 习

1. 已知直线的倾斜角，求直线的斜率：

(1)$\alpha=0°$； (2)$\alpha=30°$； (3)$\alpha=90°$； (4)$\alpha=\frac{3\pi}{4}$.

2. 求经过下列两点的直线的斜率和倾斜角：

(1)$A(-2,0)$、$B(-5,3)$；

(2)$P(3,5)$、$Q(0,2)$；

(3)$M(-\sqrt{3},\sqrt{2})$、$N(-\sqrt{2},\sqrt{3})$.

3. 判断点$M_1(-1,-1)$和$M_2(1,2)$是否在直线$x+y+2=0$上？

4. 一条直线经过$(-a,3)$和$(5,-a)$两点，且斜率等于1，求a的值.

5. 已知一条直线的斜率$k=2$，点$P_1(3,5)$、$P_2(x_2,7)$和$P_3(-1,y_3)$是这条直线上的三个点，求x_2和y_3.

6. 在坐标平面上，画出下列方程的直线：

(1)$y=x$ (2)$2x+3y=6$ (3)$2x-3y+6=0$

三、直线的方程

一条直线在直角坐标平面内的位置，可以由不同的条件来确定. 下面我们来研究怎样根据所给的条件求出直线的方程.

1. 点斜式

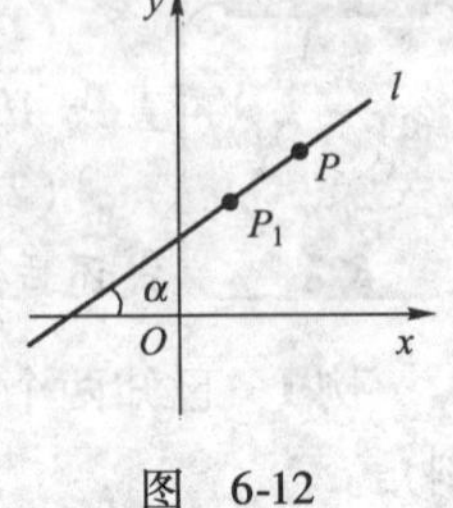

图 6-12

若直线 l 经过点 $P_1(x_1,y_1)$，且斜率为 k，求直线 l 的方程（图 6-12）.

设点 $P_1(x_1,y_1)$ 是直线 l 上不同于点 P 的任意一点. 根据经过两点的直线的斜率公式，得

$$k=\frac{y-y_1}{x-x_1},$$

可化为

$$\boxed{y-y_1=k(x-x_1)} \tag{6-7}$$

可以验证：直线 l 上的每个点的坐标都是这个方程的解；反过来，以这个方程的解为坐标的点都在直线 l 上. 所以这个方程就是过点 P_1、斜率为 k 的直线 l 的方程.

这个方程是由直线上一点和直线的斜率确定的，所以叫做直线方程的**点斜式**.

当直线 l 的倾斜角为 0° 时（图 6-13），$\tan 0°=0$，即 $k=0$. 这时，直线 l 的方程就是 $y=y_1$.

当直线 l 的倾斜角为 90° 时，直线没有斜率，这时直线 l 与 y 轴平行或重合，它的方程不能用点斜式表示. 但因为 l 上每一点的横坐标都等于 x_1（图 6-14），所以它的方程是 $x=x_1$.

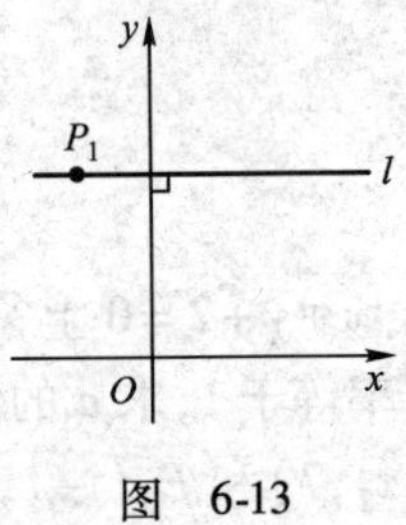

图 6-13

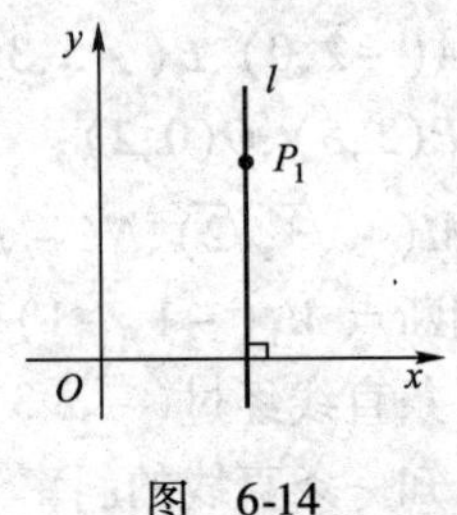

图 6-14

例 2 一条直线经过点 $P_1(-2,3)$，倾斜角 $\alpha=45°$，求这条直线的方程，并画出图形.

解：这条直线经过点 $P_1(-2,3)$，斜率是

$$k=\tan 45°=1.$$

代入点斜式，得

$$y-3=x+2,$$

即 $$x-y+5=0.$$

这就是所求的直线方程,图形如图6-15所示.

如图6-16所示,已知直线l的斜率是k,与y轴的交点是$P(0,b)$,代入直线方程的点斜式,得直线l的方程

$$y-b=k(x-0),$$

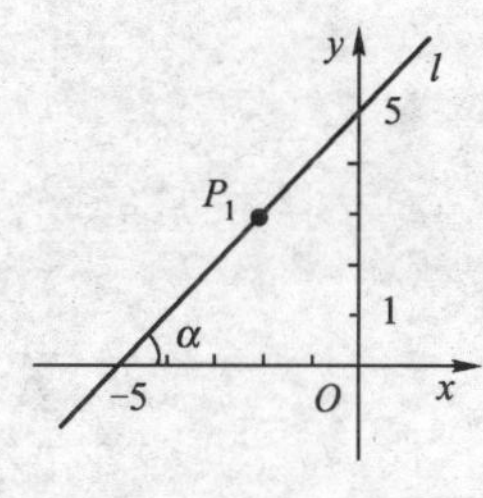

图 6-15

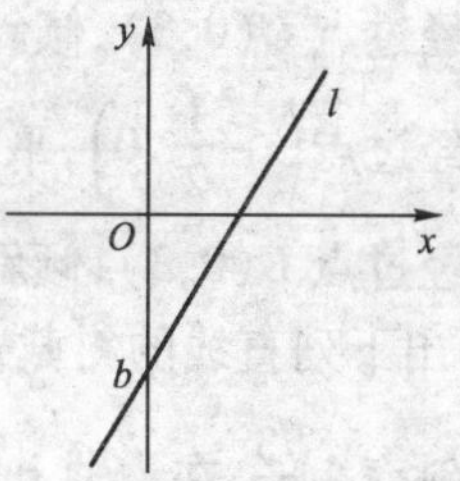

图 6-16

也就是

$$\boxed{y=kx+b} \tag{6-8}$$

我们称b为直线l在y轴上的**截距**. 这个方程是由直线l的斜率和它在y轴上的截距确定的,所以叫做直线方程的**斜截式**.

从上可知,在初中学习的一次函数$y=kx+b$中,常数k是直线的斜率,常数b就是直线在y轴上的截距(b可以大于0,也可以等于或小于0).

一次函数$y=2x-1$,$y=3x$及$y=-x+3$图像的特点?

例3 求与y轴交于点$B(0,-3)$且倾斜角为$\frac{\pi}{6}$的直线方程.

解:按所给条件,得

$$k=\tan\frac{\pi}{6}=\frac{\sqrt{3}}{3};b=-3,$$

代入斜截式方程,得

$$y=\frac{\sqrt{3}}{3}x-3.$$

化简得所求直线的方程为

$$\sqrt{3}x-3y-9=0.$$

练　　习

1. 写出下列直线的点斜式方程，并画出图形：

(1) 经过点 $A(2,5)$，斜率为 4；

(2) 经过点 $B(2,-2)$，倾斜角为 45°；

(3) 经过点 $C(0,3)$，倾斜角为 0°；

(4) 经过点 $\left(-\frac{1}{2},0\right)$，平行 y 轴；

(5) 经过点 $E(0,3)$，倾斜角为 120°.

2. 写出下列直线的斜截式方程，并画出图形：

(1) 斜率为 $\frac{\sqrt{3}}{2}$，在 y 轴上的截距为 -2；

(2) 倾斜角为 135°，在 y 轴上的截距为 3.

3. 已知下列直线的点斜式方程，求各直线经过的已知点，直线的斜率和倾斜角.

(1) $y-3=\sqrt{3}(x-4)$；　　(2) $y+3=-(x-1)$.

2. 两点式

已知直线 l 经过两点 $P_1(x_1,y_1)$，$P_2(x_2,y_2)$ $(x_1\neq x_2)$，求直线 l 的方程.

因为直线 l 经过点 $P_1(x_1,y_1)$，$P_2(x_2,y_2)$，并且 $x_1\neq x_2$，所以它的斜率 $k=\frac{y_2-y_1}{x_1-x_1}$. 代入点斜式，得

$$y-y_1=\frac{y_2-y_1}{x_2-x_1}(x-x_1).$$

当 $y_1\neq y_2$ 时，方程可以写成

$$\boxed{\frac{y-y_1}{y_2-y_1}=\frac{x-x_1}{x_2-x_1}} \tag{6-9}$$

这个方程是由直线上两点确定的，所以叫做直线方程的**两点式**.

如果点 $P_1(x_1,y_1)$，$P_2(x_2,y_2)$ 中有 $x_1=x_2$，或 $y_1=y_2$，此时过这两点的直线方程分别是什么？

设直线 l 与 x 轴的交点是 $(a,0)$，与 y 轴的交点是 $(0,b)$，其中 $a\neq0,b\neq0$，将这两点的坐标代入两点式，得

$$\frac{y-0}{b-0}=\frac{x-a}{0-a},$$

就是

$$\boxed{\frac{x}{a}+\frac{y}{b}=1} \tag{6-10}$$

如果直线 l 与 x 轴的交点是 $(a,0)$，则称 a 为直线在 x 轴上的截距．以上直线方程是由直线在 x 轴和 y 轴上的截距确定的，所以叫做直线方程的**截距式**．

例 4　三角形的顶点是 $A(-5,0)$、$B(3,-3)$、$C(0,2)$，如图 6-17 所示，求这个三角形三边所在直线的方程．

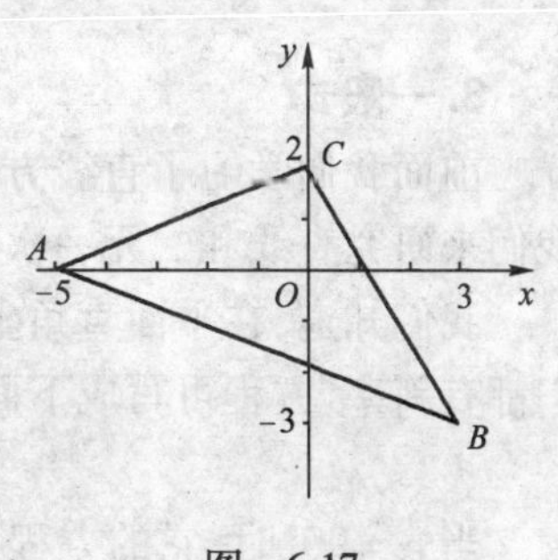

图　6-17

解：直线 AB 过 $A(-5,0)$、$B(3,-3)$ 两点，由两点式得

$$\frac{y-0}{-3-0}=\frac{x-(-5)}{3-(-5)},$$

整理得，$3x+8y+15=0$，

这就是直线 AB 的方程．

直线 BC 过 $C(0,2)$，斜率是

$$k=\frac{2-(-3)}{0-3}=-\frac{5}{3}.$$

由点斜式得，$y-2=-\frac{5}{3}(x-0)$，

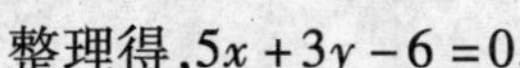

整理得，$5x+3y-6=0$．

这就是直线 BC 的方程．

直线 AC 过 $A(-5,0)$、$C(0,2)$ 两点，由两点式得

$$\frac{y-0}{2-0}=\frac{x-(-5)}{0-(-5)},$$

整理得，$2x-5y+10=0$．

这就是直线 AC 的方程．

练　　习

1. 求过下列两点的直线的两点式方程，再化为斜截式方程，并画出图形：

(1) $P_1(-6,1)$、$P_2(0,-2)$；

(2) $A(0,-2)$、$B(-3,0)$；

(3) $C(-4,-5)$、$D(0,0)$；

(4) $E(3,-2)$、$F(5,-4)$.

2. 根据下列条件求直线方程，并画出图形：

(1) 在 x 轴上的截距为 3，在 y 轴上的截距为 -4；

(2) 在 x 轴上的截距为 -5，在 y 轴上的截距为 6；

(3) x 轴上的截距和 y 轴上的截距都是 $-\frac{1}{2}$；

(4) 在 x 轴上的截距和 y 轴上的截距分别是 $\frac{3}{2}$ 和 -3.

3. 指出下列直线的特点并作草图：

(1) $y+3=0$；　　　　(2) $x-7=0$.

3. 一般式

前面我们学习了直线方程的几种特殊形式，它们都是二元一次方程. 下面我们来研究直线和二元一次方程的关系.

我们知道，在平面直角坐标系中，每一条直线都有倾斜角 α，当 $\alpha \neq 90°$ 时，它们都有斜率，方程可写成下面的形式：

$$y = kx + b.$$

当 $\alpha = 90°$ 时，它的方程可以写成 $x = x_1$ 的形式. 由于是在坐标平面内讨论问题，所以这个方程应认为是关于 x、y 的二元一次方程，其中 y 的系数是 0.

这样，**在平面直角坐标系中，对于任何一条直线，都有一个表示这条直线的关于 x、y 的二元一次方程.**

下面证明，任何关于 x、y 的一次方程都表示一条直线.

x、y 的一次方程的一般形式是

$$Ax + By + C = 0, \tag{1}$$

其中，A、B 不同时为 0. 下面分 $B \neq 0$ 和 $B = 0$ 两种情况加以研究.

(1) 当 $B \neq 0$ 时，方程(1)可化为

$$y = -\frac{A}{B}x - \frac{C}{B}. \tag{2}$$

这就是直线的斜截式方程，它表示斜率为 $-\frac{A}{B}$、在 y 轴上截距为 $-\frac{C}{B}$ 的直线.

(2) 当 $B = 0$ 时，由于 A、B 不同时为 0，必有 $A \neq 0$. 方程(1)可以化为

$$x = -\frac{C}{A}, \tag{3}$$

它表示一条与 y 轴平行或重合的直线.

根据以上的讨论,我们又得到下面的结论:

在平面直角坐标系中,任何关于 x、y 的二元一次方程都表示一条直线.

我们把方程

$$\boxed{Ax+By+C=0} \tag{6-11}$$

(其中 A、B 不同时为 0)叫做直线方程的**一般式**.

在方程 $Ax+By+C=0$ 中,A、B、C 为何值时,方程表示的直线:

(1)平行于 x 轴; (2)平行于 y 轴;

(3)与 x 轴重合; (4)与 y 轴重合.

例 5 已知直线经过点 $A(4,-2)$,斜率为 -2,求直线的点斜式方程、斜截式方程和一般式方程.

解:直线经过点 $A(4,-2)$,并且斜率为 -2,则点斜式方程为

$$y+2=-2(x-4).$$

将方程 $y+2=-2(x-4)$ 变形后,得斜截式方程

$$y=-2x+6.$$

将方程 $y=-2x+6$ 移项后得一般式方程

$$2x+y-6=0.$$

例 6 把直线 l 的方程 $x-2y+6=0$ 化成斜截式,求出直线 l 的斜率和它在 x 轴与 y 轴上的截距,并画图.

解:将原方程移项,得 $2y=x+6$.

两边除以 2,得斜截式

$$y=\frac{1}{2}x+3.$$

因此,直线 l 的斜率 $k=\frac{1}{2}$,它在 y 轴上的截距是 3. 在上面的方程中令 $y=0$,可得

$$x=-6,$$

即直线 l 在 x 轴上的截距是 -6.

画一条直线时,只要找出这条直线上的任意两点就可以了. 通常是找出直线与两个坐标轴的交点. 上面已经求得直线 l 与 x 轴、y 轴的交点为 $A(-6,0)$、$B(0,3)$. 过点 A、B 作直线,就得直线 l,如图 6-18 所示.

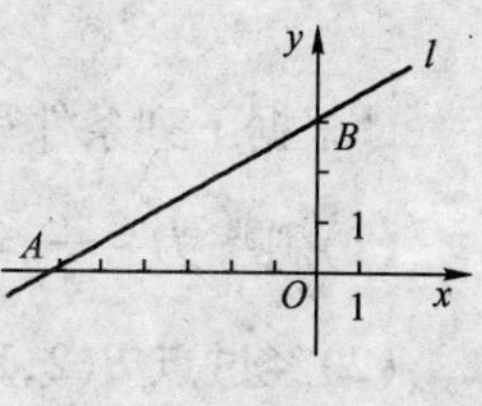

图 6-18

例7 如图6-19中两条直线分别是汽车在柏油路和水泥路上行驶时，所需牵引力 F 随载质量 G 而变化的图形. 求这两条直线的方程.

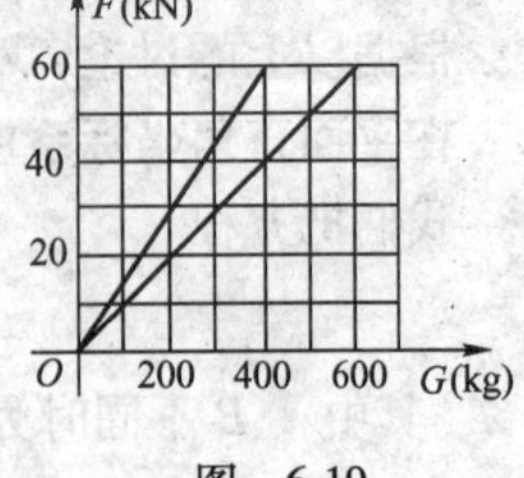

图 6-19

解: 设图中直线 l_1 通过点(0,0)和点(100,10)，直线 l_2 通过点(0,0)和点(200,30).

由两点式得

$$\frac{F-0}{10-0}=\frac{G-0}{100-0}.$$

整理，得 l_1 的方程

$$G-10F=0.$$

又 l_2 通过点(0,0)和点(200,30)，同样可求得 l_2 的方程

$$3G-20F=0.$$

练　习

1. 已知直线 $Ax+By+C=0$，

(1) 当 $B\neq0$ 时，斜率是多少？当 $B=0$ 呢？

(2) 系数为何值时，直线过坐标原点.

2. 根据下列条件写出直线的方程，并且化为一般式：

(1) 斜率为 $-\frac{1}{2}$，经过点 $A(-3,2)$；

(2) 经过点 $B(4,2)$，且平行于 x 轴；

(3) 在 x 轴和 y 轴上的截距分别是4、-3.

3. 求下列直线的斜率和在 y 轴上的截距，并画出图形：

(1) $x+y-3=0$；　　(2) $3x-2y=0$；

(3) $y+4=0$；　　(4) $\frac{x}{4}-\frac{y}{5}=1$.

习　题

1. 根据下列条件写出直线的方程：

(1) 斜率为 $-\frac{4}{3}$，经过点 $A(6,-4)$；

(2) 经过点 $B(2,1)$，与 x 轴垂直；

(3) 斜率为 -3，在 y 轴上的截距为 -2；

(4)经过两点 $A(5,4)$、$B(-3,2)$；

(5)设直线 $y=kx+1$ 经过点 $M(-3,-1)$，求 k 的值；

(6)求与 x 轴交于点 $(3,0)$ 与 y 轴交于点 $(0,-4)$ 的直线方程；

(7)经过点 $C\left(-\frac{1}{2},0\right)$，平行于 y 轴.

2. 一条直线经过点 $A(2,-3)$，它的倾斜角等于直线 $y=\frac{\sqrt{3}}{3}x$ 的倾斜角的2倍，求这条直线的方程.

3. 一条直线和 y 轴相交于点 $P(0,2)$，它的倾斜角的正弦值是 $\frac{4}{5}$，这样的直线有几条？并求这条直线的方程.

4. 三角形三个顶点为 $A(2,1)$、$B(0,7)$、$C(-4,-1)$，求：

(1)三边所在的直线方程；

(2)三条中线所在的直线方程.

5. 一根弹簧，挂4kg的物体时，长20cm，在弹性限度内，所挂物体的质量每增加1kg，弹簧伸长1.5cm. 利用斜截式写出弹簧的长度 l(cm)和所挂物体质量 F(kg)之间关系的方程.

6. 设直线 $y=kx+b$ 经过点 $P(1,2)$ 和 $Q(2,3)$，求 k 和 b 的值.

7. 已知直线 l 经过 $A(-3,2)$，斜率为 $\frac{1}{2}$，求直线 l 的点斜式方程、斜截式方程、一般式方程和截距式方程.

第三节 两条直线的位置关系

一、两条直线平行和垂直

图6-20中的两条火车铁轨有什么特点？

图 6-20

在平面几何中，我们研究过平面内两条直线互相平行和垂直的位置关系．现在我们研究怎样通过直线的方程来判定两条直线的平行或垂直．

1．两条直线平行

设直线 l_1 和 l_2 的斜率为 k_1 和 k_2，它们的方程分别是

$$l_1: y = k_1x + b_1,$$
$$l_2: y = k_2x + b_2. \qquad (b_1 \neq b_2)$$

如果 $l_1 /\!/ l_2$（图 6-21），那么它们的倾斜角相等，即

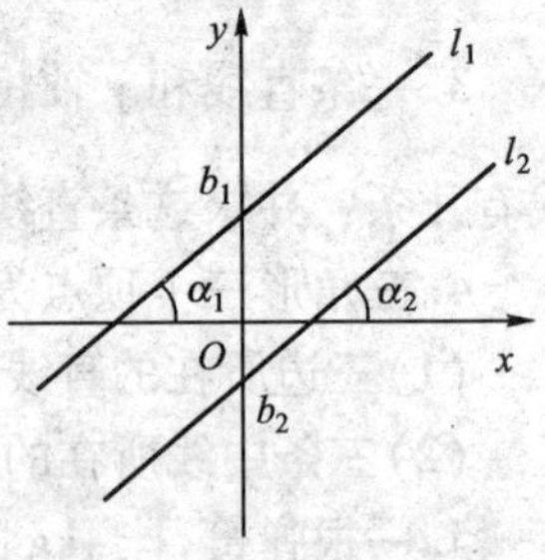

$$\alpha_1 = \alpha_2.$$

$$\therefore \tan\alpha_1 = \tan\alpha_2,$$

也就是 $k_1 = k_2$.

反过来，如果两条直线的斜率相等，$k_1 = k_2$，也就是

$$\tan\alpha_1 = \tan\alpha_2.$$

图 6-21

由于 $0° \leqslant \alpha_1 < 180°$，$0° \leqslant \alpha_2 < 180°$，

$$\therefore \alpha_1 = \alpha_2.$$

又因为两条直线不重合

$$\therefore \quad l_1 /\!/ l_2.$$

两条直线有斜率且不重合，如果它们平行，则斜率相等；反之，如果它们的斜率相等，则它们平行．即

$$\boxed{l_1 /\!/ l_2 \Leftrightarrow k_1 = k_2} \qquad (6\text{-}12)$$

当 $k_1 = k_2$，$b_1 = b_2$ 时，两条直线的位置关系如何？

例 1 求过点 $A(-2,3)$，且与直线 $3x - 5y + 6 = 0$ 平行的直线 l 的方程．

解：已知直线的斜率是 $\frac{3}{5}$，因为所求直线 l 与已知直线平行，所以它的斜率是 $\frac{3}{5}$.

又因为所求直线经过点 $(-2,3)$，由点斜式方程，得到所求直线 l 的方程是

$$y-3=\frac{3}{5}(x+2),$$

即 $3x-5y+21=0.$

2. 两条直线垂直

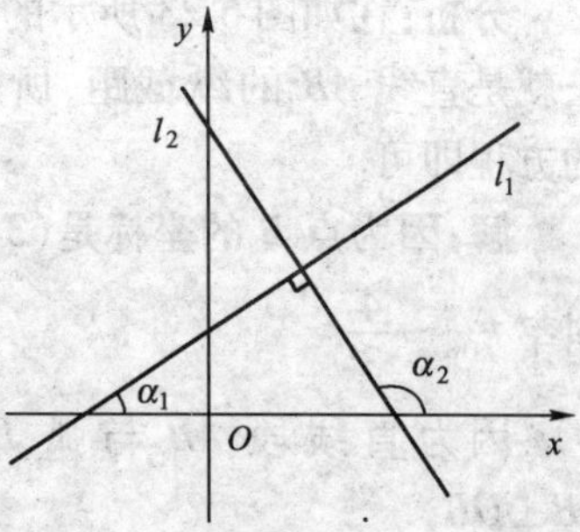

如果 $l_1\perp l_2$，这时 $\alpha_1\neq\alpha_2$（为什么?）.

设 $\alpha_1<\alpha_2$（图 6-22），得 $\alpha_2=90°+\alpha_1$.

因为两条直线 l_1 和 l_2 的斜率是 k_1、k_2，即 $\alpha_2\neq 90°$，所以 $\alpha_1\neq 0°$.

图 6-22

$$\therefore \tan\alpha_2=\tan(90°+\alpha_1)=-\cot\alpha_1=-\frac{1}{\tan\alpha_1},$$

即 $k_2=-\dfrac{1}{k_1}$ 或 $k_1\cdot k_2=-1$.

反之，如果 $k_1\cdot k_2=-1$，不妨设 $k_2<0$，则必有 $k_1>0$，由 $k_2=\tan\alpha_2<0$ 知 α_2 为钝角，由 $k_1=\tan\alpha_1>0$ 知 α_1 为锐角.

由 $\tan\alpha_2=-\dfrac{1}{\tan\alpha_1}=-\cot\alpha_1=\tan(90°+\alpha_1)$ 知，$\alpha_2=90°+\alpha_1$，所以 $l_1\perp l_2$.

两条直线都有斜率，如果它们互相垂直，则它们的斜率互为负倒数；反之，如果它们的斜率互为负倒数，则它们互相垂直. 即

$$\boxed{l_1\perp l_2\Leftrightarrow k_1=-\frac{1}{k_2}\text{ 或 }k_1\cdot k_2=-1}\qquad(6\text{-}13)$$

例 2 求过点 $A(5,3)$，且与直线 $7x+9y+1=0$ 垂直的直线 l 的方程.

解：已知直线的斜率是 $-\dfrac{7}{9}$，因为所求直线 l 与已知直线垂直，所以它的斜率

$$k=-\frac{1}{-\frac{7}{9}}=\frac{9}{7}.$$

根据点斜式，得到所求直线 l 的方程是

$$y-3=\frac{9}{7}(x-5),$$

即 $9x-7y-24=0.$

例 3 图 6-23 表示一个零件图纸的一部分，弧 DB 是圆心在点 O 的圆弧，直线段 AB 与弧 DB 相切于点 $B(3,4)$，$OC\perp OD$，OC 与 AB 交于 C，求圆弧的圆心 O 到点 C 的距离.

分析:在如图 6-23 所示的坐标系中,求$|OC|$的长就是直线 AB 的纵截距,所以只要求出直线 AB 的方程即可.

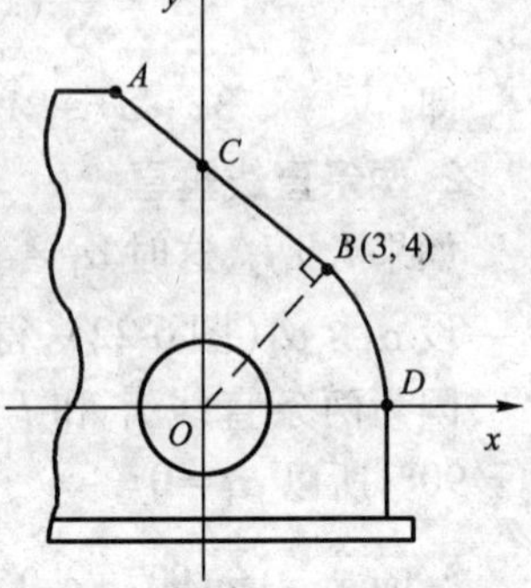

解:因为点 B 的坐标是(3,4),所以直线 OB 的斜率 $k_{OB}=\frac{4}{3}$.

因为直线段 AB 与弧 DB 相切于点 B,即 $AB\perp OB$,

所以直线 AB 的斜率 $k_{AB}=-\frac{3}{4}$.

图 6-23

因为点 $B(3,4)$ 在直线 AB 上,

由点斜式得出直线 AB 的方程

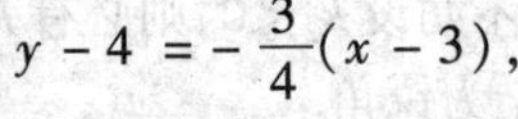

$$y-4=-\frac{3}{4}(x-3),$$

化为斜截式,得

$$y=-\frac{3}{4}x+\frac{25}{4}.$$

所以所求距离$|OC|=\frac{25}{4}$.

练　　习

1. 判断下列各对直线是否平行或垂直:

(1)$3x+5y-4=0$ 与 $6x+10y+7=0$;

(2)$2x-4y+3=0$ 与 $x-2y=0$;

(3)$2x+3y+4=0$ 与 $3x-2y-1=0$.

2. 求过点 $A(-1,5)$,且与直线 $3x-2y-6=0$ 平行的直线方程.

3. 求过点 $B(2,1)$,且与直线 $2x+y-10=0$ 垂直的直线方程.

二、两条直线的夹角

两条直线 l_1 和 l_2 相交构成四个角,它们是两对对顶角,我们把其中不大于直角的角叫做这**两条直线的夹角**(并规定两条平行直线的夹角为零度).

现在我们来求斜率为 k_1、k_2 的两条直线 l_1、l_2 的夹角.

设已知直线的方程分别是:

$$l_1: y = k_1x + b_1,$$

$$l_2: y = k_2x + b_2.$$

设 l_1、l_2 的倾斜角分别是 α_1 和 α_2，l_1 和 l_2 的夹角为 $\theta(\neq 90°)$，

则 $\tan\alpha_1 = k_1$，$\tan\alpha_2 = k_2$.

$\because \theta = \alpha_2 - \alpha_1$（图 6-24(1)）

或 $\theta = \alpha_1 + (\pi - \alpha_2)$ 即 $\theta = \pi - (\alpha_2 - \alpha_1)$（图 6-24(2)）.

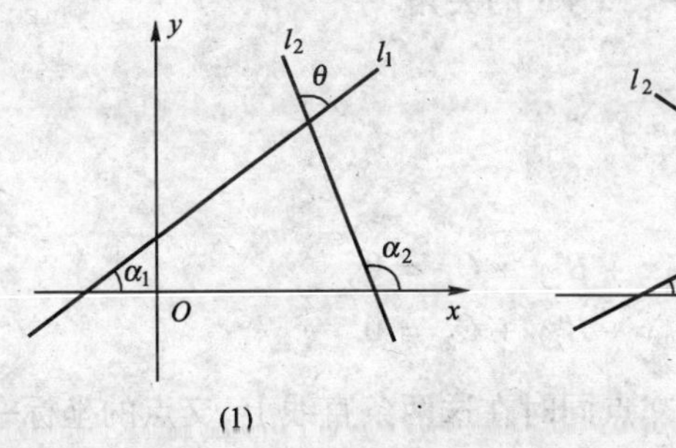

(1)

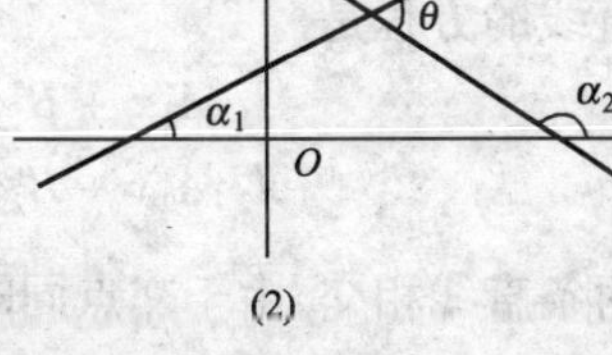

(2)

图 6-24

$\therefore \tan\theta = \tan(\alpha_2 - \alpha_1)$ (1)

或 $\tan\theta = \tan[\pi - (\alpha_2 - \alpha_1)] = -\tan(\alpha_2 - \alpha_1)$. (2)

$\because 0° \leqslant \theta < 90°$，$\therefore \tan\theta \geqslant 0$

由式(1)、(2)可得

$$\tan\theta = |\tan(\alpha_2 - \alpha_1)| = \frac{|\tan\alpha_2 - \tan\alpha_1|}{|1 + \tan\alpha_1 \cdot \tan\alpha_2|}$$

即

$$\boxed{\tan\theta = \frac{|k_2 - k_1|}{|1 + k_1 \cdot k_2|}} \qquad (6\text{-}14)$$

两条直线重合时，规定 $\theta = 0°$，此时，$k_1 = k_2$，上述公式仍成立；两条直线中若有一条直线的斜率不存在时，不妨设 l_1 的斜率 k_1 不存在，容易证明 l_1 和 l_2 的夹角 $\theta = |90° - \alpha_2|$.

例 4 已知直线 $l_1: 2x - y + 3 = 0$，$l_2: 3x + y - 2 = 0$，求 l_1 和 l_2 的夹角 θ.

解：l_1 和 l_2 的斜率分别为 $k_1 = 2$，$k_2 = -3$.

由求两条直线的夹角公式，得 $\tan\theta = \dfrac{|k_2 - k_1|}{|1 + k_1 \cdot k_2|} = \left|\dfrac{-3-2}{1+2\times(-3)}\right| = \left|\dfrac{-5}{-5}\right| = 1$，

所以 $\theta = 45°$.

练　　习

1. 求直线 $x - \sqrt{3}y - 6 = 0$ 与 $\sqrt{3}x - y + 2 = 0$ 的夹角.
2. 求直线 $x = 3$ 与直线 $x - y - 1 = 0$ 的夹角.
3. 求直线 $2x - y + 6 = 0$ 与 $3x + y - 4 = 0$ 的夹角.
4. 求直线 $y = 2x - 1$ 和 $y = -\frac{1}{2}x + 8$ 的夹角.

三、两条直线的交点

设两条直线的方程是

$$l_1: A_1x + B_1y + C_1 = 0,$$
$$l_2: A_2x + B_2y + C_2 = 0.$$

如果这两条直线相交,由于交点同时在这两条直线上,交点的坐标一定是这两个方程的公共解;反之,如果这两个二元一次方程只有一个公共解,那么以这个解为坐标的点必是直线 l_1 和 l_2 的交点.因此,两条直线是否有交点,就要看这两条直线的方程所组成的方程组

$$\begin{cases} A_1x + B_1y + C_1 = 0 \\ A_2x + B_2y + C_2 = 0 \end{cases}$$

是否有唯一解.

例 5　求下列两条直线的交点:

$$l_1: 3x + 4y - 2 = 0,$$
$$l_2: 2x + y + 2 = 0.$$

解:解方程组

$$\begin{cases} 3x + 4y - 2 = 0 \\ 2x + y + 2 = 0 \end{cases}$$

得

$$\begin{cases} x = -2 \\ y = 2 \end{cases}$$

所以,l_1 和 l_2 的交点是 $M(-2,2)$,如图 6-25 所示.

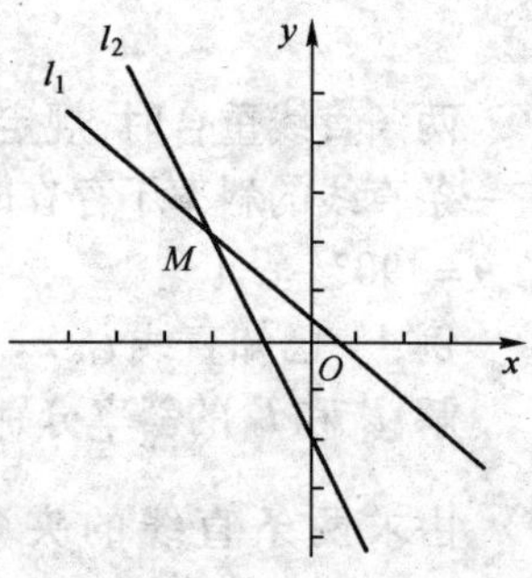

图 6-25

四、点到直线的距离

某人要以最短的距离走到前方的公路上,应该怎样走(图 6-26)?

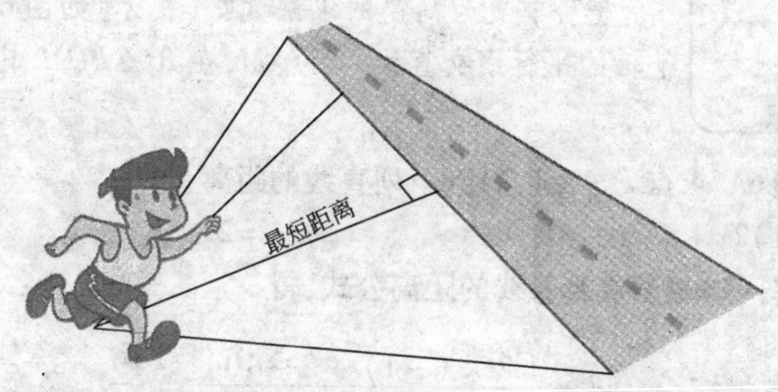

图 6-26

已知点 $P(x_0,y_0)$ 和直线 l,$Ax+By+C=0$ 怎样求点 P 到直线 l 的距离呢?

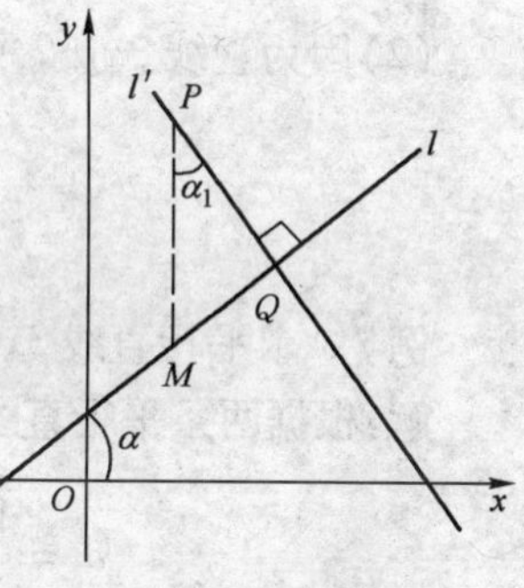

图 6-27

如图 6-27 所示,设点 P 到直线 l 的垂线为 l',垂足为 Q,根据定义,点 P 到直线 l 的距离就是点 P 到直线 l 的垂线段 PQ 的长. 求垂线段 PQ 的长可循以下思路进行:

由 $l'\perp l$,可知 l' 的斜率为 $\dfrac{B}{A}(A\neq0)$,根据点斜式写出 l' 的方程,并由 l 与 l' 的方程求出点 Q 的坐标,再根据两点距离公式求出 $|PQ|$.

设点 P 到直线 l 的距离为 d,则(证明从略)

$$\boxed{d=|PQ|=\frac{|Ax_0+By_0+C|}{\sqrt{A^2+B^2}}} \tag{6-15}$$

如果 $A=0$ 或 $B=0$,上面的距离公式仍然成立,但这时不需要利用公式就可以直接求出距离.

运用点到直线的距离公式,我们还可以得出两条平行直线

$$l_1:Ax+By+C_1=0,l_2:Ax+By+C_2=0$$

之间的距离公式为

$$d=\frac{|C_2-C_1|}{\sqrt{A^2+B^2}} \tag{6-16}$$

上述介绍的点到直线的距离的求法思路自然，但是运算很复杂，是否有更为简捷的求法呢？（提示：如图6-27所示，过P点作y轴的平行线交直线l于点M，在$\mathrm{Rt}\triangle PQM$中求出$|PQ|$.）

例6 求点$P_0(-1,2)$到下列直线的距离：

(1)$2x+y-10=0$；　　(2)$3x=2$.

解：(1)根据点到直线的距离公式，得

$$d=\frac{|2\times(-1)+2-10|}{\sqrt{2^2+1^2}}=\frac{10}{\sqrt{5}}=2\sqrt{5}.$$

(2)因为直线$3x=2$平行于y轴，所以

$$d=\left|\frac{2}{3}-(-1)\right|=\frac{5}{3}.$$

例7 求平行直线$3x+4y-8=0$和$3x+4y-14=0$的距离.

解：根据两条平行直线间的距离公式，得

$$d=\frac{|C_2-C_1|}{\sqrt{A^2+B^2}}=\frac{|-14+8|}{\sqrt{3^2+4^2}}=\frac{6}{5}.$$

练　　习

1. 求下列各对直线的交点，并画图：

(1)$l_1:x+y-1=0$，　　$l_2:3x+2y-5=0$；

(2)$l_1:2x-y=7$，　　$l_2:3x+2y-12=0$.

2. 求下列点到直线的距离：

(1)$A(-2,3)$，　　$l:3x+4y+3=0$；

(2)$B(0,0)$，　　$l:3x+4y-12=0$；

(3)$B(-2,1)$，　　$l:5x+6=0$.

3. 求下列两条平行直线的距离：

(1)$3x+4y-15=0$，$3x+4y-20=0$；

(2) $3x+4y=10, 3x+4y=0$；

(3) $3x-2y-1=0, 6x-4y+2=0$.

习 题

1. 根据下列条件，求直线的方程：

(1) 经过点 $A(0,0)$，且与直线 $3x+4y-2=0$ 垂直；

(2) 经过点 $B(2,-3)$，且平行于过点 $M(1,2)$ 和 $N(-1,-5)$ 的直线；

(3) 经过点 $A(3,2)$ 且与直线 $4x+y-2=0$ 平行.

2. 三角形的三个顶点是 $A(0,4)$、$B(-2,-1)$、$C(3,0)$，求三角形的边 BC 上的高所在直线的方程.

3. 光线从点 $M(-2,3)$ 射到 x 轴上一点 $P(1,0)$ 后被 x 轴反射，求反射光线所在直线的方程.

4. 求经过两条直线 $x+y-6=0$ 和 $2x-y-3=0$ 的交点，且垂直直线 $3x-2y+4-0$ 的直线的方程.

5. 求点 $P(1,5)$ 到直线 $2x-3y=0$ 的距离.

6. 求经过两条直线 $2x+y+1=0$ 和 $x-2y+1=0$ 交点，且平行直线 $4x-3y-7=0$ 的直线方程.

7. 在下列各题中证明 A、B、C 为顶点的三角形是直角三角形：

(1) $A(3,4)$、$B(-2,-1)$、$C(4,1)$；

(2) $A(0,1)$、$B(3,4)$、$C(2,-1)$.

8. 求下列直线的夹角：

(1) $y=3x-11, y=-\frac{1}{3}x+4$；

(2) $x-y=5, y=4$；

(3) $5x-3y=9, 6x+10y+7=0$.

第四节 曲线和方程

一、曲线和方程

在研究过直线的方程的概念之后，我们知道二元一次方程与一条直线(数与形)之间可以建立起一种对应关系，即以二元一次方程的解为坐标的点构成了一条直线；反之，这条直线上的点的坐标都是这个二元一次方程的解.

一般曲线和二元方程之间是否也能建立起一种对应关系?

一般地,在直角坐标系中,如果某曲线 C(看作适合某种条件的点的集合或轨迹)上的点与一个二元方程 $F(x,y)=0$ 的实数解建立了如下关系:

(1) **曲线上的点的坐标都是这个方程的解;**

(2) **以这个方程的解为坐标的点都是曲线上的点.**

那么这个方程叫做**曲线的方程**,这条曲线叫做**方程的曲线**(图形).

例 1 判断点 $P_1(3,-4)$ 及 $P_2(4,5)$ 是否在曲线 $x^2+y^2=25$ 上.

解:判断一个点是不是在一条曲线上,只要看这个点的坐标是不是这个曲线方程的解.

将点 P_1 的坐标代入 $x^2+y^2=25$,得 $3^2+(-4)^2=25$. 这说明,点 P_1 的坐标是所给方程的解.

所以点 $P_1(3,-4)$ 在曲线 $x^2+y^2=25$ 上.

将点 P_2 的坐标代入 $x^2+y^2=25$,得 $4^2+5^2\neq25$. 这说明,点 P_2 的坐标不是所给方程的解.

所以点 $P_2(3,-4)$ 不在曲线 $x^2+y^2=25$ 上.

在什么情况下,方程 $y=ax^2+bx+c(a\neq0)$ 的曲线经过原点?

二、求曲线的方程

为了更好地理解曲线的方程,我们先看一个例子.

例 2 已知两点 $A(2,4)$、$B(6,-2)$,求线段 AB 的垂直平分线的方程.

解:如图 6-28 所示,设线段 AB 的垂直平分线上任意一点 P 的坐标为 (x,y).

根据线段的垂直平分线的性质,得

$$|AP|=|BP|.$$

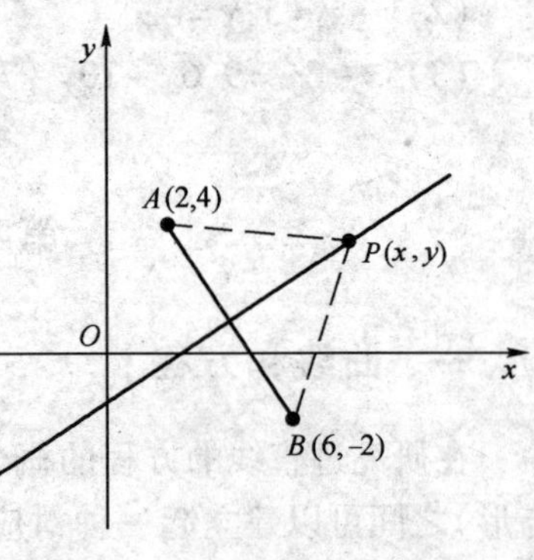

图 6-28

由两点间的距离公式得

$$\sqrt{(x-2)^2+(y-4)^2}=\sqrt{(x-6)^2+(y+2)^2},$$

化简整理,得:$2x-3y-5=0$. (1)

下面证明方程(1)是线段 AB 的垂直平分线的方程.

(1)由上面求方程的过程可知,垂直平分线上每一点的坐标都是方程(1)的解;

(2)设点 P_1 的坐标(x_1,y_1)是方程(1)的解,即

$$2x_1-3y_1-5=0,x_1=\frac{5}{2}+\frac{3}{2}y_1.$$

点 P_1 到 A、B 的距离分别是

$$|P_1A|=\sqrt{(x_1-2)^2+(y_1-4)^2}=\sqrt{\frac{1}{4}(13y_1^2-26y_1+65)},$$

$$|P_1B|=\sqrt{(x_1-6)^2+(y_1+2)^2}=\sqrt{\frac{1}{4}(13y_1^2-26y_1+65)},$$

$\therefore |P_1A|=|P_1B|$,

即点 P_1 在线段 AB 的垂直平分线上.

由上述证明可知,方程①是线段 AB 的垂直平分线的方程.

由上面的例子可以看出,求曲线(图形)的方程,一般有下面几个**步骤**:

(1)建立适当的坐标系,设 $P(x,y)$ 是曲线上的任意一点(也称为动点);

(2)根据动点 P 的轨迹条件,写出等式;

(3)将动点 P 的坐标 x、y 代入上述等式,得出方程;

(4)将所得方程化简;

(5)证明已化简后的方程的解为坐标的点都在曲线上.

除个别情况外,化简过程都是同解变形过程,步骤(5)可以省略不写,如有特殊情况,可适当予以说明.另外,根据情况,也可以省略步骤(2),直接列出曲线方程.

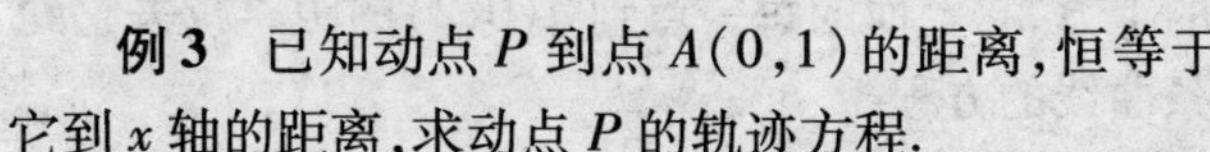

例 3 已知动点 P 到点 $A(0,1)$ 的距离,恒等于它到 x 轴的距离,求动点 P 的轨迹方程.

解:设动点 P 的坐标为(x,y),从点 P 向 x 轴作垂线,垂足为 $M(x,0)$,如图 6-29 所示.

则$|PA|=|PM|$,

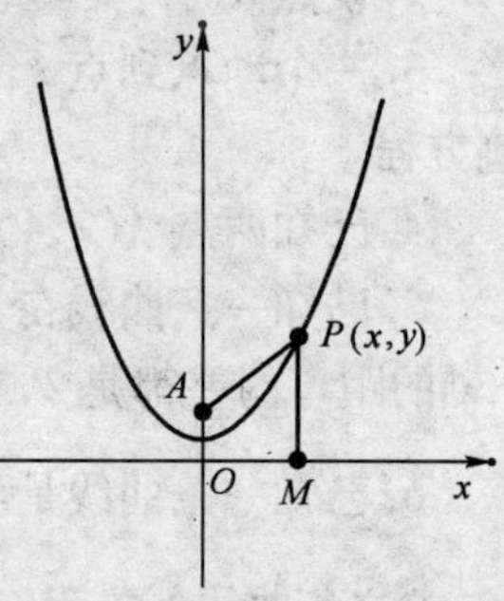

图 6-29

$|PA| = \sqrt{x^2 + (y-1)^2}$,

$|PM| = |y|$.

$\therefore \sqrt{x^2 + (y-1)^2} = |y|$.

两边平方,得 $x^2 + y^2 - 2y + 1 = y^2$,

即
$$x^2 - 2y + 1 = 0$$

或
$$y = \frac{1}{2}x^2 + \frac{1}{2}.$$

这就是所求的动点 P 的轨迹方程,它的图形是一条抛物线.

练　　习

1. 设曲线的方程为 $x^2 - xy + 2y + 1 = 0$,判断点 $A(2,-3)$、$B(1,-2)$、$C(3,10)$是否在这条曲线上.

2. 求到坐标原点的距离等于 5 的点的轨迹方程.

3. 已知点 P 到 x 轴的距离和点 P 与点 $F(0,4)$ 的距离相等,求点 P 的轨迹方程.

4. 动点 P 到点 $A(3,0)$ 的距离,等于它到点 $B(-6,0)$ 的距离的一半,求动点 P 的轨迹方程.

5. 求到定点 $C(2,1)$ 的距离等于 5 的点的轨迹方程.

习　　题

1. 判断点 $A(2,-4)$、$B(3,1)$ 是否在方程 $3x - y - 10 = 0$ 的图形上?

2. 设点 $A(x_1,-4)$,是在曲线 $x^2 - 4x - 2y - 5 = 0$ 上,求 x_1.

3. 一个动点到点 $F_1(-3,0)$ 和点 $F_2(3,0)$ 的距离之和等于 10,求动点的轨迹方程.

4. 已知两点 $A(2,4)$、$B(-1,-1)$,求线段 AB 的垂直平分线的方程.

5. 已知一条曲线在 x 轴的上方,它上面的每一点到 $A(0,2)$ 的距离减去它到 x 轴的距离的差都是 2,求这条曲线的方程.

6. 已知一条曲线是与两个定点 $O(0,0)$、$A(3,0)$ 的距离的比为 $\frac{1}{2}$ 的点的轨迹,求这条曲线的方程.

7. 求到点 $A(-5,0)$ 和 $B(5,0)$ 的距离的平方差为 36 的动点的轨迹方程.

第五节　圆

图 6-30 中的电动机皮带轮的外表面是什么图形？有什么特点？

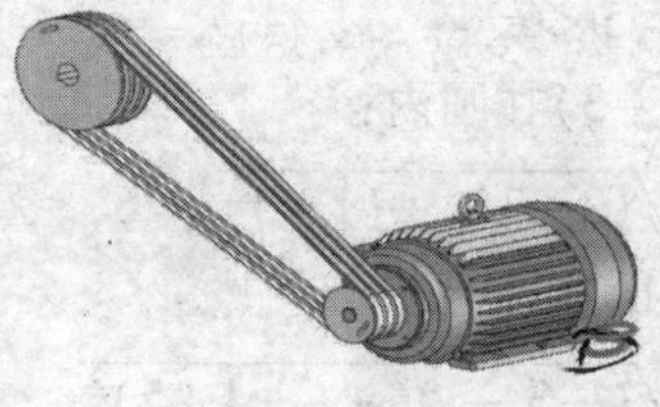

图　6-30

一、圆的标准方程

我们知道，平面内与定点距离等于定长的点的集合（轨迹）是**圆**. 定点就是**圆心**，定长就是**半径**.

根据圆的定义，我们来求以点 $C(a,b)$ 为圆心，以 r 为半径的圆的方程.

如图 6-31 所示，设 $P(x,y)$ 是圆上任意一点，则由圆的定义得 $|PC|=r$；由两点间的距离公式得

$$|PC|=\sqrt{(x-a)^2+(y-b)^2}.$$

所以　$\sqrt{(x-a)^2+(y-b)^2}=r$，

两边平方，得

$$\boxed{(x-a)^2+(y-b)^2=r^2} \qquad (6\text{-}17)$$

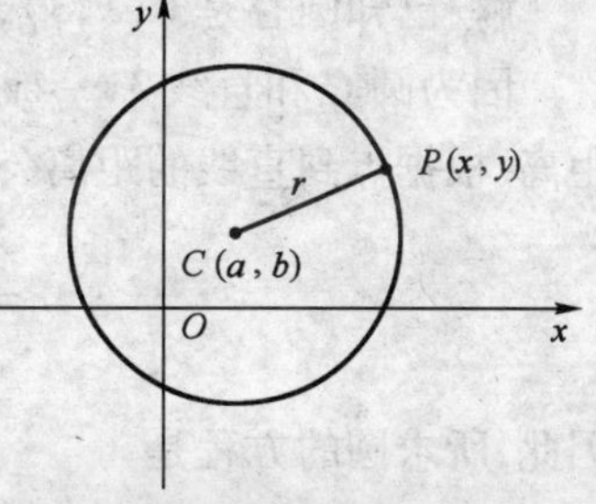

图　6-31

这个方程就是圆心是 $C(a,b)$，半径是 r 的圆的方程，我们把它叫做**圆的标准方程**.

如果圆心在坐标原点，这时 $a=0$，$b=0$，那么圆的方程就是

$$\boxed{x^2+y^2=r^2} \qquad (6\text{-}18)$$

求圆的标准方程须确定哪几个要素？

例 1 求以点 $C(3,-5)$ 为圆心，以 6 为半径的圆的方程，并确定点 $P_1(4,-3)$、$P_2(3,1)$、$P_3(-3,-4)$ 与这个圆的位置关系.

解：把已知条件代入圆的标准方程，得

$(x-3)^2+(y+5)^2=6^2$.

因为 $|P_1C|=\sqrt{(4-3)^2+(-3+5)^2}$

$=\sqrt{5}<6$,

所以点 $P_1(4,-3)$ 在圆内；

因为 $|P_2C|=\sqrt{(3-3)^2+(1+5)^2}=6$,

所以点 $P_2(3,1)$ 在圆上；

因为 $|P_3C|=\sqrt{(-3-3)^2+(-4+5)^2}$

$=\sqrt{37}>6$,

所以点 $P_3(-3,-4)$ 在圆外.

其几何意义如图 6-32 所示.

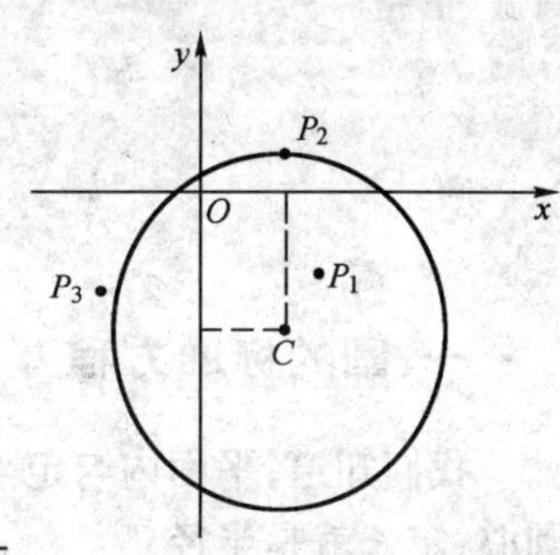

图 6-32

例 2 求以点 $C(1,3)$ 为圆心，并且和直线 $3x-4y-7=0$ 相切的圆的方程.

解：已知圆心是 $C(1,3)$，那么只要再求出圆的半径 r，就能写出圆的方程.

因为圆 C 和直线 $3x-4y-7=0$ 相切，所以半径 r 等于圆心 C 到这条直线的距离. 根据点到直线的距离公式，得

$$r=\frac{|3\times1-4\times3-7|}{\sqrt{3^2+(-4)^2}}=\frac{16}{5}.$$

因此，所求圆的方程是

$$(x-1)^2+(y-3)^2=\frac{256}{25}.$$

例 3 求过 $A(5,2)$、$B(-3,0)$ 两点，圆心在 y 轴上的圆的方程.

解：因为圆心在 y 轴上，可设圆心 C 的坐标为 $(0,b)$，则 $|CA|=|CB|$，

即 $$\sqrt{(0-5)^2+(b-2)^2}=\sqrt{(0+3)^2+(b-0)^2}.$$

解方程得 $b=5$，即圆心坐标是 $(0,5)$.

圆半径 $R=|CB|=\sqrt{(-3-0)^2+(0-5)^2}=\sqrt{34}$.

所求圆的方程是 $x^2+(y-5)^2=34$.

本题还有没有其他的解法?

二、圆的一般方程

把圆的标准方程

$$(x-a)^2+(y-b)^2=r^2$$

展开并移项,得

$$x^2+y^2-2ax-2by+a^2+b^2-r^2=0,$$

令 $D=-2a, E=-2b, F=a^2+b^2-r^2$,

则任何一个圆的方程都可以写成下面的形式:

$$x^2+y^2+Dx+Ey+F=0 \qquad (1)$$

反过来,我们来研究形如式(1)的方程表示的曲线是不是圆.

把式(1)左边配方,得

$$\left(x+\frac{D}{2}\right)^2+\left(y+\frac{E}{2}\right)^2=\frac{D^2+E^2-4F}{4}, \qquad (2)$$

(1)当 $D^2+E^2-4F>0$ 时,比较方程(2)和圆的标准方程,可以看出方程(1)表示以 $\left(-\frac{D}{2},-\frac{E}{2}\right)$ 为圆心、$\frac{1}{2}\sqrt{D^2+E^2-4F}$ 为半径的圆;

(2)当 $D^2+E^2-4F=0$ 时,方程(1)只有实数解 $x=-\frac{D}{2}$、$y=-\frac{E}{2}$,所以它表示一个点 $\left(-\frac{D}{2},-\frac{E}{2}\right)$;

(3)当 $D^2+E^2-4F<0$ 时,方程(1)没有实数解,在实平面内不表示任何图形,在复平面内表示虚圆.

由上述讨论可知,当 $D^2+E^2-4F>0$ 时,方程(1)表示一个圆,方程(1)叫做**圆的一般方程**.

圆的标准方程的优点在于它明确地指出圆心和半径;而圆的一般方程突出了方程形式上的特点:

(1) x^2 和 y^2 的系数相同,且不等于零;

(2)没有 xy 这样的二次项.

求圆的一般方程,只要求出三个系数 D、E、F 就可以了.

二元二次方程 $Ax^2+Bxy+Cy^2+Dx+Ey+F=0$ 中的系数 A、B、C 满足什么条件时，方程所表示的曲线是个圆？

例 4　判断方程 $2x^2+2y^2+2x-2y-5=0$ 表示的曲线形状.

解：把已知方程两边的各项同除以 2，得

$$x^2+y^2+x-y-\frac{5}{2}=0,$$

等式左边配方，得

$$\left(x+\frac{1}{2}\right)^2+\left(y-\frac{1}{2}\right)^2=3.$$

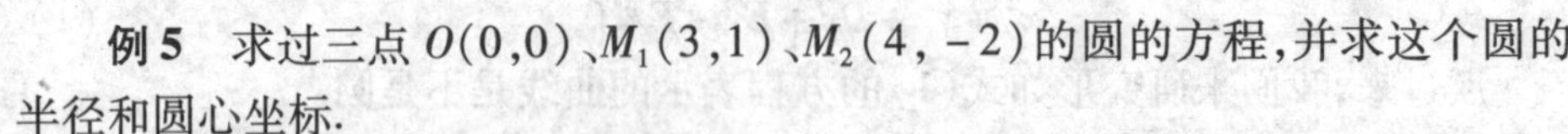

与圆的标准方程比较知，它表示圆心在点$\left(-\frac{1}{2},\frac{1}{2}\right)$，半径为$\sqrt{3}$的圆.

例 5　求过三点 $O(0,0)$、$M_1(3,1)$、$M_2(4,-2)$ 的圆的方程，并求这个圆的半径和圆心坐标.

解：设所求圆的方程为

$$x^2+y^2+Dx+Ey+F=0.$$

用待定系数法，根据所给条件来确定 D、E、F.

因为 O、M_1、M_2 在圆上，所以它们的坐标是方程的解. 把它们的坐标依次代入上面的方程，得到关于 D、E、F 的三元一次方程组

$$\begin{cases}F=0\\3D+E+F+10=0\\4D-2E+F+20=0\end{cases}$$

解这个方程组，得 $F=0$，$D=-4$，$E=2$. 于是得到所求圆的方程

$$x^2+y^2-4x+2y=0.$$

由前面的讨论可知，所求圆的半径 $r=\frac{1}{2}\sqrt{D^2+E^2-4F}=\sqrt{5}$，圆心坐标是 $(2,-1)$.

例 6　图 6-33 是圆拱桥的示意图. 建立如图坐标系，已知桥的跨度 $AB=20\text{m}$，拱高 $OP=4\text{m}$，建桥时每隔 4m 需用一个支柱支撑，求支柱 A_2P_2 的高度（精确到 0.01m）.

解：根据题意，得出圆心在 y 轴上，所以设圆心坐标为 $(0,b)$，又设圆的半径为 r，则圆的方程为

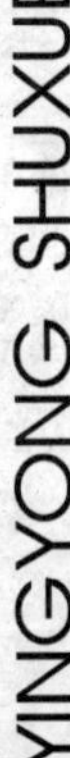

$$x^2+(y-b)^2=r^2.$$

因为点 $P(0,4)$、$B(10,0)$ 在圆上，所以把它们的坐标分别代入方程，得到以下关于 b、r 的二元二次方程组

$$\begin{cases}0^2+(4-b)^2=r^2 & (1)\\ 10^2+(0-b)^2=r^2 & (2)\end{cases}$$

(1) − (2)，得

$$(4-b)^2-10^2-b^2=0,$$

解之得 $b=-10.5$，将 $b=-10.5$ 代入(1)，得 $r^2=14.5^2$. 所以，圆的方程为

$$x^2+(y+10.5)^2=14.5^2.$$

由图 6-33 知，A_2P_2 的高度就是 P_2 点纵坐标的值，所以将 P_2 点的横坐标 $x=-2$代入圆的方程，得

$$(-2)^2+(y+10.5)^2=14.5^2$$

即

$$y=\pm\sqrt{14.5^2-4}-10.5,$$

取其正值，得 $y\approx3.86$m.

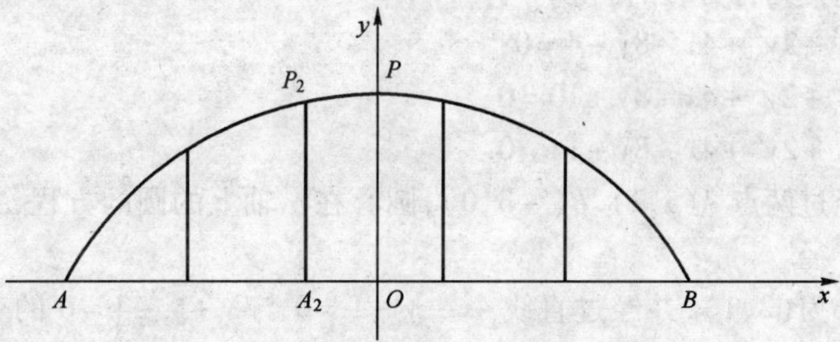

图 6-33

练 习

1. 写出下列圆的方程：

(1) 圆心在原点，半径为 5；

(2) 圆心在点 $C(3,-5)$，半径为 4.

(3) 过点 $A(5,1)$，圆心在点 $C(8,-3)$.

2. 求下列各圆的半径和圆心坐标：

(1) $x^2+y^2-6x=0$；

(2) $x^2+y^2-2x-5=0$；

(3) $x^2+y^2+2x-4y-4=0$.

3. 求经过三个点 $A(0,0)$、$B(1,1)$、$C(4,2)$ 的圆的方程.

4. 判定下列二元二次方程所表示的曲线的形状:

(1) $2x^2+2y^2+2x-2y-7=0$;

(2) $x^2+y^2-2x-4y+5=0$;

(3) $x^2+y^2-2x-4y+6=0$.

习　题

1. 求圆心在 x 轴上,且经过 $A(-1,1)$、$B(1,3)$ 两点的圆的方程.

2. 求圆心为 $C(3,-5)$,与直线 $x-7y+2=0$ 相切的圆的方程.

3. 求经过三个点 $A(-1,5)$、$B(5,5)$、$C(6,-2)$ 的圆的方程.

4. 求下列各圆的半径和圆心坐标:

(1) $x^2+y^2-2x-5=0$;

(2) $x^2+y^2-2x+4y+1=0$;

(3) $x^2+y^2-8x+4y-5=0$.

5. 讨论下列各方程的图形.

(1) $2x^2+2y^2+4x-8y-4=0$;

(2) $2x^2+2y^2+4x-8y+10=0$;

(3) $2x^2+2y^2+4x-8y+14=0$.

6. 求经过两点 $A(5,2)$、$B(-3,0)$,圆心在 y 轴上的圆的方程,并求这个圆的圆心和半径.

7. 圆心为 $(2,1)$,并经过直线 $4x-y-1=0$ 与 $x+y-4=0$ 的交点的圆的方程.

8. 求经过 $P(5,2)$、$Q(3,-2)$ 两点,圆心在直线 $2x-y=3$ 上的圆的方程.

解析几何简介

法国数学家笛卡儿(Descartes,1596—1650)是解析几何的创始人之一.同时,他也是一位哲学家、物理学家和生物学家.

1596 年 3 月 21 日笛卡儿生于法国都兰.他自幼丧母,由于体弱多病,他养成了卧床静思的习惯.他的不少伟大发现都是在床上得到的.传说笛卡儿躺在床上观察虫子在天花板爬行的位置,激励了灵感,使他产生了坐标的概念.

1612 年笛卡儿进入普瓦界大学，1616 年毕业，获得法律学学位. 1618 年参军，部队到荷兰时，他与荷兰哲学家、医生兼物理学家伊萨克·毕克曼相识. 与毕克曼的交往，使笛卡儿对自己的数学与科学能力有了较充分的认识，他开始认真探寻是否存在一种类似于数学的、具有普遍适用性的方法，以期获取真正的知识，这对他后来建立解析几何产生很大影响. 1621 年他退伍，1628 年定居荷兰进行研究和写作. 1650 年 2 月 11 日去世.

笛卡儿(1596—1650)

《几何学》是他公开发表的唯一数学著作，虽只有 117 页，但他标志着代数与几何的第一次完美结合. 他对当时的几何方法和代数方法进行比较，分析了它们各自的优缺点，认为希腊人的几何过于抽象，而且过多地依赖图形，总是要寻求一些奇妙的想法；代数则完全受法则和公式的控制，以至于阻碍了自由的思想和创造. 他同时看到了几何的直观与推理的优势和代数机械化运算的力量.

笛卡儿把代数和几何结合起来，并使两者都得到极大的发展，开创了数学发展的一个崭新时代. 恩格斯曾说过，数学中的转折点是笛卡儿的变数. 有了变数，辩证法进入了数学，有了变数，微分和积分也就立即成为必要的了.

差不多与笛卡儿同时，另一位法国数学家费尔马(Fermat，1601—1665)在自己的研究中也独立地得到用方程表示曲线的思想. 费尔马出身于法国南部图鲁斯附近的波蒙，从小费尔马就受到了良好的家庭教育，学习法律并以律师为职业，数学只是他的业余爱好. 虽然他只能利用闲暇时间研究数学，但他对数论、微积分、概率论都做出了重大贡献，他也是坐标几何的发明者之一.

解析几何的创立在数学发展史上具有划时代的意义，是数学发展史上的一个里程碑. 它促进了微积分的创立，从此数学进入了变量数学的新时期.

本 章 小 结

一、解析法所需要的基本知识

在这一章里，我们首先研究了有向线段、两点的距离及线段的定比分点；接着又研究了直线方程的各种形式，并利用这些方程讨论了两条直线的位置关系和两条直线的夹角，点到直线的距离. 在研究了直线方程的基础上，又研究了直角坐标系中曲线和方程之间的一一对应关系. 然后，拓展到建立曲线的方程，主要是圆的方程，并通过对圆的方程的数量分析，研究圆的性质(圆心的位置及圆半径的长度).这种通过方程研究图形性质的方法就是解析法.解析法揭示了数学中“数”和“形”的内在联系.

二、直线方程的五种形式及两条直线位置关系

1.直线方程的五种形式(表6-1)

表 6-1

序号	名称	已知条件	方程	说明
1	点斜式	点 $P_0(x_0,y_0)$,斜率 k	$y-y_0=k(x-x_0)$	不包括 y 轴和平行于 y 轴的直线
2	斜截式	斜率 k,纵截距 b	$y=kx+b$	不包括 y 轴和平行于 y 轴的直线
3	两点式	点 $P_1(x_1,y_1)$,点 $P_2(x_2,y_2)$	$\frac{y-y_1}{y_2-y_1}=\frac{x-x_1}{x_2-x_1}$	不包括坐标轴和平行于坐标轴的直线
4	截距式	横截距 a,纵截距 b	$\frac{x}{a}+\frac{y}{b}=1$	不包括经过坐标原点的直线,不包括平行于坐标轴的直线
5	一般式		$Ax+By+C=0$	A、B 不同时为零

2.两条直线的位置关系

设两条直线的方程分别为

$l_1: y=k_1x+b_1$ 或 $A_1x+B_1y+C_1=0$,

$l_2: y=k_2x+b_2$ 或 $A_2x+B_2y+C_2=0$,

则有:

(1)$l_1 /\!/ l_2 \Leftrightarrow k_1=k_2$;

(2)$l_1 \perp l_2 \Leftrightarrow k_1 \cdot k_2=-1$;

(3)l_1 与 l_2 的夹角公式 $\tan\alpha=\left|\frac{k_2-k_1}{1+k_2 \cdot k_1}\right|(k_1 \cdot k_2 \neq -1)$;

(4)l_1 与 l_2 的交点坐标是下列方程组的唯一解:

$$\begin{cases} y=k_1x+b_1 \\ y=k_2x+b_2 \end{cases} \text{或} \begin{cases} A_1x+B_1y+C_1=0 \\ A_2x+B_2y+C_2=0 \end{cases}$$

(5)点 (x_0,y_0) 到直线 $Ax+By+C=0$ 的距离.

$$d=\frac{|Ax_0+By_0+C|}{\sqrt{A^2+B^2}}.$$

三、曲线和方程的一一对应关系

我们把曲线看作适合某种条件 P 的点 M 的集合 $P=\{M|P(M)\}$，在建立坐标系后，点集 P 中任一元素 M 都有一个有序数对 (x,y)，和它对应，(x,y) 是某个二元方程 $f(x,y)=0$ 的解，也就是说，它是解的集合 $Q=\{(x,y)|f(x,y)=0\}$ 中的一个元素. 反之，对于解集 Q 中任一元素 (x,y)，都有一点 M 与它对应，点 M 是点集 P 中的一个元素. P 和 Q 的这种对应关系就是曲线和方程的一一对应关系.

四、圆的方程的两种形式

1. 圆的标准方程

$(x-a)^2+(y-b)^2=r^2$，其中圆心是 $C(a,b)$，圆半径是 r.

如果圆心在坐标原点，这时 $a=0,b=0$，那么圆的方程就是 $x^2+y^2=r^2$.

2. 圆的一般方程

$x^2+y^2+Dx+Ey+F=0$

或 $\left(x+\dfrac{D}{2}\right)^2+\left(y+\dfrac{E}{2}\right)^2=\dfrac{D^2+E^2-4F}{4}$

(1) $D^2+E^2-4F>0$，表示以 $\left(-\dfrac{D}{2},-\dfrac{E}{2}\right)$ 为圆，$\dfrac{1}{2}\sqrt{D^2+E^2-4F}$ 为半径的圆；

(2) 当 $D^2+E^2-4F=0$，表示一个点 $\left(-\dfrac{D}{2},-\dfrac{E}{2}\right)$.

(3) 当 $D^2+E^2-4F<0$，不表示任何图形.

复 习 题

1. 判断题：

(1) 规定了方向的直线称为有向线段；

(2) $|AB|=|BA|$；

(3) 若 $A(-2,1)$，$B(3,4)$，则 $|AB|=\sqrt{34}$；

(4) 任一条直线都有倾斜角，但不是任一条直线都有斜率；

(5) 点 $A(-1,1)$ 在方程为 $x-y=0$ 的直线上；

(6) 过点 $A(3,0)$ 且与 y 轴平行的直线方程是 $x-3=0$；

(7) 如果两条直线斜率相等，那么这两条直线一定平行；

(8) 点 $A(2,3)$ 到直线 $3x+4y+3=0$ 的距离是 $\dfrac{21}{5}$；

(9)直线 $y=3x-1$ 与直线 $y=-\frac{1}{3}x+4$ 的夹角是45°；

(10)两条直线 $2x-7y+8=0$ 和 $2x-7y-6=0$ 相交于点 $(-4,0)$；

(11)圆 $x^2+y^2-6x=0$ 的圆心是 $(3,0)$，半径是3；

(12)圆心在 $(2,-3)$，半径 $\sqrt{2}$ 的圆的方程是 $(x+2)^2+(y-3)^2=2$.

2. 选择题：

(1)若 $|OP|=10$，则数轴上的点 P 的坐标应是(　　).

A. 10　　B. -10　　C. ±10　　D. 20

(2) x 轴上有一点，它与 $A(3,2)$，$B(-1,-4)$ 两点距离相等，这点坐标为(　　).

A. $\left(\frac{1}{2},0\right)$　　B. $\left(-\frac{1}{2},0\right)$　　C. $\left(0,\frac{1}{2}\right)$　　D. $\left(0,-\frac{1}{2}\right)$

(3)直线 $3x+3y-5=0$ 的倾斜角是(　　).

A. $\frac{3\pi}{4}$　　B. $\frac{\pi}{4}$　　C. $-\frac{\pi}{4}$　　D. $-\frac{3\pi}{4}$

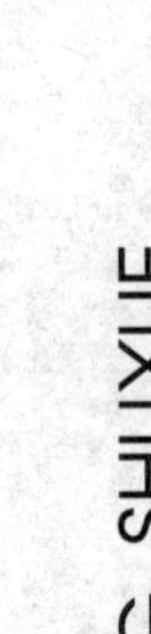

(4)两条平行直线 $3x-2y-1=0$ 和 $6x-4y+2=0$ 之间的距离是(　　).

A. $\frac{2\sqrt{13}}{13}$　　B. $\frac{\sqrt{13}}{13}$　　C. $\frac{2}{13}$　　D. $\frac{4\sqrt{13}}{13}$

(5)已知圆的方程为 $x^2+y^2=100$，则点 $(5\sqrt{2},-2\sqrt{5})$ 在(　　).

A. 圆外　　B. 圆内　　C. 圆上

(6)圆的一条直径的两个端点分别是 $(2,0)$，$(2,-2)$，则此圆的方程是(　　).

A. $(x-2)^2+(y-1)^2=1$　　B. $(x-2)^2+(y+1)^2=1$

C. $(x+2)^2+(y-1)^2=1$　　D. $(x+2)^2+(y+1)^2=1$

3. 求与 x 轴及点 $A(-4,2)$ 的距离都是10的点的坐标.

4. 直线 l 经过点 $A(5,-1)$，并且它的斜率等于经过 $B(0,3)$ 和 $C(2,0)$ 两点的直线的斜率，求直线 l 的方程.

5. 求经过直线 $3x-2y+1=0$ 和 $x+3y+4=0$ 的交点，并且垂直于直线 $x+3y+4=0$ 的直线 l 的方程.

6. 等腰三角形的底边两个端点是 $B(2,4)$ 和 $C(3,-5)$，求顶点 A 的轨迹方程.

7. 求下列各圆的圆心坐标和半径.

(1) $x^2+y^2-4x+6y+4=0$；

(2) $x^2+y^2-8y+12=0$.

第七章　圆锥曲线方程

1. 理解和掌握圆锥曲线的定义和标准方程，并能应用定义和标准方程解题.

2. 掌握圆锥曲线的几何性质，并了解其相关的应用.

3. 了解圆锥曲线与现实生活的联系，能初步运用圆锥曲线的知识进行知识延伸和创新.

第一节　椭　　圆

一、椭圆及其标准方程

下列三个图形有什么相同之处？

1. 古罗马高架引水桥

（资料来源：http://art.china.cn）.

2. 太阳系行星的运行轨道

(资料来源:http://jz.766.com/guide/Item/a_starfile1.shtml)

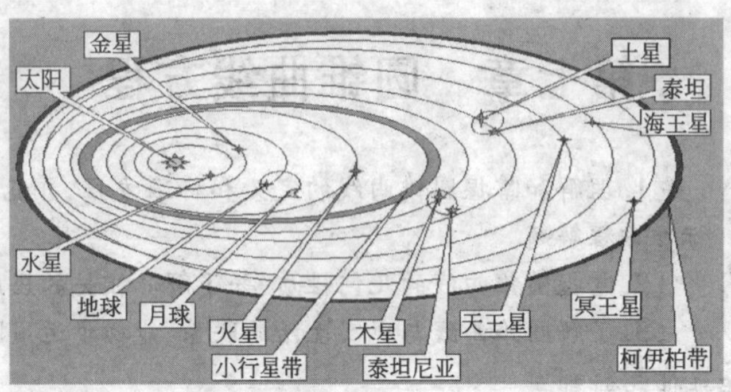

3. 宋代汝窑天青无文椭圆水仙盆

(高:6.7cm,深:3.5cm,宽:16.4cm,长:23cm。资料来源:http://cathay.ce.cn)

取一条一定长(设为 $2a, a>0$)的细绳,把它的两端固定在画图板上的 F_1 和 F_2 两点(图 7-1),当绳长大于 F_1 和 F_2 的距离时,用铅笔尖把绳子拉紧,使笔尖在图板上慢慢移动,就可以画出一个椭圆.

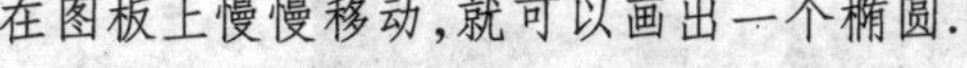

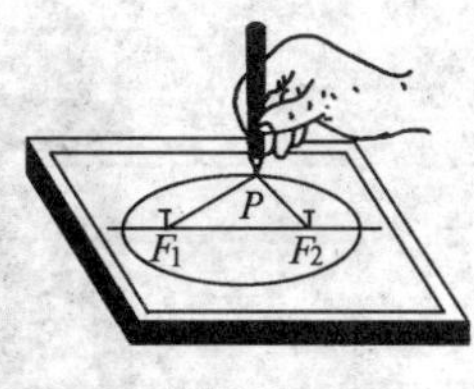

图 7-1

分析上面的画图过程,容易得出,椭圆是与点 F_1、F_2 的距离的和等于定长(即这条绳长)的点的集合.

我们把平面内与两个定点 F_1、F_2 的距离的和等于常数(大于 $|F_1F_2|$)的点的轨迹叫做**椭圆**. 这两个定点叫做**椭圆的焦点**,两个焦点的距离叫做**椭圆的焦距**.

求已知曲线的方程有哪些步骤?

根据椭圆的定义,我们来求椭圆的方程.

如图 7-2 所示,取经过两个焦点 F_1 和 F_2 的直线作 x 轴,线段 F_1F_2 的垂直平分线作 y 轴,建立直角坐标系. 设焦距为 $2c(c>0)$,则两个焦点的坐标分别为 $F_1(-c,0)$、$F_2(c,0)$. 设$P(x,y)$是椭圆上的任意一点,则由椭圆的定义知,P 到 F_1 及 F_2 的距离之和为 $2a(a>c)$,即

$$|PF_1|+|PF_2|=2a.$$

图 7-2

由两点间的距离公式得

$$|PF_1|=\sqrt{(x+c)^2+y^2},$$

$$|PF_2|=\sqrt{(x-c)^2+y^2}.$$

所以
$$\sqrt{(x+c)^2+y^2}+\sqrt{(x-c)^2+y^2}=2a,$$

移项,得

$$\sqrt{(x+c)^2+y^2}=2a-\sqrt{(x-c)^2+y^2},$$

两边平方,得

$$(x+c)^2+y^2=4a^2-4a\sqrt{(x-c)^2+y^2}+(x-c)^2+y^2,$$

整理,得

$$a\sqrt{(x-c)^2+y^2}=a^2-cx,$$

两边再平方,得

$$a^2x^2-2a^2cx+a^2c^2+a^2y^2=a^4-2a^2cx+c^2x^2,$$

再整理,得

$$(a^2-c^2)x^2+a^2y^2=a^2(a^2-c^2).$$

由于 $a>c$,所以 $a^2-c^2>0$,于是可令 $a^2-c^2=b^2(b>0)$,代入上式,得

$$b^2x^2+a^2y^2=a^2b^2.$$

两边同除以 a^2b^2,得

$$\boxed{\frac{x^2}{a^2}+\frac{y^2}{b^2}=1(a>b>0)} \tag{7-1}$$

这个方程称为**椭圆的标准方程**. 如图 7-2 所示,它表示焦点在 x 轴上的椭圆,其中 a、b、c 之间的关系是 $c^2=a^2-b^2$.

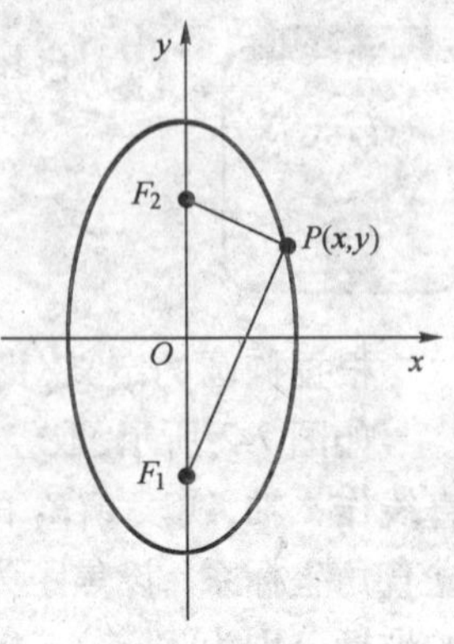

图 7-3

如图 7-3 所示,如果取经过两个焦点 F_1 和 F_2 的直线作 y 轴,线段 F_1F_2 的垂直平分线作 x 轴,用同样的方法,可得椭圆的方程为

$$\boxed{\frac{y^2}{a^2}+\frac{x^2}{b^2}=1(a>b>0)} \qquad (7\text{-}2)$$

这个方程也称为**椭圆的标准方程**. 如图 7-3 所示,它表示焦点在 y 轴上的椭圆,其中 a、b、c 之间的关系仍然是 $c^2=a^2-b^2$.

(1)为什么可以有两个椭圆的标准方程?

(2)当椭圆的两个焦点逐渐靠近直至重合时,椭圆变成了什么图形?

例 1 设椭圆的焦点为 $F_1(-5,0)$、$F_2(5,0)$, $2a=26$,求椭圆的标准方程.

解: 由题意知,椭圆的焦点在 x 轴上,因此设它的标准方程为

$$\frac{x^2}{a^2}+\frac{y^2}{b^2}=1(a>b>0).$$

由于 $c=5$, $a=13$,根据 $c^2=a^2-b^2$,得

$$b^2=a^2-c^2=13^2-5^2=12^2.$$

于是,所求椭圆的标准方程为

$$\frac{x^2}{13^2}+\frac{y^2}{12^2}=1.$$

例 2 已知 B、C 是两个定点, $|BC|=6$,且 ΔABC 的周长等于 16,求顶点 A 的轨迹方程.

分析: 在解析几何里,求符合某种条件的点的轨迹方程,要建立适当的坐标系. 为选择适当的坐标系,常常需要画出草图.

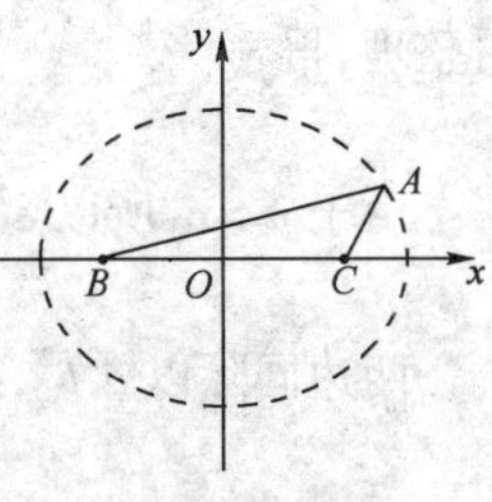

图 7-4

解: 如图 7-4,建立坐标系,使 x 轴经过点 B、C,原点 O 与 BC 的中点重合.

由已知$|AB|+|AC|+|BC|=16$，$|BC|=6$，有

$$|AB|+|AC|=10,$$

即点A的轨迹是椭圆，且

$$2c=6, 2a=16-6=10,$$

$$\therefore c=3, a=5, b^2=5^2-3^2=16.$$

但当点A在直线BC上，即$y=0$时，A、B、C三点不能构成三角形，所以点A的轨迹方程是

$$\frac{x^2}{25}+\frac{y^2}{16}=1(y\neq 0).$$

注意：求出曲线的方程后，要检查一下方程的曲线上的点是否都符合题意，如果有不符合题意的点，应在所得方程后注明限制条件.

练　　习

1. F_1、F_2是定点，且$|F_1F_2|=6$，动点M满足$|MF_1|+|MF_2|=10$，则M点的轨迹是________.

2. 椭圆$4x^2+2y^2=1$的焦点坐标是________.

3. 求适合下列条件的椭圆的标准方程：

(1) $a=\sqrt{5}$，$b=1$，焦点在x轴上；

(2) $a=4$，$c=\sqrt{15}$，焦点在y轴上；

(3) 焦点坐标为$(0,-4)$、$(0,4)$，$a=5$.

4. 椭圆的方程为$\frac{x^2}{16}+\frac{y^2}{9}=1$.

(1) 求焦点的坐标；

(2) 求椭圆上点$P(x,y)$到两焦点的距离之和.

5. $\triangle ABC$的两个顶点A、B的坐标分别是$(-6,0)$、$(6,0)$，边AC、BC所在直线的斜率之积等于$-\frac{4}{9}$，求顶点C的轨迹方程.

二、椭圆的简单几何性质

在解析几何里，是利用曲线的方程来研究曲线的几何性质的，也就是说，

是通过对曲线的方程的讨论，得到曲线的形状、大小和位置. 下面，我们利用椭圆的标准方程

$$\frac{x^2}{a^2}+\frac{y^2}{b^2}=1(a>b>0)$$

来研究椭圆的几何性质（表 7-1）.

椭圆的简单几何性质　　表 7-1

标准方程 $\frac{x^2}{a^2}+\frac{y^2}{b^2}=1(a>b>0)$	
范围	$\because \frac{x^2}{a^2}\leqslant 1, \frac{y^2}{b^2}\leqslant 1$, $\therefore \lvert x\rvert \leqslant a, \lvert y\rvert \leqslant b$. 这说明椭圆位于直线 $x=\pm a$ 和 $y=\pm b$ 所围成的矩形里（如图 7-5 所示） 图 7-5
对称性	在椭圆的标准方程里，以 $-x$ 代 x，或以 $-y$ 代 y，或以 $-x$、$-y$ 分别代 x，y 方程都不变，所以椭圆关于 y 轴、x 轴和原点都是对称的. 这时，坐标轴是椭圆的**对称轴**，原点是椭圆的**对称中心**（简称**椭圆的中心**）
顶点	椭圆和它的对称轴的四个交点叫做**椭圆的顶点**. 与 x 轴的两个交点：$A_1(-a,0)$、$A_2(a,0)$ 与 y 轴的两个交点：$B_1(0,-b)$、$B_2(0,b)$
长、短轴	线段 A_1A_2、B_1B_2 分别叫做椭圆的**长轴和短轴**，它们的长分别为 $2a$ 和 $2b$，a 和 b 分别叫椭圆的长半轴长和短半轴长，c 是椭圆的半焦距. 由图 7-5 可知，$\lvert B_1F_1\rvert=\lvert B_1F_2\rvert=\lvert B_2F_1\rvert=\lvert B_2F_2\rvert=a$
离心率	椭圆的焦距与长轴长的比 $e=\frac{c}{a}$，叫做**椭圆的离心率**. 因为 $a>c>0$，所以 $0<e<1$. e 越接近 1，则 c 越接近 a，从而 $b=\sqrt{a^2-c^2}$ 越小，因此椭圆越扁；反之，e 越接近 0，则 c 越接近于 0，从而 b 越接近于 a，因此椭圆就越接近于圆. 当且仅当 $a=b$ 时，$c=0$，这时两个焦点重合，图形变为圆，它的方程为 $x^2+y^2=a^2$

试根据椭圆的标准方程$\frac{y^2}{a^2}+\frac{x^2}{b^2}=1(a>b>0)$求出椭圆的性质.

例 3 求椭圆$\frac{x^2}{25}+\frac{y^2}{16}=1$的长轴和短轴的长、离心率、焦点和顶点的坐标，并用描点法画出它的图形.

解：由已知：$a=5,b=4$，则$c=\sqrt{25-16}=3$.

因此，椭圆的长轴和短轴的长分别是$2a=10$和$2b=8$，离心率$e=\frac{c}{a}=\frac{3}{5}$，两个焦点分别是$F_1(-3,0)$和$F_2(3,0)$，椭圆的四个顶点是$A_1(-5,0)$、$A_2(5,0)$，$B_1(0,-4)$和$B_2(0,4)$.

将已知方程变形为$y=\pm\frac{4}{5}\sqrt{25-x^2}$，根据

$$y=\frac{4}{5}\sqrt{25-x^2},$$

在$0\leqslant x\leqslant 5$的范围内算出几个点的坐标(x,y)（表 7-2）：

表 7-2

x	0	1	2	3	4	5
y	4	3.9	3.7	3.2	2.4	0

先描点画出椭圆的一部分，再利用椭圆的对称性画出整个椭圆，如图 7-6 所示.

例 4 如图 7-7 所示，我国发射的第一颗人造地球卫星的运行轨道，是以地心（地球的中心）F_2为一个焦点的椭圆. 已知它的近地点A（离地面最近的点）距地面 439km，远地点B（离地面最远的点）距地面 2 384km，并且F_2、A、B在同一直线上，地球半径约为 6 371 km. 求卫星运行的轨道方程（精确到 1km）.

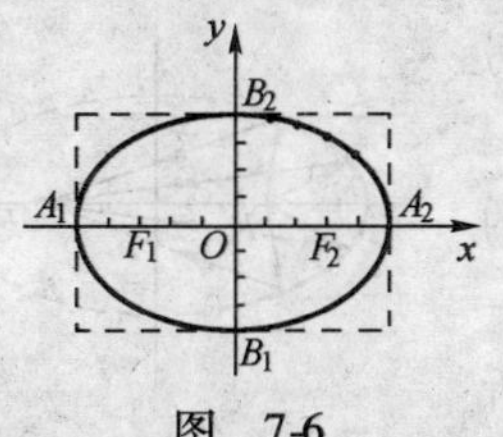

图 7-6

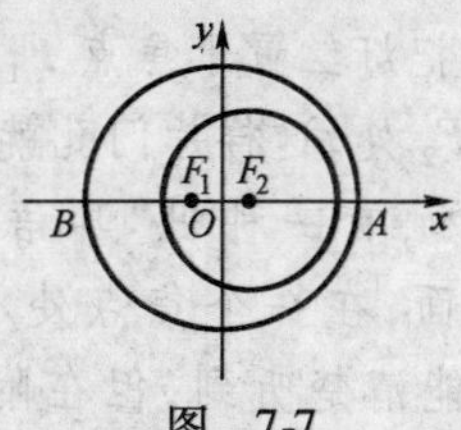

图 7-7

解:如图 7-7 所示,建立直角坐标系,使点 A、B、F_2 在 x 轴上,F_2 为椭圆的右焦点(记 F_1 为左焦点). 因为椭圆的焦点在 x 轴上,所以设它的标准方程为

$$\frac{x^2}{a^2}+\frac{y^2}{b^2}=1(a>b>0),$$

则

$$a-c=|OA|-|OF_2|=|F_2A|=6\,371+439=6\,810,$$

$$a+c=|OB|+|OF_2|=|F_2B|=6\,371+2\,384=8\,755.$$

解得

$$a=7\,782.5, c=972.5.$$

$$\therefore\ b=\sqrt{a^2-c^2}=\sqrt{(a+c)(a-c)}=\sqrt{8\,755\times 6\,810}.$$

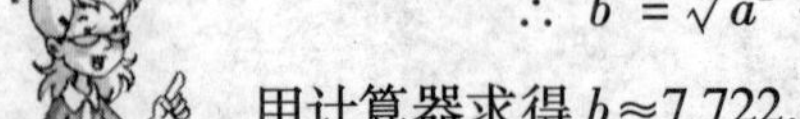

用计算器求得 $b\approx 7\,722$.

因此,卫星的轨道方程是

$$\frac{x^2}{7\,783^2}+\frac{y^2}{7\,722^2}=1.$$

椭圆的光学(声学)性质

椭圆绕着它的长轴旋转所成的曲面,称为**旋转椭球面**. 旋转椭球面有一个重要的光学(声学)性质:从它的一个焦点发出的光线(或声波),经椭球面反射后,都聚集到另一个焦点处,如图 7-8 所示.

电影放映机的聚光灯就是利用这个原理,聚光灯的反射镜面通常设计成旋转椭球面,把灯丝置于焦点 F_1 处,把片门孔置于另一个焦点 F_2 处,这样片门孔就能得到最强的光源.

再例如,有一种叫"耳语墙"的建筑物,它的顶是椭球面,在一个焦点处小声说话时,在另一个焦点处能清楚听到,但在附近的其他地方却听不清楚.

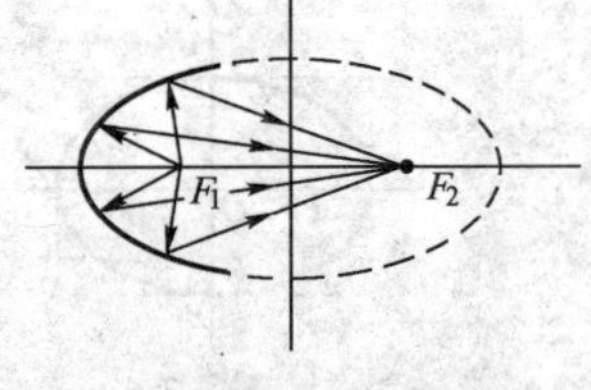

图 7-8

椭圆的优美

——娱乐圣地半潜的游艇 Trilobis

游艇的名字叫 Trilobis,由意大利海洋工程师 Giancarlo Zema 设计,目的是提供海洋爱好者一个走近大海的居住与娱乐的场所,推进器采用氢电池组驱动.艇体采用乙烯树脂加泡沫或蜂窝夹心,曲线简洁流畅(资料来源:http://www.hdrqw.com).

练　　习

1. 已知椭圆方程为$\frac{x^2}{23}+\frac{y^2}{32}=1$,则这个椭圆的焦距为________.

2. 若椭圆 $3kx^2+ky^2=1$ 的一个焦点是(0,4),则实数 k 的值为________.

3. 求适合下列条件的椭圆的标准方程:

(1)焦点坐标为 $F_1(0,-3)$,$F_2(0,3)$,$2a=10$;

(2)椭圆经过点(0,4),$c=3$,焦点在 x 轴上;

(3)椭圆经过点 $A(0,-3)$、$B(2\sqrt{2},0)$.

4. 求下列椭圆的长轴和短轴的长、离心率、焦点和顶点的坐标,并用描点法画出它的图形:

(1) $\frac{x^2}{25}+\frac{y^2}{9}=1$;　　　　(2)$9x^2+y^2=81$.

5. 椭圆的两焦点为 $F_1(-4,0)$,$F_2(4,0)$,过 F_1 作弦 AB,且$\triangle ABF_2$ 的周长为 20,求此椭圆的方程.

习　题

1. 已知椭圆$\frac{x^2}{5}+\frac{y^2}{m}=1$的离心率为$e=\frac{\sqrt{10}}{5}$，则$m=$________.

2. 短轴长为$\sqrt{5}$，离心率$e=\frac{2}{3}$的椭圆两焦点为F_1、F_2，过F_1作直线交椭圆于A、B两点，则$\triangle ABF_2$的周长为________.

3. 求适合下列条件的椭圆的标准方程：

(1) 长轴长为16，短轴长为8，焦点在x轴上；

(2) 长半轴长为10，焦距为12，焦点在y轴上；

(3) $a=6$，$e=\frac{1}{3}$，焦点在y轴上；

(4) $a+c=10$，$a-c=4$；

(5) $c=3$，$e=\frac{3}{5}$，焦点在x轴上.

4. 求下列各椭圆的长轴和短轴的长、离心率、焦点坐标、顶点坐标.

(1) $x^2+4y^2=16$；　　(2) $2x^2=1-y^2$.

5. 已知椭圆的中心在原点，对称轴重合于坐标轴，长轴长为短轴长的3倍，并经过点$A(3,0)$，求椭圆的标准方程.

6. 已知椭圆$\frac{x^2}{a^2}+\frac{y^2}{b^2}=1(a>b>0)$的三个顶点$B_1(0,-b)$，$B_2(0,b)$，$A(a,0)$，焦点$F(c,0)$，且$B_1F\perp AB_2$，求椭圆的离心率.

第二节　双曲线

一、双曲线及其标准方程

下列两个图形有什么相同之处？

1. ZZL 双曲线风筒式自然通风循环水冷却塔

ZZL 双曲线风筒式自然通风循环水冷却塔是根据市场的需求专门为电力、冶金、化工等行业设计的，适应于含酸、碱、盐等水质较差的浊循环水使用. 该塔通自然风，故省掉了风机、电机、减速机等部件（资料来源：http://www.grandeur.cn）.

2. 沈阳百合塔（资料来源：http://www.landscapecn.com）

我们已经会作椭圆的图形，下面来看双曲线的作图方法.

如图 7-9 所示，取一条拉链，拉开它的一部分，在拉开的两边上各选择一点，分别固定在点 F_1、F_2 上，F 到 F_2 的长为 $2a(a>0)$. 把笔尖放在点 P 处，随着拉链逐渐拉开或者闭拢，笔尖就画出一条曲线（如图 7-9 中右边的曲线）. 这条曲线的点满足

$$|PF_1|-|PF_2|=2a.$$

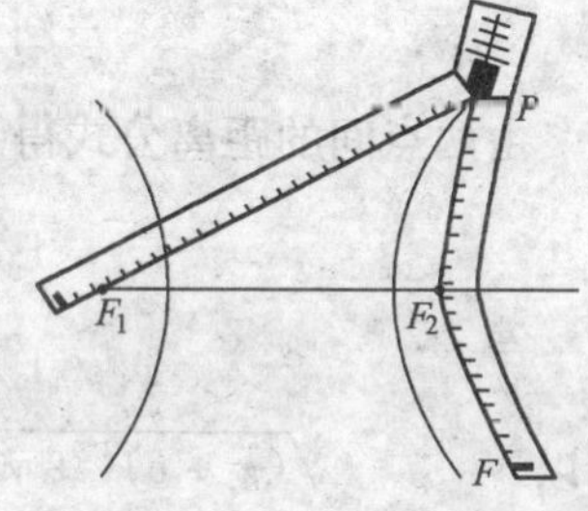

图 7-9

如果使点 P 到点 F_2 的距离减去到点 F_1 的距离所得的差等于 $2a$，就得到另一条曲线（如图 7-9 中左边的曲线），这条曲线满足

$$|PF_2|-|PF_1|=2a.$$

这两条曲线合起来叫做**双曲线**，每一条叫做**双曲线的一支**.

我们生活中碰到的这样的曲线有哪些.

我们把平面内与两个定点 F_1、F_2 的距离的差的绝对值等于常数（小于 $|F_1F_2|$）的点的轨迹叫做**双曲线**. 这两个定点叫做**双曲线的焦点**，两焦点的距离叫做**双曲线的焦距**.

椭圆的定义与双曲线的定义的差异.

我们可以仿照求椭圆的标准方程的做法,求双曲线的标准方程.

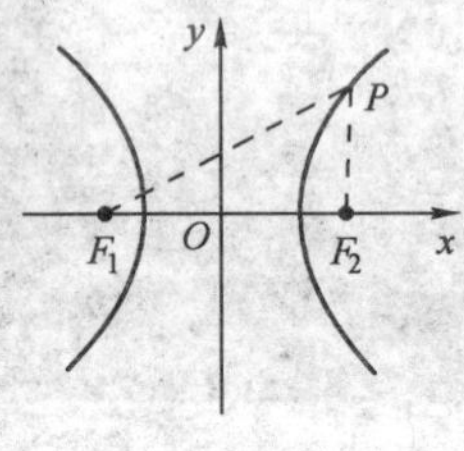

图 7-10

如图 7-10 所示,取经过两个点 F_1 和 F_2 的垂直平分线作 y 轴,建立直角坐标系. 设焦距为 $2c(c>0)$,则两个焦点的坐标分别为 $F_1(-c,0)$、$F_2(c,0)$. 设 $P(x,y)$ 是双曲线上的任意一点,则由双曲线的定义知,P 到 F_1 及 F_2 的距离之差的绝对值为 $2a(0<a<c)$,即

$$|PF_1|-|PF_2|=\pm 2a.$$

由两点间的距离公式得

$$|PF_1|=\sqrt{(x+c)^2+y^2},$$

$$|PF_2|=\sqrt{(x-c)^2+y^2}.$$

所以 $$\sqrt{(x+c)^2+y^2}-\sqrt{(x-c)^2+y^2}=\pm 2a.$$

整理,得

$$(c^2-a^2)x^2-a^2y^2=a^2(c^2-a^2).$$

由于 $0<a<c$,所以 $c^2-a^2>0$,

于是可令 $c^2-a^2=b^2(b>0)$,代入上式,得

$$b^2x^2-a^2y^2=a^2b^2.$$

两边同除以 a^2b^2,得

$$\boxed{\frac{x^2}{a^2}-\frac{y^2}{b^2}=1(a>0,b>0)} \tag{7-3}$$

这个方程称为**双曲线的标准方程**. 如图 7-10 所示,它表示焦点在 x 轴上的双曲线,其中 a、b、c 之间的关系是 $c^2=a^2+b^2$.

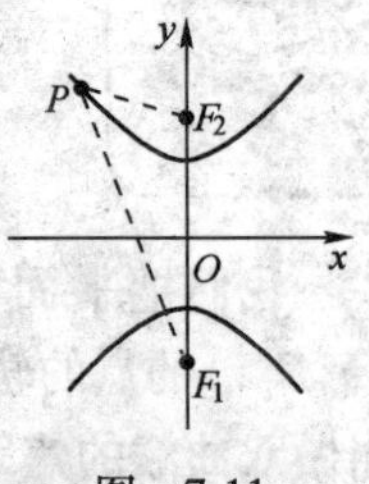

图 7-11

如图 7-11 所示,如果取经过两个焦点 F_1 和 F_2 的直线作 y 轴,线段 F_1F_2 的垂直平分线作 x 轴,用同样的方法,可得双曲线的方程为

$$\boxed{\frac{y^2}{a^2}-\frac{x^2}{b^2}=1(a>0,b>0)} \tag{7-4}$$

这个方程也称为**双曲线的标准方程**. 如图 7-11 所示,它表示焦点在 y 轴上的双曲线,其中 a、b、c 之间的关系仍然是 $c^2=a^2+b^2$.

椭圆标准方程中 a、b、c 之间的关系与双曲线标准方程中 a、b、c 之间的关系的差异.

例 1 已知双曲线两个焦点的坐标为 $F_1(-13,0)$、$F_2(13,0)$,双曲线上一点 P 到 F_1、F_2 的距离的差的绝对值等于 10,求双曲线的标准方程.

解:因为双曲线的焦点在 x 轴上,所以设它的标准方程为

$$\frac{x^2}{a^2}-\frac{y^2}{b^2}=1(a>0,b>0).$$

$\because 2a=10,c=13,\therefore b^2=c^2-a^2=13^2-5^2=144.$

$\therefore$ 所求双曲线的标准方程为 $\frac{x^2}{25}-\frac{y^2}{144}=1$.

例 2 判断双曲线 $\frac{x^2}{10}-\frac{y^2}{5}=1$ 的焦点位置,并求出焦点坐标.

解:因为方程中 x^2 项的系数为正,所以双曲线的焦点在 x 轴上.

又 $\because a^2=10,b^2=5$,

$\therefore c=\sqrt{a^2+b^2}=\sqrt{10+5}=\sqrt{15}$,

$\therefore$ 双曲线的焦点坐标为 $F_1(-\sqrt{15},0)$、$F_2(\sqrt{15},0)$.

练　习

1. 双曲线的方程为 $\frac{x^2}{a^2}-\frac{y^2}{b^2}=1$,焦距为 $2c$,则 a,b,c 之间的关系是________.
2. 已知方程 $\frac{x^2}{2+m}-\frac{y^2}{m+1}=1$ 表示双曲线,则 m 的取值范围是________.
3. 求适合下列条件的双曲线的标准方程:

(1)焦点是 $(\pm\sqrt{20},0)$,$b=2$;

(2)$a=4,2c=10$,焦点在 y 轴上.

4. 在相距 1 400m 的 A、B 两哨所,听到炮弹爆炸声的时间相差 3s,已知声速是 340m/s，炮弹爆炸点在怎样的曲线上？

二、双曲线的简单几何性质

我们仿照讨论椭圆几何性质的方法，根据双曲线的标准方程

$$\frac{x^2}{a^2}-\frac{y^2}{b^2}=1(a>0,b>0)$$

来研究它的几何性质(表 7-3).

双曲线的简单几何性质　　　　表 7-3

标准方程 $\frac{x^2}{a^2}-\frac{y^2}{b^2}=1(a>0,b>0)$	
范围	由标准方程可知，不等式 $\frac{x^2}{a^2}\geqslant 1$ 成立，即 $x^2\geqslant a^2$，$\therefore x\geqslant a.\ x\leqslant -a$. 这说明双曲线在不等式 $x\geqslant a$ 与 $x\leqslant -a$ 所表示的区域内（如图7-12所示） 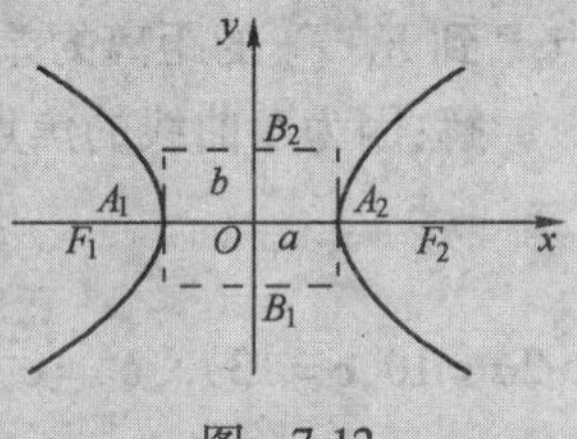 图　7-12
对称性	双曲线关于每个坐标轴和原点都是对称的. 这时，x 轴和 y 轴是双曲线的对称轴，原点是双曲线的对称中心. 双曲线的对称中心叫做**双曲线的中心**
顶点	在双曲线的标准方程里，令 $y=0$，得 $x=\pm a$，因此双曲线和 x 轴有两个交点 $A_1(-a,0)$、$A_2(a,0)$. 因为 x 轴是双曲线的对称轴，所以双曲线和它的对称轴有两个交点，它们叫做**双曲线的顶点**. 令 $x=0$，得 $y=-b^2$，这个方程没有实数根，说明双曲线和 y 轴没有交点，但我们也把 $B_1(0,-b)$、$B_2(0,b)$ 画在 y 轴上（如图7-12所示）
实、虚轴	线段 A_1A_2 叫做双曲线的**实轴**，它的长等于 $2a$，a 叫做双曲线的实半轴长；线段 B_1B_2 叫做双曲线的**虚轴**，它的长等于 $2b$，b 叫做双曲线的虚半轴长，c 是双曲线的半焦距. 实轴和虚轴等长的双曲线叫做**等轴双曲线**
离心率	双曲线的焦距与实轴长的比 $e=\frac{c}{a}$，叫做双曲线的离心率，因为 $c>a>0$，所以双曲线的离心率 $e>1$

续上表

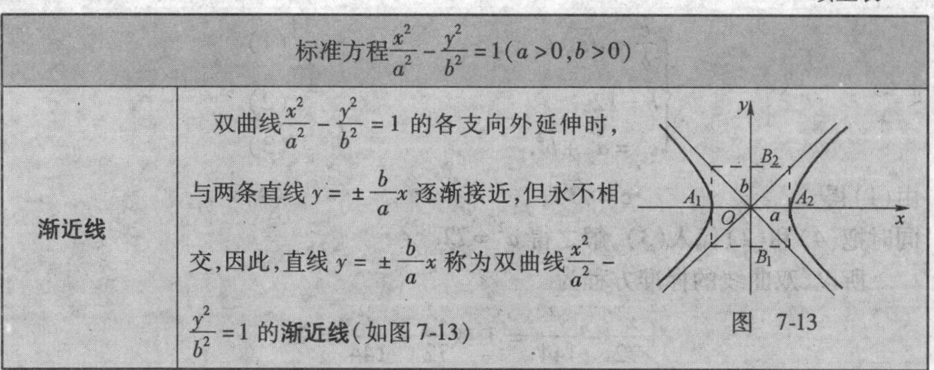

标准方程$\frac{x^2}{a^2}-\frac{y^2}{b^2}=1(a>0,b>0)$	
渐近线	双曲线$\frac{x^2}{a^2}-\frac{y^2}{b^2}=1$的各支向外延伸时，与两条直线$y=\pm\frac{b}{a}x$逐渐接近，但永不相交，因此，直线$y=\pm\frac{b}{a}x$称为双曲线$\frac{x^2}{a^2}-\frac{y^2}{b^2}=1$的**渐近线**（如图7-13）

图 7-13

试根据双曲线的标准方程$\frac{y^2}{a^2}-\frac{x^2}{b^2}=1(a>0,b>0)$求出双曲线的性质.

例3 求双曲线$9y^2-16x^2=144$的实半轴长和虚半轴长、焦点坐标、离心率、渐近线方程.

解:把方程化为标准方程

$$\frac{y^2}{4^2}-\frac{x^2}{3^2}=1.$$

由此可知，实半轴长$a=4$，虚半轴长$b=3$.

$$c=\sqrt{a^2+b^2}=\sqrt{4^2+3^2}=5.$$

焦点的坐标是$(0,-5)$，$(0,5)$.

离心率$e=\frac{c}{a}=\frac{5}{4}$.

渐近线方程为

$$x=\pm\frac{3}{4}y, 即\ y=\pm\frac{4}{3}x.$$

例4 设双曲线的离心率为$\sqrt{3}$，虚半轴长为12，求双曲线的标准方程.

解:根据题意，双曲线的焦点可以在x轴上，也可以在y轴上，所以应设标准方程为

$$\frac{x^2}{a^2}-\frac{y^2}{b^2}=1 或 \frac{y^2}{a^2}-\frac{x^2}{b^2}=1(a>0,b>0).$$

由已知条件得

$$\begin{cases}\dfrac{c}{a}=\sqrt{3}, & (1)\\ b=12, & (2)\\ c^2=a^2+b^2. & (3)\end{cases}$$

由(1)得 $$c=\sqrt{3}a, \quad (4)$$

同时把(4)和(2)代入(3),解之得 $a^2=72$.

所以,双曲线的标准方程为

$$\frac{x^2}{72}-\frac{y^2}{144}=1 \text{ 或} \frac{y^2}{72}-\frac{x^2}{144}=1.$$

例 5 双曲线型自然通风塔的外形,是双曲线的一部分绕其虚轴旋转所成的曲面(图 7-14(1)),它具有接触面积大、风的对流好、冷却快、节省建筑材料等优点.现要建造一个通风塔,使它的最小半径为 12m,上口半径为 13m,下口半径为 25m,高 55m.选择适当的坐标系,求出此双曲线的方程(精确到 1m).

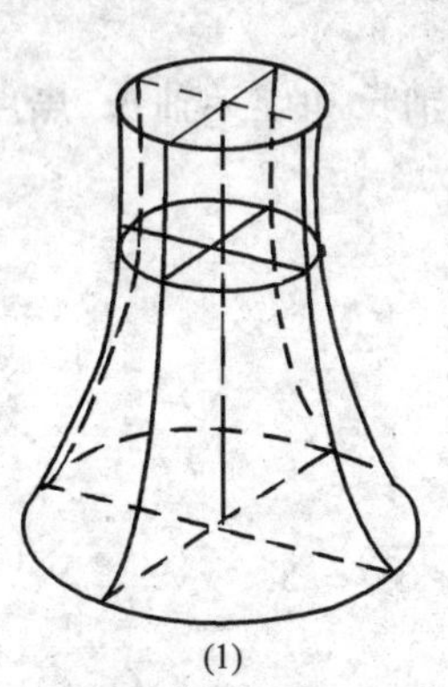

(1)

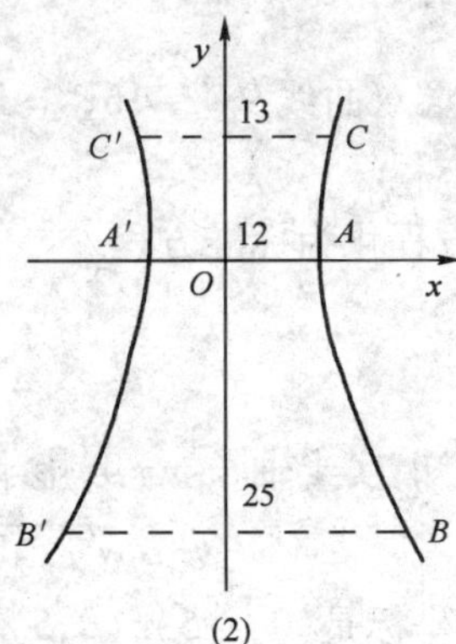

(2)

图 7-14

解:如图 7-14(2)所示,建立直角坐标系 xOy,使小圆的直径 AA' 在 x 轴上,圆心与原点重合.这时,上、下口的直径 CC'、BB' 平行于 x 轴,且 $|CC'|=13\times2\text{m}$,$|BB'|=25\times2\text{m}$.

设双曲线的方程为 $\frac{x^2}{a^2}-\frac{y^2}{b^2}=1(a>0,b>0)$.

令点 C 的坐标为 $(13,y)$,则点 B 的坐标为 $(25,y-55)$.因为点 B、C 在双曲线上,所以

$$\frac{25^2}{12^2}-\frac{(y-55)^2}{b^2}=1,$$

$$\frac{13^2}{12^2}-\frac{y^2}{b^2}=1.$$

解方程组

$$\begin{cases}\dfrac{25^2}{12^2}-\dfrac{(y-55)^2}{b^2}=1, & (1)\\[2ex] \dfrac{13^2}{12^2}-\dfrac{y^2}{b^2}=1. & (2)\end{cases}$$

由方程(2)得

$$y=\frac{5b}{12}(\text{负值舍去}).$$

代入方程(1),得

$$\frac{25^2}{12^2}-\frac{\left(\dfrac{5b}{12}-55\right)^2}{b^2}=1,$$

化简,得

$$19b^2+275b-18\,150=0. \qquad (3)$$

解方程(3)(使用计算器计算),得 $b\approx24$(负值舍去).

所以有

$$\frac{x^2}{144}-\frac{y^2}{576}=1.$$

双曲线型自然通风塔的优点的形成原因.

双曲线的光学(声学)性质

双曲线绕着它的实轴旋转所成的曲面,称为**旋转双曲面**.旋转双曲面有一个重要的光学(声学)性质:从它的一个焦点发出的光线(或声波),经靠近这个焦点的旋转双曲面的反射,会使光线(或声波)散开,这些光线就好像是从另一个焦点发射出来的一样,如图 7-15 所示.反射式望远镜中的反射镜,就是利用了双曲线的这个性质.

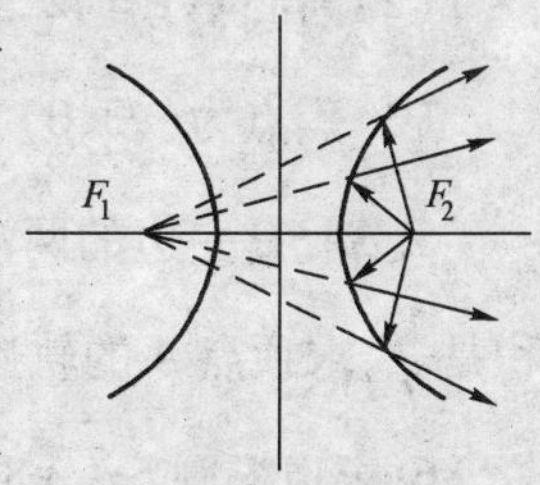

图 7-15

练　　习

1. 求下列双曲线的实轴和虚轴的长、顶点坐标、焦点坐标、离心率、渐近线方程：

(1) $9x^2-49y^2=441$，　　(2) $x^2-y^2=-1$.

2. 求适合下列条件的双曲线的标准方程：

(1) 顶点在 x 轴上，两顶点的距离是 8，$e=\frac{5}{4}$；

(2) 虚轴长 12，焦距为实轴长的二倍.

3. 等轴双曲线的一个焦点是 $F_1(-6,0)$，求它的标准方程和渐近线方程.

4. 已知双曲线$\frac{x^2}{16}-\frac{y^2}{9}=1$上一点 M 到左焦点 F_1 的距离是它到右焦点 F_2 距离的 5 倍，求 M 点的坐标.

5. 双曲线的其中一条渐近线的斜率为$\frac{2}{7}$，求此双曲线的离心率.

习　题

1. 双曲线虚轴长是实轴长的 2 倍，焦距是 $2\sqrt{5}$，则它的标准方程是________.

2. 若双曲线的实轴长与焦距的和等于虚轴长的 2 倍，则其离心率为________.

3. 已知下列双曲线的方程，求它的焦点坐标、离心率、渐近线方程：

(1) $x^2-4y^2=20$；　　(2) $x^2-4y^2=-20$.

4. 求适合下列条件的双曲线的标准方程：

(1) $a=2\sqrt{5}$，经过点 $A(-5,2)$，焦点在 x 轴上；

(2) 离心率 $e=\sqrt{2}$，经过点 $M(-5,3)$；

(3) 焦点为 $(\sqrt{3},0)$ 与 $(-\sqrt{3},0)$，渐近线的方程是 $y=\pm\frac{4}{3}x$.

5. ΔABC 一边的两端点是 $B(5,0)$ 和 $C(-5,0)$，另两边所在直线的斜率之积是$\frac{1}{7}$，求顶点 A 的轨迹.

6. 求以椭圆 $5x^2+8y^2=40$ 的焦点为顶点，以此椭圆的顶点为焦点的双曲线方程.

第三节　抛　物　线

一、抛物线及其标准方程

下列两个图形(资料来源:http://www.xinhuanet.com)有什么相同之处?

1. 抛物线碟形天线

2. 拱桥

离心率 $0<e<1$ 的曲线是椭圆,离心率 $e>1$ 的曲线是双曲线,那么,当 $e=1$ 时,会是什么曲线呢?

把一根直尺固定在图板上直线 l 的位置(如图7-16所示). 把一块三角尺的一条直角边紧靠着直尺的边缘,再把一条细绳的一端固定在三角尺的另一条直角边的一点 A,取绳长等于点 A 到直角顶点 C 的长(即点 A 到直线 l 的距离),并且把绳子的另一端固定在图板上的一点 F. 用铅笔尖扣着绳子,使点 A 到笔尖的一段绳子紧靠着三角尺,然后将三角尺沿着直尺上下滑动,笔尖就在图板上描出了一条曲线.

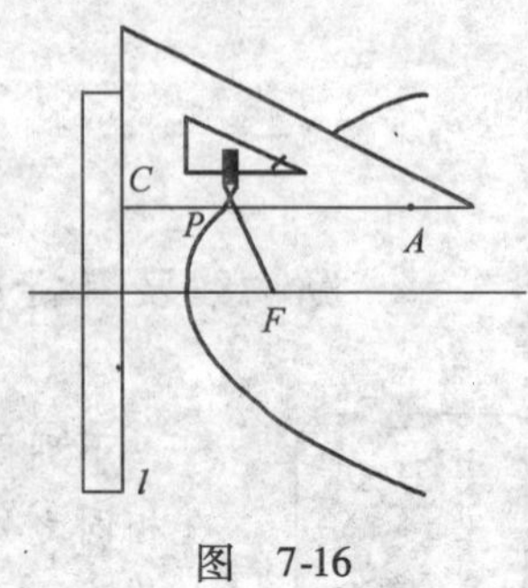

图 7-16

从图7-16中可以看出,这条曲线上任意一点 P 到 F 的距离与它到直线 l 的距离相等. 把图板绕点 F 旋转90°,曲线就是初中见过的抛物线.

平面内与一个定点 F 和一条定直线 l 的距离相等的点的轨迹叫做**抛物线**. 点 F 叫做**抛物线的焦点**,直线 l 叫做**抛物线的准线**.

生活中哪些物体的运动轨迹是抛物线形的.

下面根据抛物线的定义,我们来求抛物线的方程. 如图7-17所示,建立直角坐标系 xOy,使 x 轴经过点 F 且垂直于直线 l,垂足为 K,并使原点与线段 KF 的中点重合.

设 $|KF|=p(p>0)$,那么焦点 F 的坐标为 $\left(\frac{p}{2},0\right)$,准线 l 的方程为 $x=-\frac{p}{2}$.

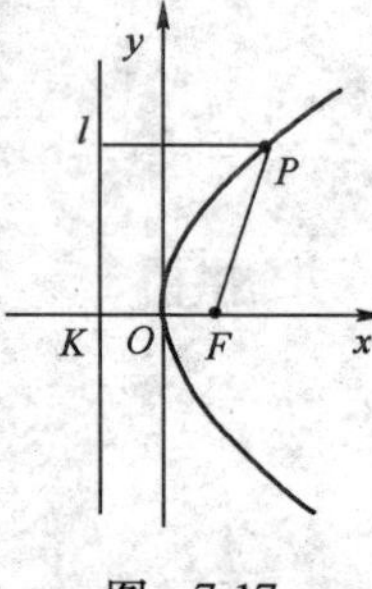

图 7-17

设点 $P(x,y)$ 是抛物线上任意一点,点 P 到 l 的距离为 d. 由抛物线的定义,可知

$$|PF|=d.$$

$$\because \quad |PF|=\sqrt{\left(x-\frac{p}{2}\right)^2+y^2},$$

$$d=\left|x+\frac{p}{2}\right|,$$

$$\therefore \quad \sqrt{\left(x-\frac{p}{2}\right)^2+y^2}=\left|x+\frac{p}{2}\right|,$$

将上式两边平方并化简，得

$$y^2=2px(p>0).$$

这个方程叫做**抛物线的标准方程**. 它表示的抛物线的焦点在 x 轴的正半轴上，焦点坐标为$\left(\frac{p}{2},0\right)$，准线方程为 $x=-\frac{p}{2}$.

在求抛物线的标准方程时，如果选取的坐标系不同，则得到的标准方程也不同，所以抛物线的标准方程还有另外三种形式：$y^2=-2px$，$x^2=2py$，$x^2=-2py$. 这四种抛物线的图形、标准方程以及准线方程见表 7-4：

表 7-4

序号	图形	标准方程	焦点坐标	准线方程
1		$y^2=2px$ $(p>0)$	$\left(\frac{p}{2},0\right)$	$x=-\frac{p}{2}$
2		$y^2=-2px$ $(p>0)$	$\left(-\frac{p}{2},0\right)$	$x=\frac{p}{2}$
3		$x^2=2py$ $(p>0)$	$\left(0,\frac{p}{2}\right)$	$y=-\frac{p}{2}$
4		$x^2=-2py$ $(p>0)$	$\left(0,-\frac{p}{2}\right)$	$y=\frac{p}{2}$

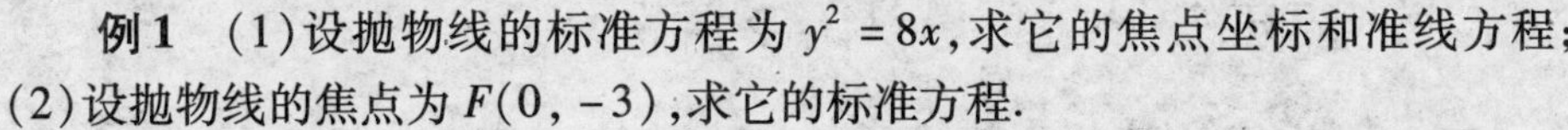

例 1 (1)设抛物线的标准方程为 $y^2=8x$，求它的焦点坐标和准线方程；(2)设抛物线的焦点为 $F(0,-3)$，求它的标准方程.

分析：根据表 7-4，只要求出 p 的值，抛物线的标准方程、准线方程、焦点坐标就能很容易地求出来.

解：(1)因为抛物线 $y^2=8x$ 的开口向右，并且 $2p=8$，即 $p=4$，所以它的焦点坐标为 $F(2,0)$，准线方程为 $x=-2$.

(2)因为抛物线的焦点在 y 轴的负半轴上，并且 $\frac{p}{2}=3$，即 $p=6$，所以抛物线的标准方程为 $x^2=-12y$.

例 2　设抛物线的顶点在坐标原点，焦点在 x 轴上，且过点 $(-6,3)$，求它的方程.

解：由题意知，抛物线的开口向左，所以设它的标准方程为 $y^2=-2px$.

因为点 $(-6,3)$ 在抛物线上，

所以
$$3^2=-2p\times(-6),$$

解得
$$p=\frac{3}{4},$$

所以所求抛物线的标准方程为

$$y^2=-\frac{3}{2}x.$$

练　　习

1. 抛物线 $y=\frac{x^2}{4}$ 的焦点坐标是________.

2. 抛物线 $y^2=-8x$ 的焦点到准线的距离是________.

3. 抛物线 $y^2=2px(p>0)$ 上任一点与其焦点连线的中点的轨迹方程为________.

4. 抛物线 $x^2=4y$ 上和焦点距离等于 5 的点是________.

5. 根据下列条件写出抛物线的标准方程：

(1)焦点是 $F(0,-2)$；

(2)准线方程是 $y=-2$；

(3)焦点到准线的距离是 2.

6. 求下列抛物线的焦点坐标和准线方程：

(1) $x^2=\frac{1}{2}y$；　　　(2) $2y^2+5x=0$.

二、抛物线的简单几何性质

我们根据抛物线的标准方程

$$y^2=2px(p>0)$$

来研究它的几何性质(表 7-5).

抛物线的简单几何性质 表7-5

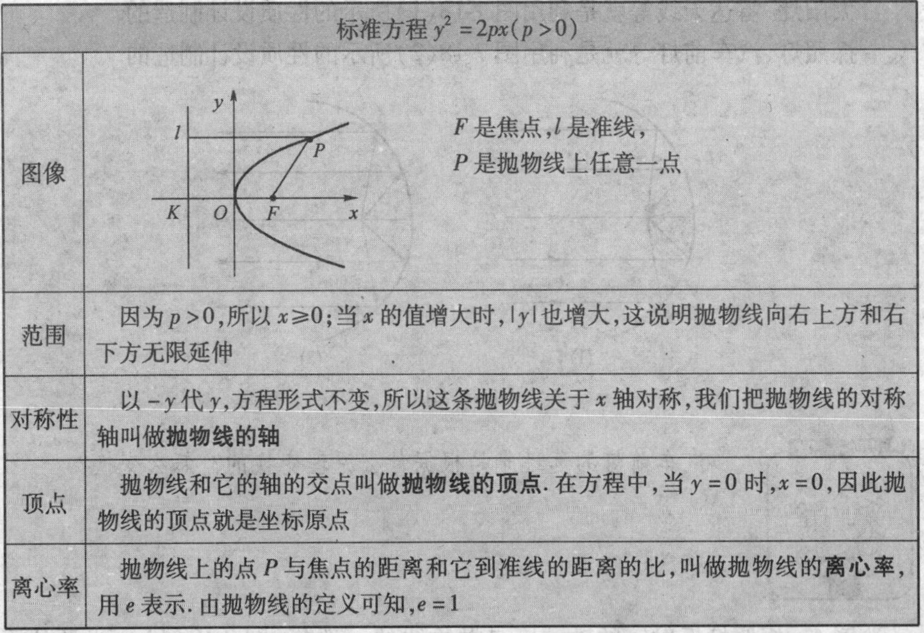

标准方程 $y^2=2px(p>0)$	
图像	F 是焦点,l 是准线, P 是抛物线上任意一点
范围	因为 $p>0$,所以 $x\geqslant 0$;当 x 的值增大时,$\lvert y\rvert$ 也增大,这说明抛物线向右上方和右下方无限延伸
对称性	以 $-y$ 代 y,方程形式不变,所以这条抛物线关于 x 轴对称,我们把抛物线的对称轴叫做**抛物线的轴**
顶点	抛物线和它的轴的交点叫做**抛物线的顶点**. 在方程中,当 $y=0$ 时,$x=0$,因此抛物线的顶点就是坐标原点
离心率	抛物线上的点 P 与焦点的距离和它到准线的距离的比,叫做抛物线的**离心率**,用 e 表示. 由抛物线的定义可知,$e=1$

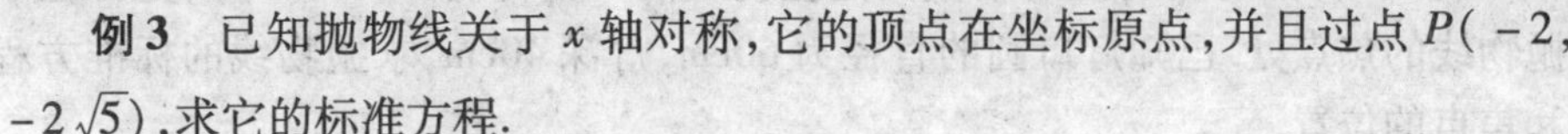

例3 已知抛物线关于 x 轴对称,它的顶点在坐标原点,并且过点 $P(-2,-2\sqrt{5})$,求它的标准方程.

解: 由题意知,应设抛物线的标准方程为

$$y^2=-2px(p>0).$$

因为点$(-2,-2\sqrt{5})$在抛物线上,

所以,$(-2\sqrt{5})^2=-2p\cdot(-2)$,

解得 $p=5$,

所以所求标准方程为 $y^2=-10x$.

抛物线的光学(声学)性质

抛物线绕着它的对称轴旋转所成的曲面,称为**旋转抛物面**. 旋转抛物面有一个重要的光学性质:一束平行于对称轴的光线,经旋转抛物面反射后,都汇聚在焦点处(图7-18(1));反之,从焦点发出的光线,经旋转抛物面反射后,成为一束

平行于对称轴的光线(图 7-18(2)).

太阳灶、雷达天线等就是利用图 7-18(1)所示的性质设计制造的.

探照灯、汽车前灯等就是利用图 7-18(2)所示的性质设计制造的.

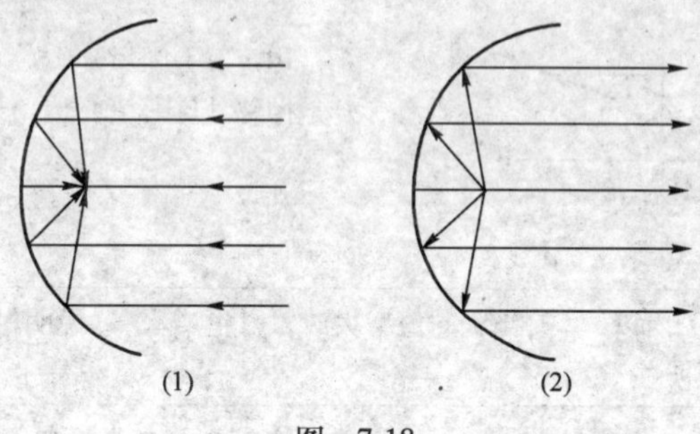

图 7-18

汽车前灯的远近光是根据什么原理变换的? 怎么变换?

例 4 探照灯反射镜的轴截面是抛物线的一部分(图 7-19(1)),光源位于抛物线的焦点处.已知灯口圆的直径为 60cm,灯深 40cm,求抛物线的标准方程和焦点的位置.

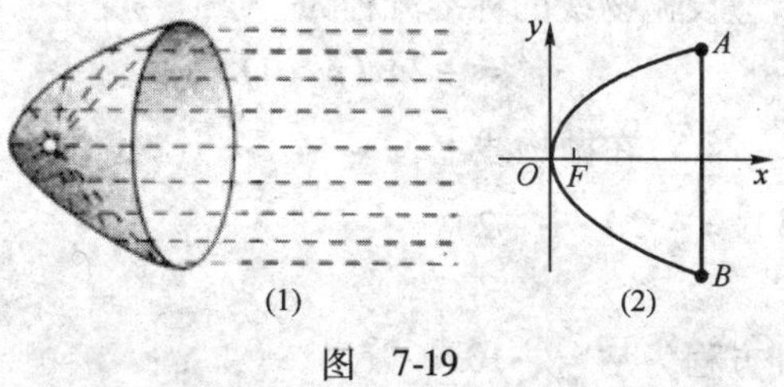

图 7-19

解:如图 7-19(2)所示,在探照灯的轴截面所在平面内建立直角坐标系,使反光镜的顶点(即抛物线的顶点)与原点重合,x 轴垂直于灯口直径.

设抛物线的标准方程是 $y^2=2px(p>0)$. 由已知条件可得点 A 的坐标是 $(40,30)$,代入方程,得

$$30^2=2p\times 40,$$

即

$$p=\frac{45}{4}.$$

所以所求抛物线的标准方程是 $y^2=\frac{45}{2}x$，焦点坐标是 $\left(\frac{45}{8},0\right)$.

练　习

1. 经过点(2, -4)的抛物线的标准方程是__________.

2. 求适合下列条件的抛物线的标准方程：

(1) 顶点在原点，焦点为 $F(0,4)$；

(2) 准线方程是 $y=8$；

(3) 抛物线关于 x 轴对称，并经过点 $(-2,-3)$.

3. 已知两抛物线的顶点都在原点，焦点分别是点(2,0)和点(0,2)，求两抛物线的交点.

习　题

1. 根据下列条件，求抛物线的标准方程：

(1) 顶点在原点，对称轴是 y 轴，并经过点 $P(-2,-4)$；

(2) 顶点在原点，对称轴是 x 轴，并且顶点与焦点的距离等于6.

2. 一个正三角形的两个顶点在抛物线 $y^2=2px$ 上，另一个顶点在原点，求这个三角形的边长.

3. 过点(-1,0)的直线 l 与抛物线 $y^2=6x$ 有公共点，求直线 l 的倾斜角的范围.

4. 过点 $M(-1,3)$ 与抛物线 $y^2=4x$ 只有一个交点的直线有几条.

5. 直线 $6x-3y-4=0$ 被抛物线 $y^2=6x$ 所截得的弦长是多少.

6. 有一抛物线形拱桥(题图 7-1)，当水面距拱顶 2m 时，水面的宽是 4m，水面再下降 1m 时，水面的宽是多少？

7. 探照灯的反光曲面与过轴的截面的交线是一条抛物线，已知灯口直径是 1m，深度是 0.5m，问光源应该放在什么位置(提示：光源应放在抛物线的焦点上)？

题图 7-1

8. 从抛物线 $y^2=2px(p>0)$ 上各点向 x 轴作垂线段，求垂线段中点的轨迹方程，并说明它是什么曲线.

圆锥曲线的产生与发展

希腊著名学者梅内克缪斯(公元前4世纪)企图解决当时的著名难题“倍立方问题”(即用直尺和圆规把立方体体积扩大一倍). 他把直角三角形 ABC 的直角 A 的平分线 AO 作为轴. 旋转三角形 ABC 一周，得到曲面 $ABECE'$(图7-20)，用垂直于 AC 的平面去截此曲面，可得到曲线 EDE'，梅内克缪斯称之为“直角圆锥曲线”. 他想以此在理论上解决“倍立方问题”，但未获成功.

后来，梅内克缪斯便撇开“倍立方问题”，把圆锥曲线作为专有概念进行研究. 若以直角三角形 ABC 中的长直角边 AC 为轴旋转三角形 ABC 一周，得到曲面 $CB'BE'$(图7-21)，用垂直于 BC 的平面去截此曲面，其切口为一曲线，称之为“锐角圆锥曲线”；若以直角三角形 ABC 中的短直角边 AB 为轴旋转三角形 ABC 一周，可得到曲面 $BC'ECE'$(图7-22)，用垂直于 BC 的平面去截此曲面，其切口曲线 EDE' 称为“钝角圆锥曲线”. 当时，希腊人对平面曲线还缺乏认识，上述三种曲线须以圆锥曲面为媒介得到，因此，被称为圆锥曲线的“雏形”.

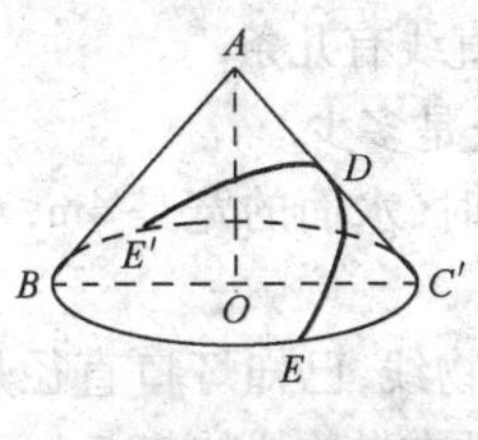

图 7-20

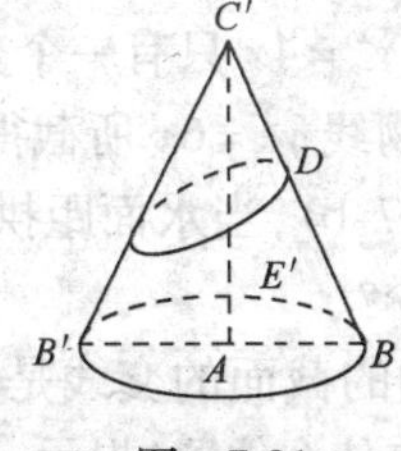

图 7-21

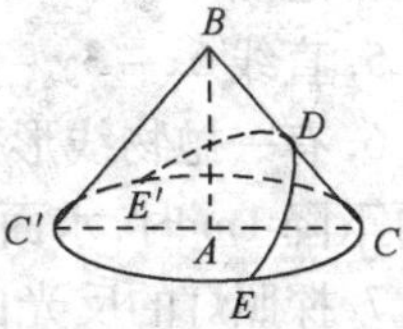

图 7-22

经过了约二百年的时间，圆锥曲线的研究取得重大突破的是希腊的两位著名数学家奥波罗尼奥斯(公元前三世纪后半叶)和欧几里得(公元前300至公元前275). 奥波罗尼奥斯在他的著作《圆锥曲线论》中，系统地阐述了圆锥曲面的定义，利用圆锥曲面生成圆锥曲线的方法与构成，而且还对圆锥曲线的性质进行了深入的研究，他发现：

(1)椭圆、双曲线任一点 M 处的切线与 MF_1、MF_2、(F_1、F_2 为两定点，后人称之为焦点)的夹角相等；

(2)对于椭圆，$|MF_1|+|MF_2|=|AA_1|$($|AA_1|$ 为常数，且大于 $|F_1F_2|$)；

(3)对于双曲线，$|MF_1|-|MF_2|=|AA_1|$（$|AA_1|$为常数，且小于$|F_1F_2|$）.

但是，阿波罗尼奥斯对抛物线没有发现这类性质．欧几里得在他的巨著《几何原本》里描述了圆锥曲线的共性，并给出了圆锥曲线的统一定义，即：平面内一点F和一定直线AB，从平面内的动点M向AB引垂线，垂足为C，若$|MF|:|MC|$的值一定，则动点M的轨迹为圆锥曲线．只可惜对这一定理欧几里得没有给出证明．

又经过了约500年，到了3世纪，希腊数学家帕普斯在他的著作《汇篇》中，才完善了欧几里得的关于圆锥曲线的统一定义，并对这一定理进行了证明．他指出，平面内一定点F和一定直线AB，从平面内的动点M向AB引垂线，垂足为C，若$|MF|:|MC|$的值一定，则当$|MF|:|MC|$的比值小于1时，动点M的轨迹是椭圆，等于1时是抛物线，大于1时是双曲线．至此，圆锥曲线的定义和性质才比较完整地建立起来了．

本章小结

本章主要介绍椭圆、双曲线、抛物线的定义，标准方程，简单几何性质，以及它们在实际中的一些应用．它们合称为圆锥曲线．圆锥曲线具有统一定义：到定点的距离与到定直线的距离的比e是常数的点的轨迹叫做圆锥曲线．当$0<e<1$时为椭圆；当$e=1$时为抛物线；当$e>1$时为双曲线．而圆是比较特殊的圆锥曲线，具体内容参见上一章．

椭圆、双曲线、抛物线是分别满足某些条件的点的轨迹，由这些条件可以求出它们的标准方程，并通过分析标准方程研究这三种曲线的几何性质．

三种曲线的标准方程（各取其中一种）和图形、性质如表7-6：

表 7-6

性　质	椭　圆	双曲线	抛物线
几何条件	与两个定点的距离的和等于常数	与两个定点的距离的差的绝对值等于常数	与一个定点和一条定直线的距离相等
标准方程	$\frac{x^2}{a^2}+\frac{y^2}{b^2}=1$ $(a>b>0)$	$\frac{x^2}{a^2}-\frac{y^2}{b^2}=1$ $(a>0,b>0)$	$y^2=2px$ $(p>0)$
图形	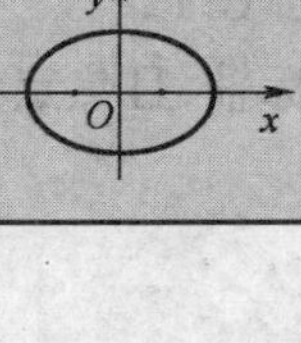	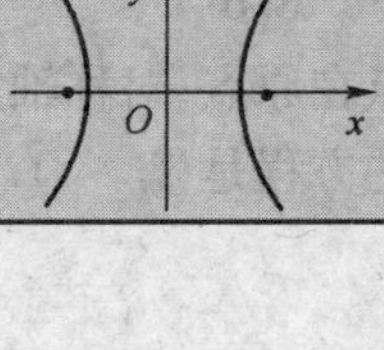	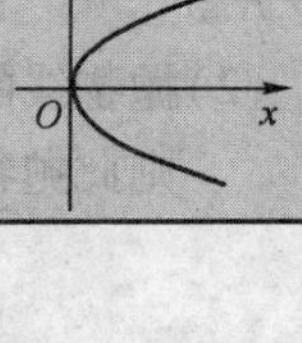

续上表

性　质	椭　圆	双曲线	抛物线
顶点坐标	$(\pm a,0),(0,\pm b)$	$(\pm a,0)$	$(0,0)$
对称轴	x 轴,长轴长 $2a$; y 轴,短轴长 $2b$	x 轴,实轴长 $2a$; y 轴,虚轴长 $2b$	x 轴
焦点坐标	$(\pm c,0)$ $c=\sqrt{a^2-b^2}$	$(\pm c,0)$ $c=\sqrt{a^2+b^2}$	$\left(\frac{p}{2},0\right)$
离心率 $e=\frac{c}{a}$	$0<e<1$	$e>1$	$e=1$
准线方程	$x=\pm\frac{a^2}{c}$	$x=\pm\frac{a^2}{c}$	$x=-\frac{p}{2}$
渐近线方程		$y=\pm\frac{b}{a}x$	

复　习　题

1. 填空题:

(1)动点到点 $A(-4,0)$ 和到点 $B(4,0)$ 的距离的平方差是 48 的轨迹方程是________.

(2)椭圆 $9x^2+4y^2=36$ 的长半轴长为______,短半轴长为______,焦点坐标为______,顶点坐标为______,离心率为______.

(3)已知双曲线的方程为 $\frac{x^2}{3}-\frac{y^2}{27}=3$,则此双曲线的渐近线方程是______.

(4)双曲线 $-\frac{x^2}{5}+\frac{y^2}{2}=1$ 的焦点坐标分别是______.

(5)抛物线 $y=4x^2$ 的准线方程是______.

2. 选择题:

(1)短轴长为 $\sqrt{5}$,离心率 $e=\frac{2}{3}$ 的椭圆两焦点为 F_1、F_2,过 F_1 作直线交椭圆于 A、B 两点,则 $\triangle ABF_2$ 的周长为(　　).

A. 3　　B. 6　　C. 12　　D. 24

(2)抛物线的顶点在原点,对称轴是坐标轴,且焦点在直线 $x-y+2=0$ 上,则此抛物线的方程是(　　).

A. $y^2=4x$ 或 $x^2=-4y$　　B. $y^2=-4x$ 或 $x^2=4y$

C. $y^2=-8x$ 或 $x^2=8y$　　D. $y^2=8x$ 或 $x^2=-8y$

(3)方程 $x^2-4x+1=0$ 的两个根可分别作为(　　).

A. 一椭圆和一双曲线的离心率

B. 两抛物线的离心率

C. 一椭圆和一抛物线的离心率

D. 两椭圆的离心率

(4)双曲线 $kx^2+y^2=4$ 的虚轴的长是(　　).

A. $\frac{4}{\sqrt{k}}$　　B. $\frac{4}{k}$　　C. $\frac{4}{\sqrt{-k}}$　　D. 8

(5)曲线 $\frac{x^2}{25}+\frac{y^2}{9}=1$ 与曲线 $\frac{x^2}{25-k}+\frac{y^2}{9-k}=1(k<9)$ 的(　　).

A. 长、短轴相等 B. 焦距相等　　C. 离心率相等　　D. 准线相等

(6)抛物线 $y=ax^2(a>0)$ 的焦点坐标是(　　).

A. $\left(\frac{1}{4a},0\right)$　　B. $\left(0,\frac{1}{4a}\right)$　　C. $\left(\frac{a}{4},0\right)$　　D. $\left(0,\frac{a}{4}\right)$

3. 在椭圆 $\frac{x^2}{45}+\frac{y^2}{20}=1$ 上求一点,使它与两个焦点的连线互相垂直.

4. 根据下列条件判断方程 $\frac{x^2}{9-k}+\frac{y^2}{4-k}=1$ 表示什么曲线:

(1) $k<4$;　　(2) $4<k<9$.

5. 已知中心在原点的双曲线的一个焦点是 $F_1(-4,0)$,一条渐近线的方程是 $3x-2y=0$,求双曲线的方程.

6. 垂直于 x 轴的直线交抛物线 $y^2=4x$ 于点 A、B,且 $|AB|=4\sqrt{3}$,求直线 AB 的方程.

7. 已知顶点在原点,以 x 轴为对称轴的抛物线经过点 $A(-2,-3)$,求

(1)抛物线的方程;

(2)抛物线上任意一点 M 与定点 $N(1,1)$ 所连接的线段中点的轨迹方程.

8. 直线 $y=kx+4$ 和抛物线 $y^2=2px(p>0)$ 有一个交点是(1,2),求抛物线焦点到此直线的距离.

9. 西部某干旱地区的居民生活用水来源,一个是位于该地区内的一口深水井,另一个是位于该地区南端的一条河(河岸近似看成直线). 已知井 C 到河岸 AB 的距离为4km,请为该区域划一条分界线,并指出应如何取水最合理.

参考文献

[1] 全国职业高级中学数学教材编写组.数学.北京:人民教育出版社,1996.

[2] 全国职业高级中学数学教材编写组.数学.北京:人民教育出版社,1997.

[3] 顾浩.数学.苏州:苏州大学出版社,1998.

[4] 顾浩.数学.苏州:苏州大学出版社,2005.

[5] 苏州大学《数学》编写组.数学.苏州:苏州大学出版社,1998.

[6] 中等职业教育规划教材编委会编.数学.上海:立信会计出版社,2007.

[7] 张宝祥.数学.北京:中国劳动社会保障出版社,1998.

[8] 丘维声.数学.北京:高等教育出版社,2001.

[9] 丘维声.数学.北京:高等教育出版社,2002.

[10] 吕保献、黄勇林.初等数学.北京:北京大学出版社,2005.

[11] 易南轩.数学美拾趣.北京:科学出版社,2004.

[12] 人民教育出版社职业教育中心.数学.北京:人民教育出版社,2001.

[13] 人民教育出版社职业教育中心.数学.北京:人民教育出版社,2002.

[14] 人民教育出版社中学数学室.数学.北京:人民教育出版社,2003.

[15] 人民教育出版社中学数学室.数学.北京:人民教育出版社,2004.

[16] 人民教育出版社中学数学室.数学.北京:人民教育出版社,2006.

[17] 人民教育出版社中学数学室.数学.北京:人民教育出版社,2000.

[18] 人民教育出版社中学数学室.数学.北京:人民教育出版社,1990.

[19] 北京市广播电视中等专业学校.数学.北京:北京理工大学出版社,1992.

[20] 余家荣.复变函数.北京:高等教育出版社,1979.

[21] 王永建.世界之最——数学分册.江苏:江苏少年儿童出版社,1986.

[22] 人民教育出版社课程教材研究所、中学数学课程教材研究开发中心.数学(必修)A版:人民教育出版社,2006.

[23] 李永哲.高中数学基础知识一本全.延吉:延边大学出版社,2007.

[24] 宋伯涛.高中数学教材全解全析(必修).天津:天津人民出版社,2006.

[25] 人民教育出版社数学室.立体几何.北京:人民教育出版社,1990.

[26] 人民教育出版社、课程教材研究所、中学数学课程教材研究开发中心.数学.北京:人民教育出版社,2005.

[27] 人民教育出版社中小学数学编辑室. 平面解析几何. 北京:人民教育出版社,1982.
[28] 劳动和社会保障部教材办公室. 数学. 北京:中国劳动社会保障出版社,2005.
[29] 劳动和社会保障部教材办公室. 数学. 北京:中国劳动出版社,1999.
[30] 劳动和社会保障部教材办公室. 数学习题册. 北京:中国劳动出版社,1999.